网页设计

（DW/FL/PS）

从新手到高手

杜慧 李世扬 编著

北京日报出版社

图书在版编目（CIP）数据

网页设计（DW/FL/PS）从新手到高手 / 杜慧，李世扬编著. -- 北京：北京日报出版社，2016.11
ISBN 978-7-5477-2190-2

Ⅰ. ①网… Ⅱ. ①杜… ②李… Ⅲ. ①网页制作工具－基本知识 Ⅳ. ①TP393.092

中国版本图书馆 CIP 数据核字(2016)第 157909 号

网页设计（DW/FL/PS）从新手到高手

出版发行：北京日报出版社
地　　址：北京市东城区东单三条 8-16 号东方广场东配楼四层
邮　　编：100005
电　　话：发行部：（010）65255876
　　　　　总编室：（010）65252135
印　　刷：北京凯达印务有限公司
经　　销：各地新华书店
版　　次：2016 年 11 月第 1 版
　　　　　2016 年 11 月第 1 次印刷
开　　本：787 毫米×1092 毫米　1/16
印　　张：32.5
字　　数：673 千字
定　　价：98.00 元（随书赠送光盘一张）

前 言

1. 本书简介

本书是一本由浅入深的网页设计与网站建设类实战教程，详细介绍了现在最流行的网页设计工具组合——Dreamweaver CC、Flash CC 和 Photoshop CC 的使用方法、操作技巧和实战案例，涵盖了网页设计与制作过程中的常用技术和操作步骤。

本书作者具有多年网站设计与教学经验，在写作本书时，作者对所有的实例都亲自实践与测试，力求使每一个实例都真实而完整地呈现在读者面前，帮助读者在最短的时间内精通网页设计技术，迅速从新手成为网页设计高手。

2 本书特色

内容全面：本书通过 16 章软件技术精解 + 160 多个专家提醒 + 1780 多张图片全程图解。本书配套的多媒体光盘中不仅提供了书中所有实例的相关视频教程，还包括所有实例的源文件及素材，方便读者学习和参考。

功能完备：书中详细讲解了 Dreamweaver CC\Flash CC\Photoshop CC 在网页设计中常用的工具、功能、命令、菜单、选项，做到完全解析、完全自学，读者可以即查即用。

案例丰富：7 大案例实战精通 + 150 多个技能实例演练 + 250 多分钟视频播放，帮助读者步步精通，读者学习后可以融会贯通、举一反三，制作出更多精彩、漂亮的网页效果，成为网页设计行家！

3 本书内容

本书共分 20 个章节，主要内容包括网页的基本内容、Dreamweaver CC 快速入门、创建网页常见元素对象、布局网页表格和表单、修饰与美化网页元素、应用网页交互行为特效、Flash CC 快速入门、使用网页动画绘图工具、编辑网页动画与文本、运用元件和库制作网页、制作网页动画特效、Photoshop CC 快速入门、处理与修饰网页图像、调整网页图像色彩色调、创建网页选区与文本、制作动态网页图像与切片、网页设计案例实战、网页动画案例实战、网页图像案例实战、综合案例：美食美味网等内容。

4 版权声明

本书及光盘中所采用的图片、模型、音频、视频和赠品等素材，均为所属公司、网站或个人所有，本书引用仅为说明（教学）之用，绝无侵权之意，特此声明。

编 者

内容提要

本书是一本网页设计学习宝典，全书通过 150 多个实战案例，以及 250 多分钟全程同步语音教学视频，帮助读者从入门、进阶、精通软件，直到成为网页设计高手！

书中内容包括：掌握网页的基本内容、Dreamweaver CC 快速入门、创建网页常见元素对象、布局网页表格和表单、修饰与美化网页元素、应用网页交互行为特效、Flash CC 快速入门、使用网页动画绘图工具、编辑网页动画与文本、运用元件和库制作网页、制作网页动画特效、Photoshop CC 快速入门、处理与修饰网页图像、调整网页图像色彩色调、创建网页选区与文本、制作动态网页图像与切片、网页设计案例实战、网页动画案例实战、网页图像案例实战、综合案例：美食美味网等。

本书结构清晰、语言简洁，特别适合各类网页制作初学者，如 Dreamweaver 网页架构人员、Flash 动画制作人员和 Photoshop 网页图像处理人员等，同时也可作为高等院校相关专业师生、网页制作培训班学员、个人网站爱好者与自学者的学习参考书。

目 录

01 掌握网页的基本内容

学习提示

　　了解网页构成与制作流程是每一位学习网页设计的初学者必须要掌握的内容。了解并掌握网页的基本常识、网页的组成元素、网页整体制作流程、网页配色技术以及网页制作软件等知识，可以帮助读者快速进入学习的状态，打下坚实的网页设计理论基础。

本章重点导航

- 了解网站的概念
- 了解网页的概念
- 了解主页的概念
- 了解网页专业术语
- 了解网页的设计原则
- 了解网页文本
- 了解网页图片
- 了解网页动画

- 定位网站主题
- 构建网站框架
- 设计网站形象
- 了解网页配色常识
- 查看常见配色类型
- 掌握 Dreamweaver 网页设计软件
- 掌握 Flash 动画制作软件
- 掌握 Photoshop 图像处理软件

1.1 掌握网页的基本常识

用户在互联网中浏览相关的网站时，会看到网站中呈现出一个个网页的画面，网站则是一组相关网页的合集。一个小型网站可能只包含几个网页，而一个大型网站可能包含了成千上万个网页。此外，打开某个网站时显示的第一个网页称为该网站的主页。

用户在学习网页设计之前，首先应该掌握网页的一些基本常识，这样可以减少在制作网页时遇到的麻烦，也为后面制作网页作品奠定良好的基础。本节主要向读者介绍了解网站的概念、网页的概念、主页的概念、网页的专业术语、HTML 的组成及语法以及网页设计的基本原则等内容。

1.1.1 了解网站的概念

在互联网上的网站，可以供所有网络访问者浏览，网站主要由域名（也就是网站地址）和网站空间两部分构成，通常包括主页和其他超链接文件，如图 1-1 所示。

图 1-1 百度网站

网站是根据一定的制作要求，使用 HTML 等网页代码编写工具进行制作的，用来展示特定的内容。一般来说，网站也可以称为一种通讯工具，用户可以使用网站来宣传相关信息、发布相关新闻，或者通过网站提供相关的服务。人们还可以通过网页浏览器来访问网站，获取自己需要的信息或者享受网络服务。

1.1.2 了解网页的概念

网页的格式一般为 HTML，文件的扩展名有许多，包括 html、htm、asp、aspx、php 以及 jsp 等，网页是网站中的其中一个页面，通常包括了各种各样的文本、图像和超链接。网页要使用特定的网页浏览器来进行阅读。如图 1-2 所示为相关的网页页面。

图 1-2 相关的网页页面

网页是一个文件，可以存放在任何一台连接到互联网的计算机中。网页一般由网址（URL）来识别与存取，当用户在浏览器中输入网址后，经过一段复杂而又快速的程序，网页文件会被传送到用户的计算机，然后通过浏览器解释网页的内容，再展示到用户的眼前。

网页设计师在进行网页设计时，还需要了解一些专业的名词，如域名、URL、站点、导航条、表单、超级链接以及发布等。按网页的表现形式，它可以分为动态网页和静态网页。

1. 静态网页

在网站页面的制作中，静态网页都是使用纯粹的 HTML 格式制作出来的，不含任何互动元素，在早期的网站页面中，大部分设计师制作的都是静态网页。

与动态网页相比较，静态网页是指不含程序、没有后台数据库做支称的网页页面，是不可以进行交互式操作的网页，设计师在后台设计时的样子就是静态网页展现出来的样子。静态网页更新起来比较麻烦，一般适用于更新较少的展示型网站，如图 1-3 所示。

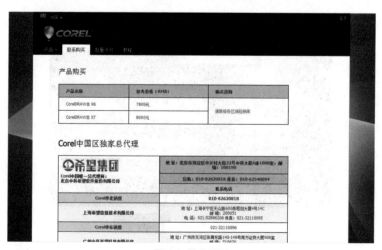

图 1-3 静态网页

专家指点

静态网页的网址一般以 htm 结尾，以 htm、html 以及 shtml 等为后缀。在互联网中的静态网页上，也可以出现各种形式的动态画面，如 Flash 以及滚动字幕等，这些动态效果只是视觉上的，与动态网页是不同的概念，用户需要区别开来。

静态网页的主要特点简要归纳如下。

* 静态网页每个网页都有一个固定的 URL，且网页 URL 以 htm、html 和 shtml 等常见形式为后缀。

* 网页内容一经发布到网站服务器上，无论是否有用户访问，每个静态网页的内容都是保存在网站服务器上的。也就是说，静态网页是实实在在保存在服务器上的文件，每个网页都是一个独立的文件。

* 静态网页的内容相对稳定，因此容易被搜索引擎检索。

* 静态网页没有数据库的支持，在网站制作和维护方面工作量较大，因此当网站信息量很大的时候，完全依靠静态网页制作方式比较困难。

* 静态网页的交互性较差，在功能方面有较大的限制。

2. 动态网页

在网页制作中，动态网页 URL 的后缀不是 html、htm、shtml、xml 等格式的，而是 asp、xasp、php、perl、cgi 等形式为后缀的，这一点值得网页设计者们注意。这也是区别动态网页和静态网页的标志。

动态网页的具体内容有多种表现形式，它可以以纯文字内容展现出来，也可以包含多种 Flash 动画或视频特效。不管网页是否具有动态效果，只要是采用动态网站技术制作出来的网页都可以称为动态网页。动态网页与网页内容上的各种动画、滚动字幕等视觉上的动态效果没有直接的关系。从用户浏览网站的角度来说，动态网页和静态网页都可以展示基本的网页内容和信息，只是从网站开发、管理以及维护的角度来看，两者就有很大的差别。

例如，爱奇艺的网页就是一个典型的动态网页，每天都会进行大量的视频数据更新，如图 1-4 所示。

图 1-4 爱奇艺的网页

专家指点

最早时期互联网中的动态网页采用的 CGI 技术，技术人员可以使用不同程序编写相应的 CGI 程序。虽然目前 CGI 编程技术的功能已经十分强大，而且使用群体庞大，发展也比较成熟，但由于 CGI 的编程技术难度较大、效率不高以及修改编程数据时比较复杂，所以有逐渐被新技术取代的趋势。下面介绍 3 种新的动态网页技术。

＊ PHP：它是指 Hypertext Preprocessor（超文本预处理器），是当今互联网上最受欢迎的脚本语言。其语法借鉴了 C、Java 以及 PERL 等语言，但只需要很少的编程知识就能使用 PHP 建立一个真正交互的 Web 站点。

＊ ASP：它是指 Active Server Pages，是微软开发的一种类似 HTML（超文本标识语言）、Script（脚本）与 CGI（公用网关接口）的结合体。它没有提供自己专门的编程语言，而是允许用户使用许多已有的脚本语言编写 ASP 的应用程序。

＊ JSP：它是指 Java Server Pages，是由 Sun Microsystem 公司于 1999 年 6 月推出来的新技术，是基于 Java Servlet 以及整个 Java 体系的 Web 开发技术。

上面向读者介绍的 3 种动态网页技术在制作动态网页时各有优点，对于个人主页的爱好者和网页制作者来说，建议尽量少用难度大的 CGI 动态网页技术。如果有对微软的产品特别喜爱的用户，采用 ASP 技术会更加合适一些；如果是 Linux 的爱好者，运用 PHP 技术在目前来说是最明智的选择。当然，也不要忽略了 JSP 技术。

静态网页的主要特点简要归纳如下。

＊ 静态网页每个网页都有一个固定的 URL，且网页 URL 以 htm、html 和 shtml 等常见形式为后缀。

＊ 网页内容一经发布到网站服务器上，无论是否有用户访问，每个静态网页的内容都是保存在网站服务器上的。也就是说，静态网页是实实在在保存在服务器上的文件，每个网页都是一个独立的文件。

＊ 静态网页的内容相对稳定，因此容易被搜索引擎检索。

＊ 静态网页没有数据库的支持，在网站制作和维护方面工作量较大，因此当网站信息量很大的时候，完全依靠静态网页制作方式比较困难。

 专家指点

制作一个网站，决定它是制作为静态网页还是动态网页，主要取决于网站的主要功能和网站需求以及网站内容的多少，如果用户需要制作的网站功能比较复杂，内容更新量很大，则采用动态网页技术会更加合适，反之一般采用静态网页的方式来实现。

1.1.3 了解主页的概念

主页是指打开一个网站时的第一个页面，称之为主页，在主页中可以快速了解该网站主要传播的信息内容、网站的主要功能以及服务对象等。主页又称为首页，它是一个网站的入口网页，大多数作为首页的文件名是 index、default、main 或 portal 加上扩展名。

一般网站的主页是以文档的形式存在的，当一个网站的服务器收到某一台计算机上网络浏览器的消息连接请求时，便会向这台计算机发送这个文档。当在浏览器的地址栏输入域名，而未指向特定目录或文件时，通常浏览器会打开网站的主页。在网站的首页中，用户可以了解该网站提供的信息，并引导互联网中的用户浏览网站中的其他相关信息，用户也可以将其理解为网站的目录。如图 1-5 所示为汽车之家的主页。

图 1-5 汽车之家的主页

1.1.4 了解网页专业术语

网页是通过一系列设计、建模和执行的过程，使用标识语言将电子格式的信息通过互联网传输，最终以图形用户界面的形式被用户所浏览。在使用网页时，经常会碰到一些专业术语，下面将对其进行具体的介绍。

1. Banner（横幅广告）

在互联网中，横幅广告是最常见的广告类型，它能直观地表达商家需要宣传的内容，以图片的形式展现出来，放置在网站中显眼的位置。横幅广告的尺寸一般为 480×60 像素或 233×30 像素，由于横幅广告一般为动画形式，因此是 GIF 的动画图像文件。

在横幅广告的存储格式中，RichMedia Banner（富媒体广告）的功能非常强大，它能使 Banner 具有更强的表现力和交互内容，但需要用户使用浏览器插件支持，如图 1-6 所示。Banner 一般翻译为网幅广告、旗帜广告以及横幅广告等意思。

图 1-6 汽车之家的主页

2. Browser（浏览器）

浏览器是一种浏览网页的应用程序，通过浏览器可以打开指定的网站地址，地址栏的开端一般以 www 显示，它是指通过网络客户端（Client）读取指定的文件，同时 Internet 上还提供了远程登录（Telnet）、电子邮件（E-mail）、传输文件（FTP）、电子公告板（BBS）以及网络论坛（Netnews）等多种交流方式。

3. Click（点击次数）

用户通过点击广告而访问广告主的网页，这一操作称点击一次。点击次数是评估广告效果的指标之一。

4. Cookie（缓存文件）

用户在浏览网页时，电脑中会自动生成网页的 Cookie 缓存文件，这些缓存文件存储在计算机的相关文件夹中，可以通过 Cookie 来查看用户是否曾经访问过该网站。在 Cookie 中也可以查看到用户喜欢浏览的网页类型，如图 1-7 所示。建议用户每隔一段时间，对 Cookie 文件进行清理操作，以节约磁盘的存储空间，提高电脑的运行效率。

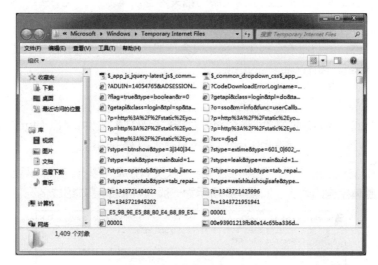

图 1-7 电脑中的 Cookie 文件

5. Database（数据库）

Database 是一种数据库信息，利用计算机的相关技术将各类网页信息进行分类整理，便于用户以后查找和使用。在互联网的大数据中，常用来收集用户的个人信息，并存档管理，例如姓名、年龄、地址、兴趣爱好以及消费行为等。

6. HTML（超文本标识语言）

HTML 是一种基于文本格式的页面描述语言，是网页通用的编辑语言。

7. HTTP（超级文字传输协议）

HTTP，即 Hyper Text Transfer Protocol，是万维网上的一种传输格式，当浏览器的地址栏上显示 HTTP 时，就表明正在打开一个万维网页。

8. Key Word（关键字）

Key Word 是用户在搜索引擎中提交的文字，以便快速查询所需要的内容。

9. URL（链接）

URL 即某网页的链接地址，在浏览器的地址栏中输入 URL，即可看到该网页的内容。

10. Web Site（站点）

Web Site 即互联网或者万维网上的一个网址。站点包含各种组成物，某一个特定的域名，包含网页的地方。

1.1.5 了解 HTML 组成及语法

HTML（Hyper Text Markup Language）是用于描述网页文件的一种标记语言。HTML 是一种规范和标准，它通过标记符号来标记要显示的网页中的各个部分。

用户可以将网页理解为是一种文本文件，通过在文件中添加各类代码、标记符号，使浏览器按照网页代码的编写要求，正确地显示网站中的相关内容。

浏览器将按顺序读取、执行网页中的编码文件，然后根据这些编码文件显示网页中的内容，对于错误的代码文件，浏览器不会报告出来，只会在显示网页内容的时候体现出来，编制者只能通过网页显示的效果来分析代码编写的错误部分。

1. HTML 的组成

网页的存储格式均为 HTML 文件，一个网页对应一个 HTML 文件，常以 .htm 或 .html 为扩展名，只要能够生成 TXT 源文件的文本都可以用来编辑 HTML 文档的内容。

标准的 HTML 文档一般包括，开头与结尾标志以及 HTML 的头部与实体两大部分。有 3 个双标记符用于页面整体结构的确认。如图 1-8 所示为一般 HTML 的基本组成情况。

图 1-8 一般 HTML 的基本组成情况

＊这个文档的第一个 Tag 是 <html>，这个 Tag 告诉浏览器这是 HTML 文档的头。文档的最后一个 Tag 是 </html>，表示 HTML 文档到此结束。

＊在 <head> 和 </head> 之间的内容，是 Head 信息。Head 信息是不显示出来的，在浏览

器里看不到。但是这并不表示这些信息没有用处。比如可以在 Head 信息里加上一些关键词，有助于搜索引擎能够搜索到这个网页。

  * 在 <title> 和 </title> 之间的内容，是这个文档的标题。可以在浏览器最顶端的标题栏看到这个标题。

  * 在 <body> 和 </body> 之间的信息，是文档的正文部分。在 <b> 和 </b> 之间的文字，用粗体表示。<b> 就是 bold 的意思。

HTML 文档看上去和一般文本类似，但是它比一般文本多了 Tag，比如 <html>、<b> 等，通过这些 Tag，可以告诉浏览器如何显示这个文件。

专家指点

HTML 为什么受到互联网用户的青睐，从而得到广泛的应用呢？最重要的原因是它能使浏览器方便地获取网站信息，在 HTML 文本标记语言中，包含了一种超级链接点，它是一种 URL 指标，可以通过启动它来获取网页。

通过以上介绍，用户应该了解了网页的实质就是 HTML 文件，通过在 HTML 文件中使用脚本语言以及相关的网页组件，可以制作出非常完美的网页效果，实现网页需要表达的全部功能。

2．HTML 的语法

HTML 的语法结构很简单，主要由 HTML 卷标与 HTML 属性两部分组成。通过下面这个例子来说明 HTML 的语法：HTML 文件或页面（国家）|HTML 元素（家庭）|HTML 卷标（重要成员，男人或女人）|HTML 属性（其他成员，比如孩子）。

专家指点

需要注意的是，对于不同的浏览器，对同一标记符可能会有不完全相同的解释，因而可能会有不同的显示效果。

1.1.6 了解网页的设计原则

作为一名优秀的网页设计师，必须要掌握好网页设计的基本原则，在设计网页之前必须对网页的内容有一个合理的定位，内容设计需要精确，以吸引用户访问网页。

1．重视首页的内容设计

首页是用户认识这个网站的初始印象，因此首页的设计非常重要。如果是新设计的网站，最好在第一页就对这个网站的性质与所提供内容作扼要说明与导引，能够让访问者判断出要不要继续浏览网页中的相关内容和信息。最好在首页中对网页的整体内容有一个合理的分类，能让访问者第一时间找到自己需要的网页内容。

网页设计师在设计主页时，最好不要在主页上放置尺寸太大的图片文件，或加载不当的应用程序，因为它会增加访问者下载网页的时间，导致用户对网页失去耐心和兴趣。在设计主页画面时尽量分类设计，这样可以节约访问者访问网页的时间。例如，游戏网页的首页都能很好的体现其主题，并快速引导用户进入，如图 1-9 所示。

图 1-9 网页游戏的首页

2. 按内容主题分类设计

在网页设计中，网页内容的分类非常重要，杂乱无序的网页会让访问者很快地失去兴趣。网页设计师可以按照网站的主题分类、按照内容的性质分类、按照客户的需求分类、按照提供的服务分类等。无论采用哪种网页内容的分类方式，它的目的只有一个，就是让访问者第一时间找到自己需要的网页信息。在设计分类时，尽量只采取一种类型的分类方式，不要多种方式混用。如图 1-10 所示为淘宝网的主页，主要是按产品的类型进行分类设计的。

图 1-10 淘宝网的主页

3. 将用户体验放在首位

如果一个网站没有用户去光顾，任何自认为再好的网页都是没有意义的，因此用户体验最重要，设计者一定要重视。在设计网页时，对于一些较大的 Flash、图片要尽可能少放或从技术上使其分割，这样可以加快网页的打开速度。完成网页制作时，最好透过远程 Modem 拨接上网的方式来亲自测试一下。

另外，设计者还必须考虑用户的计算机配置问题，因为访问网站的用户来自全国各地，他们根据自己对计算机的使用习惯，会设置不同的计算机分辨率，会使用不同的浏览器，因此浏览的网页效果也会有所不同。那么，网页设计师最好使用所有浏览器都可以阅读的格式，不要使用只有部分浏览器可以支持的 HTML 格式或程序技巧。

4. 加强网站与用户互动性

在网页中进行互动是网页的特色之一，一个成功的网站必须与用户建立良好的互动性，包括整个网页的设计、使用和展现，都要与用户的需求息息相关，设计者们应该掌握互动的原则，让用户感觉每一步都确实得到适当的响应。

一个访问量很高的网站，需要一位好的网页设计师、平常经验的累积以及电脑软硬件技术的运用等。在互动性很高的网站中，一般都提供了与用户互动的内容区，网页中最好加上供用户表达意见的评论栏，如图 1-11 所示，在 HTML 中一定要注意它的格式命令写法，另外要注意在 UNIX 系统下有大小写区分。

图 1-11 评论栏

5. 注意网页文档的格式

有一部分网页设计师在编写网页代码时，会省略或简写一些命令格式，这样是不正确的。为了日后对网页进行维护时更加方便，设计师在撰写 HTML 时最好将架构设计完整，初学者设计时也可以通过完整的网页架构对 HTML 语法有一个全面的了解和掌握。如果网站需要向用户提供搜索功能，方便用户搜索网站中的相关内容，此时切记在 <Title> 指令中加上可供搜寻的关键词串，如图 1-12 所示。

图 1-12 透过搜寻网站搜寻相关信息

6. 制作美观的背景图案

在设计网页时，有一部分网页设计师还喜欢在网页中加上花哨的背景图案，以为这样可以丰富网页内容，提高网页的美观度，但设计者们忘了这样也会耗费网页的传输时间，而且容易影响用户的阅读视觉，反而给用户留下不好的视觉体验。因此，建议设计者们尽量使用干净、清爽的文本展示网页内容，如图 1-13 所示。如果一定要在网页中使用背景图案，那么尽量使用单一的色系，如图 1-14 所示。

图 1-13　未使用背景的网页　　　　　　　　　　图 1-14　使用纯色背景的网页

7. 网页内容应紧跟需求

建设网站一定要进行内容的规划，规划时必须确定自己网站的性质、提供内容以及目标观众，然后根据本身的软硬件条件来设置范围。网页中的内容可以是任何信息，包括文字、图片、影像以及声音等，但一定要跟这个网站所要提供给用户的信息有关系。

互联网的特色是能够及时查阅信息，了解网上的新鲜事，丰富生活，这是吸引用户上网的条件。如果设计者们本身具有强大的条件，那么可以将网站制作成为一个全方位的信息提供者；如果条件不足的话，建议做到单品浏览量第一。

1.2　了解网页的组成元素

在制作网站之前，先要确定网页的内容。网页通常由文本、图片、超链接以及表单等元素组成。本节主要向读者介绍这些网页中的组成元素，让读者对网页的框架有一个大概的了解，为后面的学习打下坚实的基础。

1.2.1　了解网页文本

在网页设计中，文本内容的展示是最基本的元素，也是网页的核心内容，设计师们应该合理的规划网页文本的内容，设计出独具美观的文本效果，给用户在浏览上带来良好的视觉体验效果。

网页中文本内容的制作，既可以通过键盘手动录入，也可以将其他软件中的文本复制粘贴到网页编辑窗口中，然后根据网页需要展示的内容，设置文本的大小、颜色、字体等多种文本属性，再配上精美的图片作为衬托，可以使网站在视觉上更上一个台阶。在网页中，吸引用户眼球的网页通常都是非常美观的文本样式，如图 1-15 所示。

图 1-15 网页文本

1.2.2 了解网页图片

网页设计师必须重视图片的应用，它在网页中占了非常重要的地位，网页因为有了图片的衬托才显得丰富多彩。图片既能直观的表达主题内容，又起到了装饰画面的作用。

图片在网页中的作用是无可替代的，一幅精美合适的图片，往往可以胜过数篇洋洋洒洒的文字，如图 1-16 所示。

图 1-16 网页游戏的首页

1.2.3 了解网页 Logo

一般的企业网站中，都设计了自己公司的 Logo。Logo 代表了一个企业的整体形象和品牌文化，一个与企业经营内容十分吻合的 Logo 可以加深用户对企业的印象。Logo 是一种视觉化的信息表达方式，是具有一定含义并能够使人理解的视觉图形，其有简洁、明确及一目了然的视觉传递效果。如图 1-17 所示为相关网站上的 Logo 效果。

图 1-17 相关网站上的 Logo 效果

1.2.4 了解网页动画

一个访问量很高的优质网站，仅有文本和图片的展示是不全面的，也很难长期吸引用户的眼球。设计师们需要在网页中加入必要的动画效果作为装饰，为网页锦上添花，使展示出来的内容更加生动、形象。如图 1-18 所示为使用 Flash 制作的网页动画。

图 1-18 使用 Flash 制作的网页动画

1.2.5 了解网页表格

表格在网页中非常重要，它也是 HTML 中的一种语言元素，常用来排列和布局网页的内容，使整个网页的外观更加完美。表格也是网页设计中排版的灵魂，是现代网页制作的主要形式，如图 1-19 所示，通过表格可以在网页中精准的控制各元素的显示方式和显示位置，如图片、视频、动画文件的摆放位置等。

图 1-19 网页表格

专家指点

在整个网站的设计制作过程中，网页内容的布局属于核心重点，在 Dreamweaver 工作界面中，常用来控制网页布局的方法就是使用表格进行多种元素的分布排列，在表格中还可以导入相关的数据文件、对内容进行分栏操作以及定位图片与视频的位置等。

1.2.6 了解网页表单

表单的作用主要在于收集用户的相关信息和需求。用户在网页的表单中可以输入相应文本内容、选中相应单选按钮和复选框，以及从下拉菜单中选择相关选项。当用户填写好表单内容后，站点会送出用户所输入的信息内容，以各种不同的方式进行处理，如图 1-20 所示。

图 1-20 网页文本

1.2.7 了解网页超链接

超链接是网站中的主体部分，是指从一个网页链接到另一个网页的方式。例如，指向另一个网页或相同网页上的不同位置。超链接的对象可以是文本、图片、视频、动画、电子邮件或其他网页元素。

如图 1-21 所示的网页超链接中，既包含了文本链接，又有图像链接。

图 1-21 网页超链接

1.3 熟悉网页整体制作流程

　　文字与图片是构成一个网页的两个最基本的元素，文字是网页的内容，而图片可以使网页更加的美观。除此之外，网页的元素还包括动画、音乐、程序等。本节主要向读者介绍网页的整体制作流程，使读者对网页制作过程有一个大致的了解。

1.3.1 定位网站主题

　　一个受用户关注、欣赏和欢迎的网站，只有精美、华丽的页面是远远不够的，最重要的这个网站必须有一个准确的主题定位，使用户通过该网站能得到些什么，这样才能日积月累地积攒人气和访问量。用户就是流量，流量就是网站的命脉，有了流量网站才能长久生存。

　　网站的主题多种多样的，设计者可根据自己擅长和喜欢的类型精确定位网站的主题，这时选择一种受欢迎的主题内容，非常重要。

　　用户可以从以下 3 个方面对网站主题进行定位。

　　* 网站的主题要小而精致。

　　* 选择自己喜欢或者擅长的内容。

　　* 主题不要太普通也不要目标太高，应适当。

1.3.2 构建网站框架

　　要构建一个良好的网站框架，网页设计师必须做到以下 5 个方面。

　　* 每页都要有更新带动器，有更新带动器的页面更易获得好的权重。

　　* 网站文章中的标题就是内页的 title，如果想让内页来成为关键字，则最好让内页的 title 每页都可以独立设置，一般会默认为文章的标题。

　　* 实现 URL 静态化。URL 静态化有利于网站的排名，虽然现在搜索引擎已经可以收录动态地址，但是在排名上静态化的页面比动态化更有优势。

　　* 网页分类要明显，与网站关键词配合。

　　* 网页最底部与网站标题配合。底部一般是版权和友情链接，友情链接的添加要有规律，布局要合理。

1.3.3 设计网站形象

　　从平面设计到网页设计，虽然设计原则不离其宗，但设计媒介的变化赋予很多媒介自身的特殊性，不同的设计媒介对于设计的要求也是不同的。

　　网站的形象包含多方面的内容，如网站 Logo、文本、广告、动画、图片、按钮、背景、图文排版、用户反馈等。其实，还有很多网站形象设计的重点，比如交互设计。设计者可以展示给用户看到的这些，构成了用户体验设计的一个大过程。这些都是能够使设计者很好地把握住网站整体形象，很好地把设计理念运用到其中。

1.3.4 制作网站页面

一个网站由多个网页构成，为了便于浏览者轻松自如地访问各个网页，在制作网页时应考虑以下 6 个方面。

* 栏目设置：栏目实质是一个网站的大纲索引，应该将网站的主体明确地显示出来。

* 结构设计：确定需要设置哪些栏目后，需要从这些栏目中挑选出最重要的几个栏目，对它们进行更详细的规划。

* 创建超链接：将各个页面进行链接，方便浏览者浏览网页内容。

* 颜色搭配：合理地应用色彩是非常关键的，不同的色彩搭配会产生不同的效果，并能够影响浏览者的情绪。

* 版面布局：网页页面的版面布局一般遵循的原则是突出重点、平衡和谐，将网站标志、主菜单等最重要的模块放在最显眼、最突出的位置。

* 图片设计：合理地使用 JPG 和 GIF 格式。一般来说，颜色较少（在 256 色以内）的图像要把它处理成 GIF 格式；颜色比较丰富的图像，最好把它处理成 JPG 格式。

1.3.5 发布与宣传网站

当一个网站制作完毕后，就可以将它发布到 Internet 上，以便于更多的浏览者可以看到该网站的信息。发布与宣传网站可从以下 4 点开始做起。

* 测试网站：在发布站点前需先对站点进行测试，这样可以避免后期出现的很多问题，而且还可以根据客户的要求和网站大小等进行测试。

* 注册域名：每个个人主页都有自己的域名，就像人总有个名字。最好是能拥有自己的国际顶级域名，如果觉得没必要，使用免费二级域名也不错。

* 开始发布：发布网页一般使用 FTP（远程文件传输）软件，也可直接用 Dreamweaver 中自带的站点命令进行上传。

* 宣传网站：如何提高站点人气对一个网站来说非常重要。要提高人气，最重要的应该是创意和宣传了，还有就是网站的定位要精确。

1.3.6 更新与维护网站内容

当网站的站点已经发布到互联网中并正常运行后，网页维护人员需要每隔一段时间对站点中的链接页面内容进行维护与更新，使网站中的内容与企业动态实时对接，吸引更多的浏览者。另外，网页维护人员还需要检查页面中的相关元素的超链接是否链接正常，以防止某些页面无法打开的情况出现。

网页维护人员对于网站的更新与维护不仅仅只针对于更换网页中的文字内容或图片，而是应该将企业的发展方向与商业动态充分纳入网站的内容维护中，再结合目前网站的规划结构，快速作出相应的改进措施。企业每次发布一项新技术推广时，不仅应该通过报纸和电视媒体作宣传，还应该充分利用网络这个最具有影响力的市场。每一个企业可根据自身的商业特征制定不同的维护方案，并保证在最短的时间内迅速完成，如图 1-22 所示。

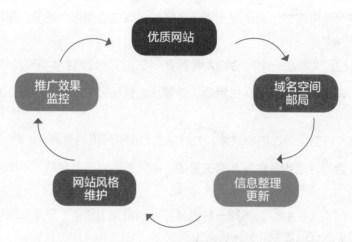

图 1-22 更新与维护网站

1.4 掌握网页配色技术

在网页中合理地运用色彩是非常关键的，不同的色彩搭配将会产生不同的效果，并能够影响用户的视觉体验。本节主要向读者介绍关于网页配色的方法和技巧，希望读者能熟练掌握本节内容。

1.4.1 了解网页配色常识

色彩在人类的生活中都是有丰富的感情和含义的，常见颜色的代表意义如下。

* 红色：使人联想到玫瑰、喜庆及兴奋。

* 白色：使人联想到纯洁、干净和简洁。

* 紫色：象征着女性化、高雅和浪漫。

* 蓝色：象征着高科技、稳重和理智。

* 橙色：代表了欢快、甜美和收获。

* 绿色：代表了充满青春的活力、舒适和希望等。

如图 1-23 所示，Logo 的背景色是一个红色的板块以及红色的导航栏，下方广告区的文字链接也以红色为主调，显示出了喜庆与令用户兴奋的主题效果，可以提高顾客对商品的购买欲望。

图 1-23 网页配色技巧

专家指点

在企业网页中可以使用金属色，显示出了企业的稳健与霸气。在不同的环境下，多种色彩给人一种感觉，单一的色彩给人另一种感觉。各种色彩的对比会产生鲜明的色彩效果，容易给人视觉和心理上的满足。

1.4.2 查看常见配色类型

网页颜色的搭配是否合理将直接影响访问者的潜在思维，不恰当的色彩搭配会让访问者对网页失去兴趣，合理的色彩搭配会给访问者带来很强的视觉冲击，提升对企业的好感。下面介绍几种在网站建设中常见的网页配色类型。

1. 同种色彩搭配

在网页配色类型中，同种色彩搭配是指首先选定一种色彩，然后调整透明度或饱和度，将色彩变淡或加深，产生新的色彩，这样的页面看起来色彩统一，有层次感。

2. 邻近色彩搭配

邻近色是与色环上已经给定的颜色临近的任何一种颜色，如绿色和蓝色、红色和黄色、黑色和灰色等，就互为邻近色。采用邻近色可以使网页避免色彩过于杂乱，易于达到页面的和谐统一，如图 1-24 所示。

图 1-24 邻近色彩搭配

3. 暖色色彩搭配

在网页配色类型中，暖色色彩搭配是指红色、橙色、黄色以及褐色等色彩的搭配，这种色调的运用，可使网页呈现温馨、和谐以及热情的氛围。

4. 冷色色彩搭配

在网页配色类型中，冷色色彩搭配是指使用绿、蓝和紫色等色彩的搭配。这种色彩搭配，可使网页呈现宁静、清凉以及高雅的氛围，冷色调与白色搭配一般会获得较好的效果。

5. 有主色的混合色彩搭配

在网页中，有主色的混合色彩搭配是指以一种颜色作为主要颜色，同时辅以其他色彩混合搭配，形成缤纷却不杂乱的搭配效果。

网站建设中常见的网页配色类型中，一个网站必须有一种或两种主题色，不至于让客户迷失方向，也不至于单调，乏味，所以确定网站的主题色也是设计者必须考虑的问题之一。

1.4.3 掌握网页配色方法

对于做网页的初学者来说，他们可能更习惯于使用一些漂亮的图片作为自己网页的背景，但是浏览一下大型的商业网站，就会发现更多运用的是白色、蓝色和黄色等，使得网页显得典雅、大方和温馨。更重要的是，这样可以大大加快用户打开网页的速度。

1. 标题配色

下面介绍 5 种适合作标题的网页颜色配色方案。

* BgcolorK "#6699CC"：适合配白色文字，可以作标题。

* BgcolorK "#66CCCC"：适合配白色文字，可以作标题。

* BgcolorK "#B45B3E"：适合配白色文字，可以作标题。

* BgcolorK "#479AC7"：适合配白色文字，可以作标题。

* BgcolorK "#00B271"：适合配白色文字，可以作标题。

2. 正文配色

下面介绍 5 种适合作正文的网页颜色配色方案。

* BgcolorK "#FBFBEA"：适合配黑色文字，一般作为正文。

* BgcolorK "#D5F3F4"：适合配黑色文字，一般作为正文。

* BgcolorK "#D7FFF0"：适合配黑色文字，一般作为正文。

* BgcolorK "#F0DAD2"：适合配黑色文字，一般作为正文。

* BgcolorK "#DDF3FF"：适合配黑色文字，一般作为正文。

3. 其他配色类型

在网页制作中，除了上述两种常见的配色方案外，下面还介绍一些其他的配色方案，供用户参考。

* BgcolorK "#F1FAFA"：适合作正文的背景色，淡雅。

* BgcolorK "#E8FFE8"：适合作标题的背景色。

* BgcolorK "#E8E8FF"：适合作正文的背景色，文字颜色配黑色。

* BgcolorK "#8080C0"：上面可配黄色白色文字。

* BgcolorK "#E8D098"：上面可配浅蓝色或蓝色文字。

* BgcolorK "#EFEFDA"：上面可配浅蓝色或红色文字。

* BgcolorK "#F2F1D7"：适合配黑色文字，素雅，如果是红色则显得醒目。

一般来说，网页的背景色应该柔和一些、素一些以及淡一些，再配上深色的文字，使人看起来自然和舒畅。而为了追求醒目的视觉效果，可以为标题使用较深的颜色。

1.4.4 网页配色注意事项

网页的色彩是树立网站形象的关键之一，因此色彩的搭配是设计者们最需要注意的方面。搭配网页色彩时，设计师需要注意以下事项。

* 色彩的鲜明性：网页的色彩要鲜艳，容易引人注目，如图 1-25 所示。

图 1-25 色彩的鲜明性

* 色彩的独特性：要有与众不同的色彩，使得用户对网页的印象强烈。

* 色彩的合适性：就是说色彩和设计者表达的内容气氛相适合，如图 1-26 所示为美食天下的首页，即用红色体现美食的色感，可以提高顾客的食欲。

图 1-26 美食天下的首页

* 色彩的联想性：不同色彩会产生不同的联想，蓝色想到天空，黑色想到黑夜，红色想到喜事等，选择的色彩要和网页的内涵是相关联的。

专家指点

根据相关数据的统计与调查，人们对于彩色的记忆效果是黑白的 3.5 倍左右。一般彩色的页面能更加吸引人们的眼球。网页设计师可以将黑色的文字内容与彩色的背景、图片画面配合使用，使网页画面整体不会显得单调。

1.5 掌握网页制作软件

网页一般包含文本、图像、动画、音乐以及视频等多种对象，因此在制作过程中需要结合多种软件，通常使用的软件包括 Dreamweaver、Flash 和 Photoshop。下面对这些软件分别进行简单介绍。

1.5.1 掌握 Dreamweaver 网页设计软件

Dreamweaver CC 是一个功能十分强大的网页设计和网站管理工具，支持最新的 Web 技术，包含 HTML 格式化选项、可视化网页设计、图像编辑、全局查找替换、处理 Flash 和 Shockwave 等媒体格式和动态 HTML 以及基于团队的 Web 创作。在 Dreamweaver CC 界面中编辑网页内容时，用户可以选择以可视化的方式或者以源代码的方式进行网页内容的修改编辑操作。如图 1-27 所示为 Dreamweaver CC 工作界面。

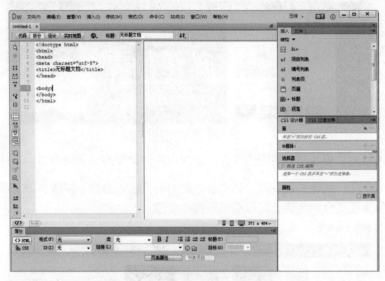

图 1-27 Dreamweaver CC 工作界面

使用 Dreamweaver CC 网页设计软件时，需要掌握以下核心功能。

* 使用表格、框架以及 Div 对网页进行布局设计。

* 为网页添加文本、图片、Flash 动画以及表单等各种内容。

* 使用 CSS 可以对网页进行美化。

* 使用行为可以制作出各种交互式网页效果。

1.5.2 掌握 Flash 动画制作软件

在网页中，动画是不可缺少的元素，在网页中添加动画可以使网页更加生动形象，这样可以吸引更多的浏览者，从而提高网页的访问率。Flash CC 是一款集多种功能于一体的多媒体制作软件，主要用于创建基于网络流媒体技术的带有交互功能的矢量动画。如图 1-28 所示为 Flash CC 工作界面。

图 1-28　Flash CC 工作界面

使用 Flash CC 动画制作软件时，需要掌握以下核心功能。

＊ Flash 是一款非常优秀的交互式矢量动画制作工具，能够制作包含矢量图、位图、动画、音频以及交互式动画等内容。

＊ 使用 Flash 可以制作网站的介绍页面、广告条和按钮，甚至整个网站。

1.5.3　掌握 Photoshop 图像处理软件

Photoshop CC 是 Adobe 公司推出的 Photoshop 的最新版本，它是目前世界上最优秀的平面设计与图像处理软件之一，被广泛用于网页设计、图像处理、图形制作、广告设计、影像编辑和建筑效果图设计等方面。如图 1-29 所示为 Photoshop CC 工作界面。

图 1-29　Photoshop CC 工作界面

使用 Photoshop CC 图像处理软件时，需要掌握以下核心功能。

* 支持多种图像格式以及多种色彩模式，可以任意调整图像的尺寸、分辨率及画布的大小。

* 可以设计网页的整体效果图和处理网页中的产品图像，设计网页 Logo、网页按钮以及网页宣传广告图像等。

02

Dreamweaver CC 快速入门

学习提示

　　本章主要介绍 Dreamweaver CC 软件和网页文档的基本操作。通过本章的学习，读者可以掌握启动与退出 Dreamweaver CC 的方法，掌握创建网页、保存网页、打开网页、关闭网页以及创建本地静态站点的方法，以及设置网页文档首选参数的技巧。

本章重点导航

- 启动 Dreamweaver CC
- 退出 Dreamweaver CC
- 了解菜单栏和"属性"面板
- 了解"文档"工具栏和"插入"面板
- 创建网页文档
- 保存网页文档
- 打开网页文档
- 关闭网页文档

- 创建本地静态站点
- 设置站点服务器
- 导入与导出站点
- 设置文档背景属性
- 设置常规参数
- 设置代码格式
- 设置代码颜色
- 设置在浏览器中预览

2.1 启动与退出 Dreamweaver CC

运用 Adobe Dreamweaver CC 进行网页设计之前，用户首先要学习一些软件最基本的操作，如启动与退出 Adobe Dreamweaver CC 软件。

2.1.1 启动 Dreamweaver CC

将 Adobe Dreamweaver CC 安装到计算机中后，就可以启动 Adobe Dreamweaver CC 程序，进行网页设计操作。下面向读者介绍启动 Adobe Dreamweaver CC 软件的操作方法。

素材文件	无	
效果文件	无	
视频文件	光盘 \ 视频 \ 第 2 章 \2.1.1 启动 Dreamweaver CC.mp4	

步骤 01 在桌面单击 Adobe Dreamweaver CC 程序图标 **Dw**，双击鼠标左键，如图 2-1 所示。

步骤 02 启动 Adobe Dreamweaver CC 程序，弹出相应对话框，单击 HTML 按钮，如图 2-2 所示。

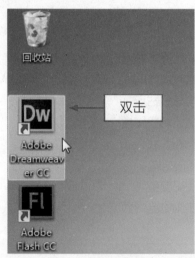

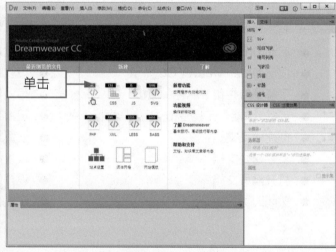

图 2-1 双击鼠标左键　　　　　　　　　　图 2-2 单击 HTML 按钮

 专家指点

用户还可以通过以下两种方法启动 Adobe Dreamweaver CC 软件：

* 程序菜单：单击"开始"按钮，在弹出的"开始"菜单中，单击 Adobe ｜ Adobe Dreamweaver CC 命令。

* 快捷菜单：在 Windows 桌面上，单击 Adobe Dreamweaver CC 图标，在图标上单击鼠标右键，在弹出的快捷菜单中选择"打开"选项。

步骤 03 执行操作后，即可新建网页文档，并进入 Adobe Dreamweaver CC 的工作界面，如图 2-3 所示。

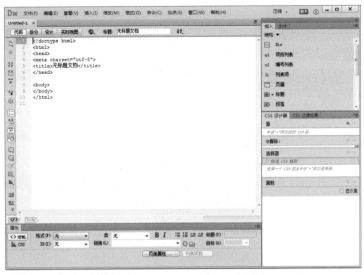

图 2-3 进入 Dreamweaver CC 的工作界面

2.1.2 退出 Dreamweaver CC

当用户完成网页内容的设计与编辑后，如果不再需要使用 Adobe Dreamweaver CC 工作界面，此时可以退出该程序，以提高电脑的运行速度。

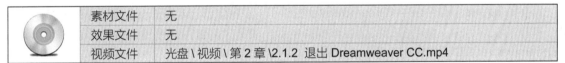

	素材文件	无
	效果文件	无
	视频文件	光盘 \ 视频 \ 第 2 章 \2.1.2 退出 Dreamweaver CC.mp4

步骤 01 在 Adobe Dreamweaver CC 工作界面中，单击菜单栏中的"文件"|"退出"命令，如图 2-4 所示。

步骤 02 执行操作后，即可退出 Adobe Dreamweaver CC 应用程序，返回操作系统桌面，如图 2-5 所示。

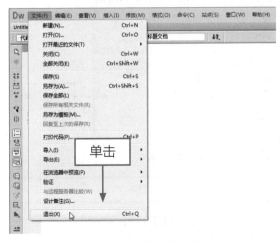

图 2-4 单击"退出"命令

图 2-5 返回操作系统桌面

专家指点

用户还可以通过以下 6 种方法，退出 Adobe Dreamweaver CC 软件：

* 快捷键 1：按【Ctrl + Q】组合键，即可快速退出程序。

* 快捷键 2：按【Alt + F4】组合键，即可退出程序。

* 选项 1：单击"标题栏"左上角的 Dw 图标，在弹出的列表框中选择"关闭"选项，即可退出程序。

* 选项 2：在任务栏的 Adobe Dreamweaver CC 程序图标上，单击鼠标右键，在弹出的快捷菜单中选择"关闭窗口"选项，也可以退出程序。

* 按钮：在 Adobe Dreamweaver CC 操作界面中，单击右上角的"关闭"按钮。

* 图标：双击"标题栏"左上角的 Dw 图标，即可退出程序。

2.2 掌握 Dreamweaver CC 工作界面

在 Dreamweaver 工作界面中，用户可以查看文档和对象的属性，工作界面中还将许多常用操作放置于工具栏中，用户可以快速对文档进行更改。

在 Windows 操作系统中，Dreamweaver 提供了一个将全部元素置于一个窗口中的集成布局。在集成的工作区中，全部窗口和面板都被集成到一个更大的应用程序窗口中。如图 2-6 所示为 Dreamweaver CC 工作界面的各组成部分。

图 2-6 Dreamweaver CC 工作界面组成部分

2.2.1 了解菜单栏

菜单栏中包含"文件"、"编辑"、"查看"、"插入"、"修改"、"格式"、"命令"、"站点"、"窗口"和"帮助"10 个菜单，如图 2-7 所示。

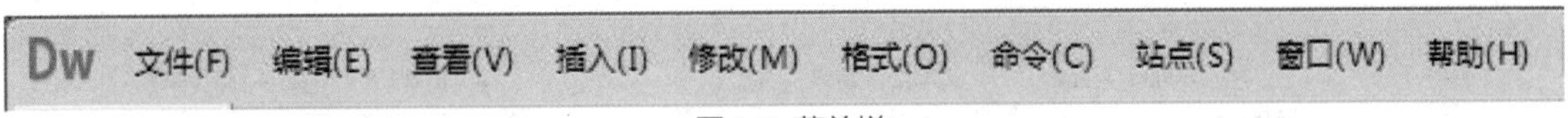

Dw
文件(F)
编辑(E)
查看(V)
插入(I)
修改(M)
格式(O)
命令(C)
站点(S)
窗口(W)
帮助(H)

图 2-7 菜单栏

在菜单栏中，各菜单的含义如下。

* “文件”菜单：包含“新建”、“打开”、“保存”以及“保存全部”等命令，还包含各种其他命令，用于查看当前文档或对当前文档执行操作，例如“在浏览器中预览”和“打印代码”等操作命令。

* “编辑”菜单：包含对页面字符进行“查找”、“替换”、“选择”和“搜索”等命令，例如“选择父标签”和“查找和替换”命令。

* “查看”菜单：可以看到文档的各种视图（例如“设计”视图和“代码”视图），并且可以显示和隐藏不同类型的页面元素和 Dreamweaver 工具及工具栏。

* “插入”菜单：提供“插入”栏的替代项，用于将对象插入文档。

* “修改”菜单：可以更改选定页面元素或项的属性。使用此菜单，可以编辑标签属性，更改表格和表格元素，并且为库和模板执行不同的操作。

* “格式”菜单：使用户可以轻松地设置文本的格式。

* “命令”菜单：提供对各种命令的访问，包括一个根据格式首选参数设置代码格式的命令、一个创建相册的命令等。

* “站点”菜单：提供用于管理站点以及上传和下载文件的菜单项。

* “窗口”菜单：提供用于窗口的控制操作，如打开和关闭属性面板、层叠和平铺工作窗口等。

* “帮助”菜单：提供对 Dreamweaver 文档的访问，包括关于使用 Dreamweaver 以及创建 Dreamweaver 扩展功能的帮助系统，还包括各种语言的参考材料。

2.2.2 了解“属性”面板

“属性”面板主要用于显示在网页中对象的属性，并允许用户在“属性”面板中对对象属性进行各种修改。默认情况下，“属性”面板会显示鼠标光标所在位置的文字属性，如图 2-8 所示。

属性
HTML
CSS
格式(F) 无
ID(I) 无
类 无
链接(L)
标题(T)
目标(G)
列表项目...

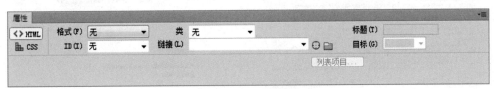

图 2-8 “属性”面板

在“属性”面板中，用户可以进行如下操作。

* 在“文档”窗口中选择页面元素，可以查看并更改页面元素的属性。必须展开“属性”检查器才能查看选定元素的所有属性。

* 在“属性”面板中，可以更改任意属性。

当用户在页面编辑窗口中选择图像时，“属性”面板会显示如图 2-9 所示的图像属性。

图 2-9 选择图像时的"属性"面板

专家指点

有关特定属性的信息，应在"文档"窗口中选择一个元素，然后单击"属性"面板右上角的菜单按钮 ，在弹出的快捷菜单中选择"帮助"选项。

2.2.3 了解"文档"工具栏

Dreamweaver CC 中的"文档"工具栏主要包含对文档进行常用操作的按钮，如图 2-10 所示。通过文档工具栏中的图标可快速对页面文档进行查看和编辑操作。

图 2-10 "文档"工具栏

在"文档"工具栏中，各主要按钮含义如下。

* "代码"视图：一个用于编写和编辑 HTML、JavaScript、服务器语言代码（如 PHP 或 ColdFusion 标记语言 CFML）以及任何其他类型代码的手工编码环境，如图 2-11 所示。

* "设计"视图：一个用于可视化页面布局、可视化编辑和快速应用程序开发的设计环境。在该视图中，Dreamweaver 显示文档的完全可编辑的可视化表示形式，类似于在浏览器中查看页面时看到的内容，如图 2-12 所示。

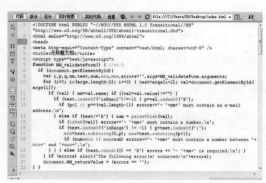

图 2-11 "代码"视图

图 2-12 "设计"视图

* 拆分"代码"视图："代码"视图的一种拆分版本，可以通过滚动同时对文档的不同部分进行操作。

* "拆分"视图：在一个窗口中可同时看到同一文档的"代码"视图和"设计"视图。

* 实时视图：与"设计"视图类似，实时视图更逼真地显示文档在浏览器中的表示形式，并

能够像在浏览器中那样与文档交互。实时视图不可编辑，不过可以在"代码"视图中进行编辑，然后刷新实时视图来查看所作的更改。

　　＊"实时代码"视图：仅在实时视图中查看文档时可用。"实时代码"视图显示浏览器用于执行该页面的实际代码，当在实时视图中与该页面进行交互时，它可以动态变化。"实时代码"视图不可编辑。

2.2.4 了解"插入"面板

　　"插入"面板包含用于将各种类型的对象（如图像、表格和层）插入到文档中的命令。每个对象都是一段 HTML 代码，允许用户在插入时设置不同的属性。

　　在菜单栏中，单击"窗口"|"插入"命令，如图 2-13 所示，即可显示"插入"面板，如图 2-14 所示，再次单击"插入"命令，即可隐藏"插入"面板。单击"插入"面板上方的下三角按钮，在弹出的列表框中，用户可以选择需要插入的对象类型，如图 2-15 所示。

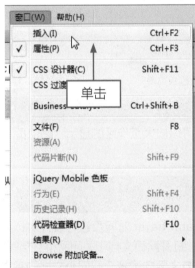

图 2-13 单击"插入"命令

图 2-14 显示"插入"面板

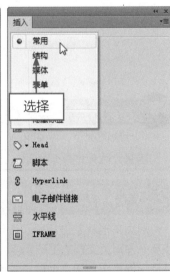

图 2-15 选择对象类型

专家指点

　　如果用户处理的是某些类型的文件（如 XML、JavaScript、Java 和 CSS），则"插入"面板和"设计"视图选项将变暗，因为无法将项目插入到这些代码文件中。

2.2.5 了解浮动面板

　　Dreamweaver 中还有很多各种功能的面板，用户可以根据实际需要对面板进行展开或者折叠操作，主要是方便用户对网页进行设计，符合用户的操作习惯。用户还可以任意组合和移动，称之为"浮动面板"，如图 2-16 所示。通常将同一类型或功能的面板组合在一个面板组中，没有显示的面板还可以通过"窗口"菜单快速呈现。

　　例如，"历史记录"面板主要用于管理已执行的操作；"框架"面板反映了当前网页的框架结构；"层"面板显示了当前网页中的层，用户可利用它打开、关闭层或调整层顺序。在面板名字上单击鼠标右键，或者单击面板组右上角的 ▾☰ 按钮，可以打开如图 2-17 所示的面板菜单，执行关闭、显示与隐藏面板以及关闭标签组等操作。

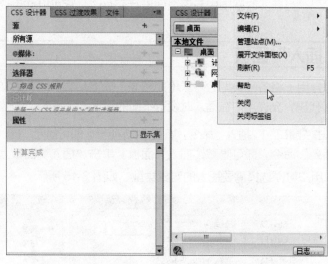

图 2-16 浮动面板　　　　　　　图 2-17 面板菜单

专家指点

　　一般情况下，浮动面板在界面中显示得越少越好，这样可以放大工作区的显示，使网页内容最大限度地展现出来，方便用户对网页页面进行设计。

2.3　网页文档的基本操作

　　网页文档就是进行网页设计等操作的原始文件，使用 Dreamweaver 对网页进行设计时，会涉及一些网页文档的基础操作，如创建网页文档、保存网页文档、打开网页文档和关闭网页文档等，以及在网页中创建本地静态站点、设置站点服务器等内容。本节主要向读者介绍网页文档的基本操作方法。

2.3.1　创建网页文档

　　用户如果需要设计出一个网页，首先需要在 Adobe Dreamweaver CC 界面中创建一个空白网页文档。下面介绍创建网页文档的操作方法。

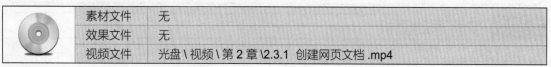

	素材文件	无
	效果文件	无
	视频文件	光盘 \ 视频 \ 第 2 章 \2.3.1 创建网页文档 .mp4

步骤 01 在菜单栏中，单击"文件"|"新建"命令，如图 2-18 所示。

步骤 02 弹出"新建文档"对话框，在"空白页"的"页面类型"列表框中选择 HTML 选项，在"布局"列表框中选择"列固定，标题和脚注"选项，如图 2-19 所示。

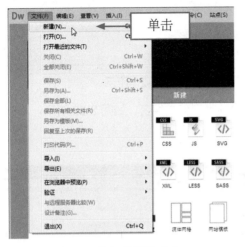

图 2-18 单击"新建"命令

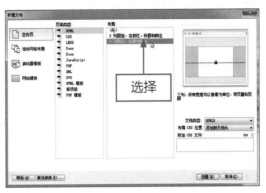

图 2-19 选择相应的选项

步骤 03 设置完成后，单击右下角的"创建"按钮，执行操作后，即可创建一个"列固定，标题和脚注"的网页文档，如图 2-20 所示。

图 2-20 创建网页文档

专家指点

在 Adobe Dreamweaver CC 界面中，还可以通过以下两种方法创建网页文档。

* 快捷键：按【Ctrl + N】组合键，可以弹出"新建文档"对话框。

* 按钮：在 Dreamweaver CC 启动界面中，单击 HTML 按钮，可以直接创建文档。

2.3.2 保存网页文档

当用户完成网页文档的设计与编辑之后，必须马上保存网页文档，防止因为断电导致网页文件的丢失。下面介绍保存网页文档的操作方法。

素材文件	无
效果文件	光盘 \ 效果 \ 第 2 章 \2.3.2\index.html
视频文件	光盘 \ 视频 \ 第 2 章 \2.3.2 保存网页文档 .mp4

步骤 01 在菜单栏中，单击"文件"|"另存为"命令，如图 2-21 所示。

步骤 02 弹出"另存为"对话框，设置相应的保存类型和文件名，如图 2-22 所示。

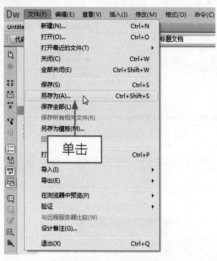

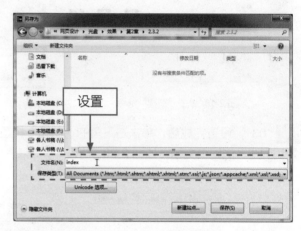

图 2-21 单击"另存为"命令　　　　图 2-22 设置保存选项

步骤 03 单击"保存"按钮，即可保存网页文档内容。

专家指点

在 Adobe Dreamweaver CC 界面中，还可以通过以下 4 种方法保存网页文档。

* 快捷键 1：按【Ctrl + S】组合键，可以弹出"另存为"对话框。

* 快捷键 2：按【Ctrl + Shift + S】组合键，可以弹出"另存为"对话框。

* 快捷键 3：单击"文件"菜单，在弹出的菜单列表中按【S】键，可以弹出"另存为"对话框。

* 选项：在标题栏的右侧空白处，单击鼠标右键，在弹出的快捷菜单中选择"保存"选项，可以弹出"另存为"对话框。

2.3.3 打开网页文档

当用户需要使用其他已经保存的网页文档时，可以选择需要的网页文档打开。下面向读者介绍打开网页文档的操作方法。

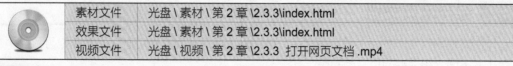

素材文件	光盘 \ 素材 \ 第 2 章 \2.3.3\index.html
效果文件	光盘 \ 素材 \ 第 2 章 \2.3.3\index.html
视频文件	光盘 \ 视频 \ 第 2 章 \2.3.3 打开网页文档 .mp4

步骤 01 在菜单栏中，单击"文件"|"打开"命令，如图 2-23 所示。

步骤 02 弹出"打开"对话框，选择相应的网页文档，如图 2-24 所示。

图 2-23 单击"打开"命令　　　　　　　　图 2-24 选择相应的网页文档

步骤 03 单击"打开"按钮，即可打开网页文档，如图 2-25 所示。

图 2-25 打开网页文档

 专家指点

在 Adobe Dreamweaver CC 界面中，还可以通过以下两种方法打开网页文档。

* 快捷键：按【Ctrl + O】组合键，可以弹出"打开"对话框。

* 选项：在标题栏的右侧空白处，单击鼠标右键，在弹出的快捷菜单中选择"打开"选项，可以弹出"打开"对话框。

2.3.4　关闭网页文档

当用户使用 Dreamweaver CC 软件完成对网页的设计与编辑操作后，即可关闭当前的网页文档，以提高系统的运行速度。下面向读者介绍关闭网页文档的操作方法。

素材文件	光盘 \ 素材 \ 第 2 章 \2.3.3\index.html
效果文件	无
视频文件	光盘 \ 视频 \ 第 2 章 \2.3.4 关闭网页文档 .mp4

步骤 01 在菜单栏中，单击"文件"|"关闭"命令，如图 2-26 所示。

步骤 02 执行操作后，即可关闭网页文档，如图 2-27 所示。

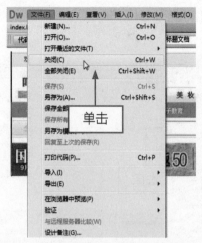

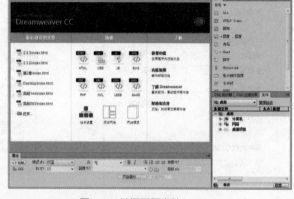

图 2-26 单击"关闭"命令   图 2-27 关闭网页文档

 专家指点

在 Adobe Dreamweaver CC 界面中，还可以通过以下两种方法关闭网页文档。

  ﹡ 快捷键：按【Ctrl + W】组合键，可以关闭网页文档。

  ﹡ 选项：在标题栏的右侧空白处，单击鼠标右键，在弹出的快捷菜单中选择"关闭"选项，可以关闭网页文档。

2.3.5 创建本地静态站点

    站点的类型有很多，包括本地静态站点、远程动态站点和 Business Catalyst 站点等。对于网页初学者来说，创建本地静态站点是很关键的。在 Dreamweaver 中创建本地静态站点的步骤很简单，下面介绍具体的操作方法。

素材文件	无	
效果文件	无	
视频文件	光盘 \ 视频 \ 第 2 章 \2.3.5 创建本地静态站点 .mp4	

步骤 **01** 在 Dreamweaver 启始页面中，单击"新建"选项区中的"站点设置"按钮，如图 2-28 所示。

步骤 **02** 执行操作后，弹出"站点设置对象"对话框，在"站点名称"文本框中输入相应的名称，如图 2-29 所示。

步骤 **03** 设置好站点名称后，单击"本地站点文件夹"选项右侧的"浏览文件夹"按钮，如图 2-30 所示。

步骤 **04** 执行上述操作后，弹出"选择根文件夹"对话框，单击"新建文件夹"按钮，如图 2-31 所示。

步骤 **05** 创建并重命名文件夹，选择所创建的文件夹，单击右下角的"选择文件夹"按钮，如图 2-32 所示。

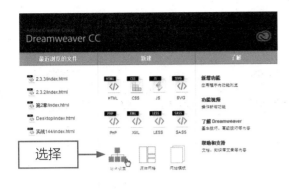

图 2-28 单击"站点设置"按钮

图 2-29 输入相应的名称

图 2-30 单击"浏览文件夹"按钮

图 2-31 单击"新建文件夹"按钮

步骤 **06** 执行上述操作后，即可设置相应的本地站点文件夹，单击"保存"按钮，如图 2-33 所示，完成站点的创建操作。

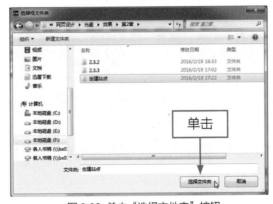

图 2-32 单击"选择文件夹"按钮

图 2-33 单击"保存"按钮

步骤 **07** 在菜单栏中，单击"窗口"菜单，在弹出的菜单列表中单击"文件"命令，如图 2-34 所示。

步骤 **08** 执行上述操作后，展开"文件"面板，在"文件"面板中显示出刚创建的本地站点，如图 2-35 所示。

图 2-34 单击"文件"命令

图 2-35 显示出刚创建的本地站点

专家指点

在"站点设置对象"对话框中，各选项主要含义如下。

* 站点名称：可以在该选项后的文本框中输入所创建站点的名称。

* 本地站点文件夹：按在该选项后的文本框中可以设置所创建站点的本地站点文件夹位置，可以通过单击该选项后的"浏览"按钮，在弹出的对话框中选择本地站点文件夹。

另外，在 Dreamweaver 工作界面中，按【F8】键，也可以对"文件"面板进行显示或隐藏操作。

2.3.6 设置站点服务器

用户需要将站点中的 Dreamweaver 上传到远程服务器，首先要使用 Dreamweaver 连接远程服务器，可以在站点设置对象中对远程服务器进行设置，包括"基本"和"高级"两个选项卡。下面介绍设置站点服务器的操作方法。

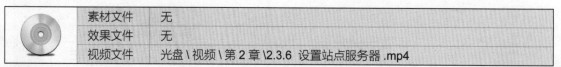

	素材文件	无
	效果文件	无
	视频文件	光盘 \ 视频 \ 第 2 章 \2.3.6 设置站点服务器 .mp4

步骤 01 在 Dreamweaver 工作界面中，展开"文件"面板，单击"连接到远程服务器"按钮 ，如图 2-36 所示。

步骤 02 执行操作后，弹出"站点设置对象 站点"对话框，默认进入"服务器"选项卡，单击"添加新服务器"按钮 ，如图 2-37 所示。

专家指点

在 Dreamweaver CC 的工作界面中，按键盘上的【F8】键，也可以对"文件"面板进行显示或隐藏操作。

图 2-36 单击"连接到 远程服务器"按钮

图 2-37 单击"添加新服务器"按钮

步骤 **03** 弹出"服务器设置"窗口，分为"基本"和"高级"两个选项卡，在"基本"选项卡中可以对服务器的相关基本选项进行设置，如图 2-38 所示。

步骤 **04** 单击"高级"标签，切换到"高级"选项卡中，用户可以在此设置远程服务器以及测试服务器，如图 2-39 所示。

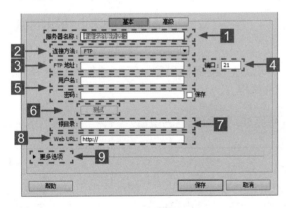

图 2-38 "基本"选项卡

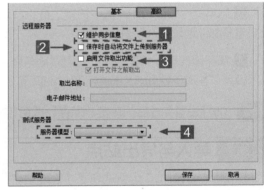

图 2-39 "高级"选项卡

在"基本"选项卡中，各选项主要含义如下。

1 服务器名称：在该文本框中可以是指定服务器的名称，可以是用户任意定义的名称。

2 连接方法：在该选项的下拉列表中可以选择连接到远程服务器的方法，在 Dreamweaver CC 中提供了 7 种连接远程服务器的方式。

3 FTP 地址：在该文本框中输入要将站点文件上传到其中的 FTP 服务器的地址。FTP 地址是计算机系统的完整 Internet 名称。注意，在这里需要输入完整的 FTP 地址，并且不要输入任何多余的文本，特别是不要在地址前面加上协议名称。

4 端口：端口 21 是接收 FTP 连接的默认端口。用户可以通过编辑右侧的文本框更改默认的端口号。

5 用户名和密码：分别在"用户名"和"密码"文本框中输入用于连接到 FTP 服务器的用户名和密码，选中"保存"复选框，可以保存所输入的 FTP 用户名和密码。

6 测试：完成"FTP 地址"、"用户名"和"密码"选项的设置后，可以通过单击"测试"按钮，测试与 FTP 服务器的连接。

7 根目录：在该选项的文本框中输入远程服务器上用于存储站点文件的目录。在有些服务器上，根目录就是首次使用 FTP 连接到的目录。用户也可以链接到远程服务器，如果在"文件"面板中的"远程文件"视图中出现像 public_html、www 或用户名这样名称的文件夹，它可能就是 FTP 的根目录。

8 Web URL：在该文本框中可以输入 Web 站点的 URL 地址（例如 http://www.bai du .com）。Dreamweaver CC 使用 Web URL 创建站点根目录相对链接。

9 更多选项：单击"更多选项"选项前的三角形按钮，可以在 FTP 设置窗口中显示出更多的设置选项。

在"高级"选项卡中，各选项主要含义如下。

1 维护同步信息：如果希望自动同步本地站点和远程服务器上的文件，可以选中该复选框。

2 保存时自动将文件上传到服务器："帮助"菜单中提供了使用 Photoshop CC 的各种版主信息。在使用 Photoshop CC 的过程中，若遇到问题，可以查看该菜单，及时了解各种命令、工具和功能的使用。

3 启用文件取出功能：选中该复选框，可以启用"存回 / 取出"功能，则可以对"取出名称"和"电子邮件地址"选项进行设置。

4 服务器模型：如果使用的是测试服务器，则可以从"服务器模型"下拉列表中选择一种服务器模型，在该下拉列表中提供了 8 个选项可供用户选择。

步骤 05 设置完成后，单击"保存"按钮，即可完成站点服务器的设置。

2.3.7 导入与导出站点

Dreamweaver CC 全新规划了"管理站点"对话框，在"管理站点"对话框中可以方便地对站点进行管理和操作，下面介绍将 Dreamweaver 中创建好的站点导出为文件，并导入站点文件的方法。

	素材文件	无
	效果文件	无
	视频文件	光盘 \ 视频 \ 第 2 章 \2.3.7 导入与导出站点 .mp4

步骤 01 在菜单栏中，单击"站点"|"管理站点"命令，如图 2-40 所示。

步骤 02 弹出"管理站点"对话框，在站点列表中选择需要导出的站点，如图 2-41 所示。

步骤 03 单击"导出当前选定的站点"按钮 ，如图 2-42 所示。

步骤 04 弹出"导出站点"对话框，选择导出站点的位置，在"文件名"文本框中设置站点文件的名称，如图 2-43 所示。

步骤 **05** 单击"保存"按钮，即可将选中的站点导出为一个扩展名 ste 的 Dreamweaver 站点文件，如图 2-44 所示。

步骤 **06** 在"管理站点"对话框中，单击"导入站点"按钮，如图 2-45 所示。

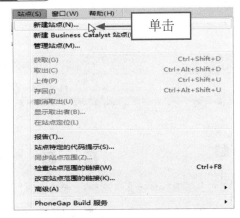

图 2-40 单击"管理站点"命令

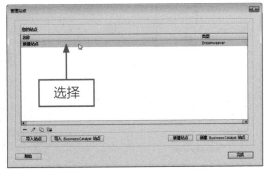

图 2-41 选择需要导出的站点

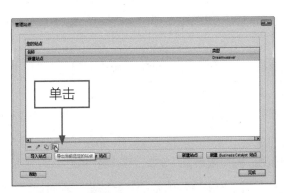

图 2-42 单击"导出当前选定的站点"按钮

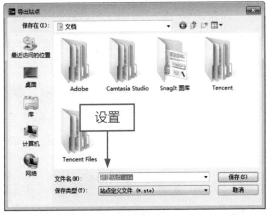

图 2-43 设置导出信息

图 2-44 导出选定的站点

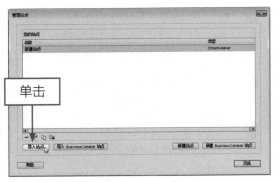

图 2-45 单击"导入站点"按钮

步骤 07 执行操作后，即可弹出"导入站点"对话框，在其中选择需要导入的站点文件，如图 2-46 所示。

步骤 08 单击"打开"按钮，即可将该站点文件导入"管理站点"对话框，如图 2-47 所示。

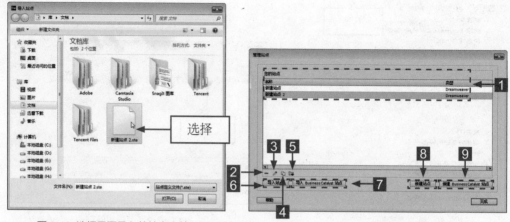

图 2-46 选择需要导入的站点文件　　　　　　　　图 2-47 导入站点

"管理站点"对话框中主要选项的含义如下。

1 站点列表：该列表显示当前所创建的所有站点，并且显示了每个站点的类型，可以在该列表中选中需要管理的站点。

2 "删除当前选定的站点"按钮 ━ ：单击该按钮，弹出提示对话框，单击"是"按钮，即可删除当前被选定的站点。

3 "编辑当前选定的站点"按钮 ✎ ：单击该按钮，弹出"站点设置对象"对话框，在该对话框中可以对选定的站点进行编辑修改。

4 "复制当前选定的站点"按钮 ⎘ ：单击该按钮，即可复制选中的站点并得到该站点的副本。

5 "导出当前选定的站点"按钮 ➡ ：单击该按钮，弹出"导出站点"对话框，在其中进行相应的设置，即可为选中的站点导出一个扩展名为 ste 的 Dreamweaver 站点文件。

6 "导入站点"按钮：单击该按钮，弹出"导入站点"对话框，在该对话框中选择需要导入的站点文件，单击"打开"按钮，即可将该站点文件导入到 Dreamweaver 中。

7 "导入 Business Catalyst 站点"按钮：单击该按钮，弹出 Business Catalyst 对话框，显示当前用户所创建的 Business Catalyst 站点，选择需要导入的 Business Catalyst 站点，单击 Import Site 按钮，即可将选中的 Business Catalyst 站点导入到 Dreamweaver 中。

8 "新建站点"按钮：单击该按钮，弹出"站点设置对象"对话框，可以创建新的站点，单击该按钮与执行"站点"菜单下的"新建 Business Catalyst 站点"命令的功能相同。

9 "新建 Business Catalyst 站点"按钮：单击该按钮，弹出 Business Catalyst 对话框，可以创建新的 Business Catalyst 站点，单击该按钮与执行"站点 > 新建 Business Catalyst 站点"命令的功能相同。

2.3.8 设置文档背景属性

在网页中合理地应用背景色彩是非常关键的，不同的色彩搭配产生不同的效果，并能够吸引用户的眼球。

素材文件	光盘 \ 素材 \ 第 2 章 \2.3.8\index.html
效果文件	光盘 \ 效果 \ 第 2 章 \2.3.8\index.html
视频文件	光盘 \ 视频 \ 第 2 章 \2.3.8 设置文档背景属性 .mp4

步骤 01　单击"文件"|"打开"命令，打开一副网页文档，如图 2-48 所示。

步骤 02　单击"修改"|"页面属性"命令，如图 2-49 所示。

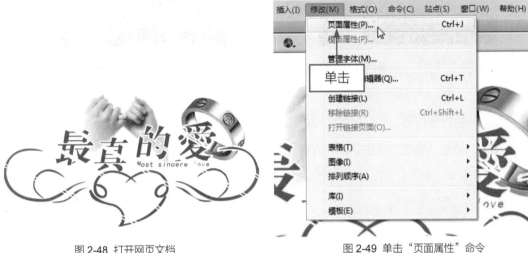

图 2-48 打开网页文档　　　　图 2-49 单击"页面属性"命令

步骤 03　弹出"页面属性"对话框，单击"背景颜色"右侧的拾色器按钮，如图 2-50 所示。

步骤 04　弹出拾色器窗口，移动色相滑块至合适位置，如图 2-51 所示。

图 2-50 单击拾色器按钮

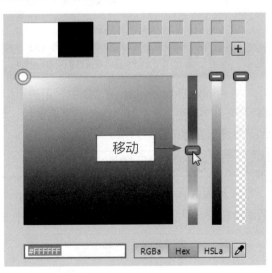

图 2-51 移动色相滑块

步骤 05 移动光亮度滑块至合适位置，如图 2-52 所示。

步骤 06 移动 Alpha 滑块至合适位置，如图 2-53 所示。

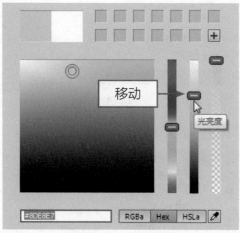

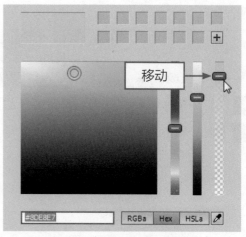

图 2-52 移动光亮度滑块　　　　　　　　　　　　图 2-53 移动 Alpha 滑块

步骤 07 执行操作后，即可设置"背景颜色"选项，如图 2-54 所示。

步骤 08 单击"确定"按钮，即可设置网页文档的背景颜色，效果如图 2-55 所示。

图 2-54 设置"背景颜色"选项　　　　　　　　　图 2-55 设置网页文档的背景颜色

2.4　设置网页文档首选参数

在 Adobe Dreamweaver CC 中，用户可以设置编码首选参数（例如代码格式和颜色等）以满足自己的特定需求。本节将介绍常规参数、代码格式、代码颜色、复制 / 粘贴以及在浏览器中预览等首选参数的设置方法。

2.4.1　设置常规参数

在 Adobe Dreamweaver CC 工作界面中，"常规"首选项参数主要包括文档选项和编辑选项两个板块。下面介绍设置常规参数的操作方法。

	素材文件	无
	效果文件	无
	视频文件	光盘 \ 视频 \ 第 2 章 \2.4.1 设置常规参数 .mp4

步骤 01 启动 Dreamweaver CC，单击"编辑"|"首选项"命令，如图 2-56 所示。

步骤 02 弹出"首选项"对话框，默认进入"常规"选项卡，如图 2-57 所示。

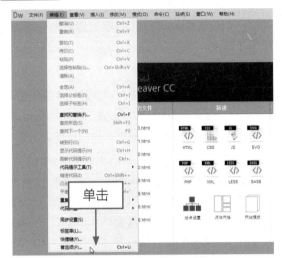

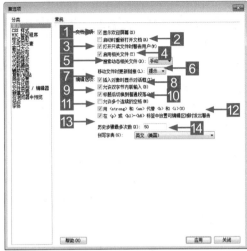

图 2-56 单击"首选项"命令　　　　　　图 2-57 弹出"首选项"对话框

"常规"选项卡中各主要选项的含义如下。

1 显示欢迎屏幕：在启动 Dreamweaver 时或者在没有打开任何文档时，显示 Dreamweaver 的欢迎屏幕。

2 启动时重新打开文档：打开在关闭 Dreamweaver 时处于打开状态的任何文档。如果未选择此选项，Dreamweaver 会在启动时显示欢迎屏幕或者空白屏幕（具体取决于"显示欢迎屏幕"设置）。

3 打开只读文件时警告用户：在打开只读（已锁定的）文件时警告用户。可以选择取消锁定/取出文件、查看文件或取消。

4 启用相关文件：用于查看哪些文件与当前文档相关（例如 CSS 或 JavaScript 文件）。Dreamweaver 在文档顶部为每个相关文件显示了一个按钮，单击该按钮可打开相应文件。

5 搜索动态相关文件：允许用户选择动态相关文件是自动还是在手动交互之后显示在"相关文件"工具栏中。用户还可以选择禁用搜索动态相关文件。

6 移动文件时更新链接：确定在移动、重命名或删除站点中的文档时所发生的操作。可以将该参数设置为总是自动更新链接、从不更新链接或提示执行更新。

7 插入对象时显示对话框：确定当使用"插入"面板或"插入"菜单插入图像、表格、Shockwave 影片和其他某些对象时，Dreamweaver 是否提示用户输入附加的信息。如果禁用该选项，则不出现对话框，用户必须使用"属性"检查器指定图像的源文件和表格中的行数等。当用户插入对象时，鼠标经过图像和 Fireworks HTML 时总是出现一个对话框，而与该选项的设置无关（若要暂时覆盖该设置，请在创建和插入对象时按住【Ctrl】键并单击）。

8 允许双字节内联输入：使用户能够直接在"文档"窗口中输入双字节文本（如果用户正在

使用适合于双字节文本（如日语字符）的开发环境或语言工具包）。如果取消选择该选项，将显示一个用于输入和转换双字节文本的文本输入窗口；文本被接受后显示在"文档"窗口中。

9 标题后切换到普通段落：指定在"设计"视图中于一个标题段落的结尾按下【Enter】时，将创建一个用 <p> 标签进行标记的新段落。（标题段落是用 <h1> 或 <h2> 等标题标签进行标记的段落。）当禁用该选项时，在标题段落的结尾按下【Enter】键将创建一个用同一标题标签进行标记的新段落（允许用户在一行中键入多个标题，然后返回并填入详细信息）。

10 允许多个连续的空格：指定在"设计"视图中键入两个或更多的空格时才创建不中断的空格，这些空格在浏览器中显示为多个空格（例如，用户可以在句子之间键入两个空格，就如同在打字机上一样）。当禁用该选项时，多个空格将被当作单个空格（因为浏览器将多个空格当作单个空格）。

11 用 <strong> 和 <em> 代替 <b> 和 <i>（u）：指定 Dreamweaver 每当执行通常会应用 <b> 标签的操作时改为应用 <strong> 标签，以及每当执行通常会应用 <i> 标签的操作时改为应用 <em> 标签。此类操作包括在 HTML 模式下的文本属性检查器中单击"粗体"或"斜体"按钮，以及选择"格式"|"样式"|"粗体"或"格式"|"样式"|"斜体"。若要在用户的文档中使用 <b> 和 <i> 标签，则应该取消选择此选项。需要注意的是，www 联合会不鼓励使用 <b> 和 <i> 标签；<strong> 和 <em> 标签提供的语义信息比 <b> 和 <i> 标签更明确。

12 在 <p> 或 <h1>-<h6> 标签中放置可编辑区域时发出警告：指定在保存段落或标题标签内具有可编辑区域的 Dreamweaver 模板时是否显示警告信息。该警告信息会通知你用户将无法在此区域中创建更多段落。默认情况下会启用此选项。

13 历史步骤最多次数：确定在"历史记录"面板中保留和显示的步骤数。（默认值对于大多数用户来说应该足够使用。）如果超过了"历史记录"面板中的给定步骤数，则将丢弃最早的步骤。

14 拼写字典：列出可用的拼写字典。如果字典中包含多种方言或拼写惯例（如"英语"（美国）和"英语"（英国）），则方言单独列在"字典"弹出菜单中。

步骤 03 在选项卡的"编辑选项"选项区中，选中"允许多个连续的空格"复选框，如图 2-58 所示。

步骤 04 单击"应用"按钮，即可保存修改，如图 2-59 所示。

图 2-58 选中"允许多个连续的空格"复选框

图 2-59 单击"应用"按钮

2.4.2 设置代码格式

用户可以通过指定格式设置首选参数（例如缩进、行长度以及标签和属性名称的大小写）更改代码的外观。除了"覆盖大小写"选项之外，所有"代码格式"选项均只会自动应用到随后创建的新文档或新添加到文档中的部分。若要重新设置现有 HTML 文档的格式，可以打开文档，然后执行"命令"|"应用源格式"命令。

素材文件	无
效果文件	无
视频文件	光盘 \ 视频 \ 第 2 章 \2.4.2 设置代码格式 .mp4

步骤 01 启动 Dreamweaver CC，单击"编辑"|"首选项"命令，弹出"首选项"对话框，如图 2-60 所示。

步骤 02 在"分类"列表框中，单击"代码格式"标签，切换至"代码格式"选项卡，如图 2-61 所示。

图 2-60 弹出"首选项"对话框

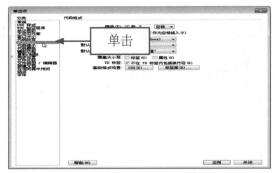

图 2-61 单击"代码格式"标签

步骤 03 在"高级格式设置"选项区中，单击 CSS 按钮，弹出"CSS 源格式选项"对话框，用户可以在此设置层叠样式表（CSS）代码，如图 2-62 所示。

步骤 04 在"高级格式设置"选项区中，单击"标签库"按钮，弹出"标签库编辑器"对话框，用户可以在此设置个别标签和属性的格式选项，如图 2-63 所示。

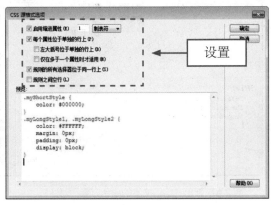

图 2-62 "CSS 源格式选项"对话框

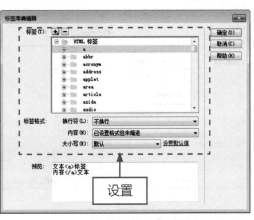

图 2-63 "标签库编辑器"对话框

步骤 05 设置完成后，单击"确定"按钮和"应用"按钮，即可完成代码格式的设置。

2.4.3 设置代码颜色

使用"代码颜色"首选参数可以指定常规类别的标签和代码元素（例如，与表单相关的标签或 JavaScript 标识符）的颜色，若要设置特定标签的颜色首选参数，可在标签库编辑器中编辑标签定义。

素材文件	无
效果文件	无
视频文件	光盘 \ 视频 \ 第 2 章 \2.4.3 设置代码颜色 .mp4

步骤 01 启动 Dreamweaver CC，单击"编辑"|"首选项"命令，弹出"首选项"对话框，如图 2-64 所示。

步骤 02 在"分类"列表框中，单击"代码颜色"标签，切换至"代码颜色"选项卡，如图 2-65 所示。

图 2-64 弹出"首选项"对话框　　　　　　　图 2-65 单击"代码颜色"标签

步骤 03 在"文档类型"列表框中，选择"文本"选项，如图 2-66 所示。

步骤 04 单击"编辑颜色方案"按钮，即可弹出"编辑文本的颜色方案"对话框，如图 2-67 所示。

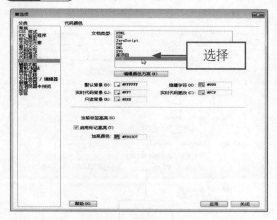

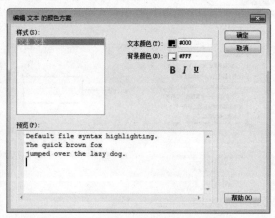

图 2-66 选择"文本"选项　　　　　　　图 2-67 弹出"编辑文本的颜色方案"对话框

步骤 05 设置"文本颜色"为蓝色（#061AFB）、"背景颜色"为淡黄色（#F8FFB8），如图 2-68 所示。

步骤 06 单击"确定"按钮，返回"首选项"对话框，如图 2-69 所示，单击"应用"按钮，即可设置代码颜色。

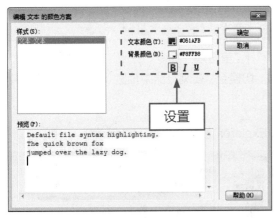

图 2-68 设置文本的颜色方案

图 2-69 单击"应用"按钮

2.4.4 设置代码改写

使用"代码改写"首选参数可以指定在打开文档、复制或粘贴表单元素或在使用诸如属性检查器之类的工具输入属性值和 URL 时，Dreamweaver 是否修改用户的代码，以及如何修改。在"代码"视图中编辑 HTML 或脚本时，这些首选参数不起作用。如果用户禁用改写选项，则在文档窗口中对它本应改写的 HTML 显示无效标记项。

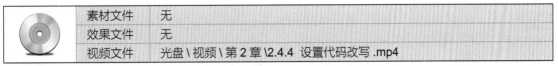

	素材文件	无
	效果文件	无
	视频文件	光盘 \ 视频 \ 第 2 章 \2.4.4 设置代码改写 .mp4

步骤 01 启动 Dreamweaver CC，单击"编辑"|"首选项"命令，弹出"首选项"对话框，在"分类"列表框中，单击"代码改写"标签，切换至"代码改写"选项卡，如图 2-70 所示。

步骤 02 选中"删除多余的结束标签"复选框，如图 2-71 所示，用户即可在"在带有扩展的文件中"文本框中设置相应的结束标签，单击"应用"按钮，即可设置代码改写参数。

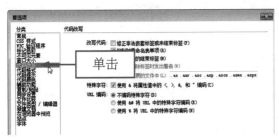

图 2-70 切换至"代码改写"选项卡

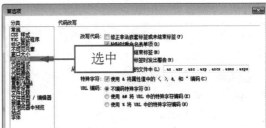

图 2-71 选中"删除多余的结束标签"复选框

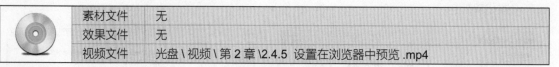

2.4.5 设置在浏览器中预览

使用"在浏览器中预览"首选参数功能，可以指定当前定义的主浏览器和候选浏览器以及它们的设置。

素材文件	无
效果文件	无
视频文件	光盘 \ 视频 \ 第 2 章 \2.4.5 设置在浏览器中预览 .mp4

步骤 01 启动 Dreamweaver CC，单击"编辑"|"首选项"命令，弹出"首选项"对话框，在"分类"列表框中，单击"在浏览器中预览"标签，切换至"在浏览器中预览"选项卡，如图 2-72 所示。

步骤 02 在"浏览器"列表框中选择 Internet Explorer 选项，如图 2-73 所示。

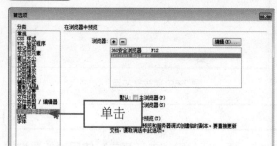

图 2-72 切换至"在浏览器中预览"选项卡　　　　图 2-73 选择 Internet Explorer 选项

步骤 03 单击"编辑"按钮，弹出"编辑浏览器"对话框，选中"主浏览器"复选框，如图 2-74 所示。

步骤 04 单击"确定"按钮，即可将 Internet Explorer 设置为主浏览器，如图 2-75 所示，单击"应用"按钮，保存设置即可。

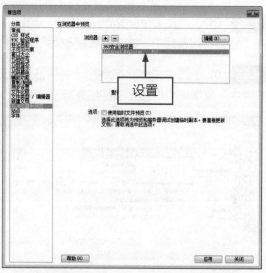

图 2-74 选中"主浏览器"复选框　　　　图 2-75 将 Internet Explorer 设置为主浏览器

03 创建网页常见元素对象

学习提示

学习了站点的创建与配置以及网页文档的操作后,本章将学习为网页添加内容,包括添加文本、日期、动态元素以及创建超链接等。为网页添加相应的内容是网页制作中最基本的操作,需要读者重点掌握,为日后设计整个网站奠定良好的基础。

本章重点导航

- 插入文本对象
- 插入日期对象
- 插入字符对象
- 插入 GIF 图像
- 插入 JPEG 图像
- 插入 PNG 图像
- 插入水平线
- 设置水平线属性

- 插入 HTML5 视频
- 插入 HTML5 音频
- 插入 Flash 动画
- 插入 Flash 视频
- 制作 E-mail 链接
- 制作文本链接
- 制作图像链接

3.1 插入网页文本与图像

在网页中添加与设置文本可以使页面更清晰，更具有层次感。Dreamweaver 中的文档就是网页，文本和图像是构成网页的重要元素，通常在网页中插入图像前，先画好表格为插入的图像预留空间，再用图像处理软件将图像处理成预定的尺寸，然后再插入图像至网页中。本节主要向读者介绍在网页中插入文本与图像元素的操作方法。

3.1.1 插入文本对象

插入文本是 Dreamweaver 中最基本的操作之一，在网页中添加文本与在 Office 中添加文本一样方便，可以直接输入文本，也可从其他文档中复制文本或插入特殊字符和水平线等。

素材文件	光盘 \ 素材 \ 第 3 章 \3.1.1\index.html
效果文件	光盘 \ 效果 \ 第 3 章 \3.1.1\index.htm
视频文件	光盘 \ 视频 \ 第 3 章 \3.1.1 插入文本对象 .mp4

步骤 01 单击"文件"|"打开"命令，打开一幅网页文档，如图 3-1 所示。

步骤 02 将鼠标光标定位在要输入文本的相应位置，如图 3-2 所示。

图 3-1 打开一幅网页文档　　　　　　　　　　图 3-2 定位光标的位置

步骤 03 在其中输入相应的文本内容，如图 3-3 所示。

步骤 04 按上述相同的操作，将鼠标光标定位到其他要输入文本的位置，然后继续输入相应的文本，如图 3-4 所示。

图 3-3 输入相应的文本　　　　　　　　　　图 3-4 继续输入相应的文本

步骤 05 选择要修改的第一行文本内容，如图 3-5 所示。

步骤 06 切换至"CSS 属性"面板，在其中单击"大小"右侧的色块■，在弹出的调色板中选择相应的颜色，如图 3-6 所示。

图 3-5 选择要修改的文本

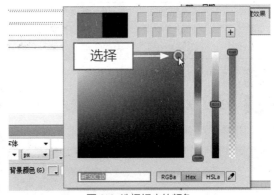

图 3-6 选择相应的颜色

步骤 07 执行操作后，即可改变文本的颜色，如图 3-7 所示。

步骤 08 使用上述相同的方法，更改其他相应文本的颜色，并对所有文本进行加粗设置，效果如图 3-8 所示。

图 3-7 改变文本的颜色

图 3-8 预览添加的文本效果

专家指点

在 Dreamweaver CC 中，向网页中添加文本有以下 3 种方法。

＊ 拷贝文本。用户可以从其他的应用程序中复制文本，然后切换到 Dreamweaver 中，将鼠标光标定位在要插入文本的位置，单击菜单栏中的"编辑"|"粘贴"命令，或者按【Ctrl＋V】组合键，就可以将文本粘贴到窗口中了。单击菜单栏中的"编辑"|"选择性粘贴"命令可以进行多种形式的粘贴，其中"仅文本"选项可以不带其他的程序格式，也可以通过选择"编辑"|"首选参数"|"复制/粘贴"选项设置粘贴的首选项。

＊ 从其他文档导入文本。在 Dreamweaver 中能够将 Office 文档直接导入到网页中，将鼠标光标定位在要插入文本的位置，单击菜单栏中的"文件"|"导入"命令在级联菜单中选择要导入的文件类型即可。

＊ 直接在文档窗口中输入文本。在"设计"视图中，将鼠标光标定位在要插入文本的位置，选择合适的输入法，输入文本即可。

3.1.2 插入日期对象

在 Dreamweaver CC 中，用户可以根据需要使用相关的命令在网页中插入日期，使访问者可以看到相关的时间信息。

素材文件	光盘 \ 素材 \ 第 3 章 \3.1.2\index.html
效果文件	光盘 \ 素材 \ 第 3 章 \3.1.2\index.html
视频文件	光盘 \ 视频 \ 第 3 章 \3.1.2 插入日期对象 .mp4

步骤 01 单击"文件"|"打开"命令，打开一幅网页文档，如图 3-9 所示。

步骤 02 在网页文档中，将鼠标光标定位于需要插入日期的表格，如图 3-10 所示。

图 3-9 打开网页文档 　　　　　　　　　　　　　　　图 3-10 定位鼠标光标

步骤 03 在菜单栏中，单击"插入"菜单，在弹出的菜单列表中单击"日期"命令，如图 3-11 所示。

步骤 04 弹出"插入日期"对话框，选择适当的格式，如图 3-12 所示。

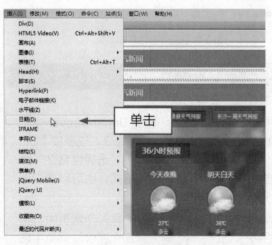
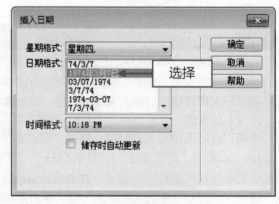

图 3-11 单击"日期"命令 　　　　　　　　　　　　　　图 3-12 选择适当的格式

步骤 05 选中"储存时自动更新"复选框，如图 3-13 所示。

步骤 06 单击"确定"按钮，即可在鼠标光标位置处插入当前的日期信息，如图 3-14 所示。

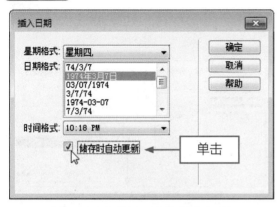

图 3-13 选中"储存时自动更新"复选框

图 3-14 插入当前的日期信息

3.1.3 插入字符对象

在设计网页时经常要在页面中添加一些特殊符号，如英镑符号 £、欧元 、音符 ♪、注册商标 ® 等。在 HTML 代码中通过转义符来定义特殊字符，如 > 用 > 来定义，需要记代码，比较麻烦，此时可以直接在文档中通过相关命令插入特殊字符对象。

素材文件	光盘 \ 素材 \ 第 3 章 \3.1.3\index.html
效果文件	光盘 \ 素材 \ 第 3 章 \3.1.3\index.html
视频文件	光盘 \ 视频 \ 第 3 章 \3.1.3 插入字符对象 .mp4

步骤 01 单击"文件"|"打开"命令，打开一幅网页文档，如图 3-15 所示。

步骤 02 将鼠标光标定位在要插入特殊字符的位置，如图 3-16 所示。

图 3-15 打开网页文档

图 3-16 定位鼠标光标

专家指点

在 Dreamweaver 工作界面中，单击菜单栏中的"插入"菜单，在弹出的菜单列表中依次按【C】、【C】键，也可以在文档中插入版权特殊字符。

步骤 03 在菜单栏中，单击"插入"菜单，在弹出的菜单列表中单击"字符"|"版权"命令，如图 3-17 所示。

步骤 04 执行操作后，即可在鼠标光标处插入版权符号，如图 3-18 所示。

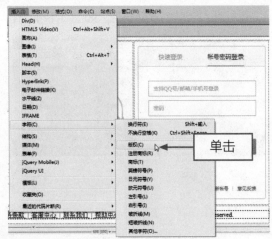

图 3-17 单击"版权"命令 　　　　　　　　　　　　　图 3-18 插入版权符号

3.1.4 插入 GIF 图像

GIF 格式的文件大多用于网络传输，可以将多张图像存储为一个档案，形成动画效果。GIF 图像文件的数据是经过压缩的，而且是采用了可变长度等压缩算法。所以 GIF 的图像深度从 1bit 到 8bit，也即 GIF 最多支持 256 种色彩的图像。GIF 格式的另一个特点是其在一个 GIF 文件中可以存多幅彩色图像，如果把存于一个文件中的多幅图像数据逐幅读出并显示到屏幕上，就可构成一种最简单的动画。而且文件尺寸较小，并且支持透明背景，特别适合作为网页图像。下面介绍插入 GIF 图像动画文件的操作方法。

素材文件	光盘 \ 素材 \ 第 3 章 \3.1.4\index.html
效果文件	光盘 \ 效果 \ 第 3 章 \3.1.4\index.html
视频文件	光盘 \ 视频 \ 第 3 章 \3.1.4 插入 GIF 图像 .mp4

步骤 **01** 单击"文件"|"打开"命令，打开一幅网页文档，如图 3-19 所示。

步骤 **02** 将鼠标光标定位于需要插入图像的位置，如图 3-20 所示。

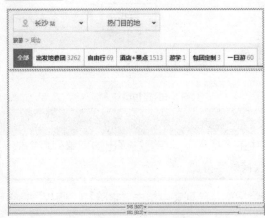 　　　　　　　　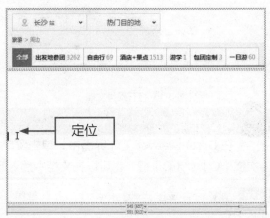

图 3-19 打开网页文档 　　　　　　　　　　　图 3-20 定位鼠标光标 WW

步骤 03 单击"插入"|"图像"|"图像"命令，如图 3-21 所示。

步骤 04 弹出"选择图像源文件"对话框，选择需要插入的图像，如图 3-22 所示。

图 3-21 单击"图像"命令　　　　　　　　　图 3-22 选择需要插入的图像

步骤 05 单击"确定"按钮，即可将图片插入到网页文档中，如图 3-23 所示。

步骤 06 在设计窗口中，适当调整图像的大小，如图 3-24 所示。

图 3-23 插入图像　　　　　　　　　　图 3-24 调整图像的大小

 专家指点

用户还可以通过以下两种方法打开"选择图像源文件"对话框。

＊ 快捷键：按【Ctrl + Alt + I】组合键，可以打开"选择图像源文件"对话框。

＊ 按钮：在"插入"面板中，单击"图像：图像"按钮，可以打开"选择图像源文件"对话框。

用户不仅可以通过对话框插入 GIF 图像，还可以直接将计算机磁盘中的 GIF 图像按【Ctrl + C】组合键进行复制操作，然后在网页文档中按【Ctrl + V】组合键进行粘贴，也可以快速在网页文档中插入 GIF 图像。

步骤 07 按【F12】键保存后，即可在打开的 IE 浏览器中看到如图 3-25 所示的效果。

图 3-25 预览网页效果

3.1.5 插入 JPEG 图像

JPEG 格式是一种压缩率很高的文件格式，但在压缩时可以控制压缩的范围，选择所需图像的最终质量。由于高倍率压缩的缘故，JPEG 格式的文件与原图像有较大的差别，所以印刷时最好不要采用这种格式。JPEG 格式支持 CMYK、RGB、灰度等颜色模式，但不支持 Alpha。JPEG格式是目前网络上最流行的图像格式。下面介绍插入 JPEG 图像的操作方法。

素材文件	光盘 \ 素材 \ 第 3 章 \3.1.5\index.html
效果文件	光盘 \ 素材 \ 第 3 章 \3.1.5\index.htmll
视频文件	光盘 \ 视频 \ 第 3 章 \3.1.5 插入 JPEG 图像 .mp4

步骤 01 单击"文件"|"打开"命令，打开一幅网页文档，如图 3-26 所示。

步骤 02 将鼠标光标定位于需要插入图像的位置，如图 3-27 所示。

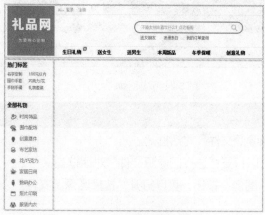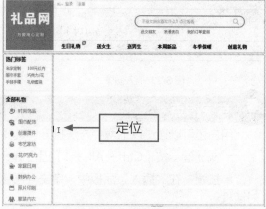

图 3-26 打开网页文档　　　　　　　图 3-27 定位鼠标光标

步骤 03 打开"插入"面板，在"常用"选项卡中单击下方的"图像: 图像"按钮 ，如图 3-28 所示。

步骤 04 弹出"选择图像源文件"对话框，选择需要插入的 JPEG 图像，如图 3-29 所示。

图 3-28 单击"图像: 图像"按钮

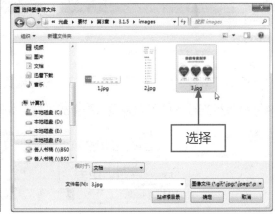

图 3-29 选择需要插入的图像

步骤 05 单击"确定"按钮，即可将图片插入到网页文档中，并适当调整图像的大小，如图 3-30 所示。

步骤 06 按【F12】键保存后，即可在打开的 IE 浏览器中看到如图 3-31 所示的效果。

图 3-30 插入图像

图 3-31 预览网页效果

3.1.6 插入 PNG 图像

PNG 能够提供长度比 GIF 小 30% 的无损压缩图像文件，同时提供 24 位和 48 位真彩色图像支持以及其他诸多技术性支持。由于 PNG 非常新，所以目前并不是所有的程序都可以用它来存储图像文件。下面介绍在网页文档中插入 PNG 图像文件的操作方法。

素材文件	光盘 \ 素材 \ 第 3 章 \3.1.6\index.html
效果文件	光盘 \ 素材 \ 第 3 章 \3.1.6\index.html
视频文件	光盘 \ 视频 \ 第 3 章 \3.1.6 插入 PNG 图像 .mp4

步骤 01 单击"文件"|"打开"命令，打开一幅网页文档，如图 3-32 所示。

步骤 02 将鼠标光标定位于需要插入图像的位置，如图 3-33 所示。

图 3-32 打开网页文档

图 3-33 定位鼠标光标

步骤 03 单击"文件"|"打开"命令，打开一幅网页文档，如图 3-26 所示。

步骤 04 将鼠标光标定位于需要插入图像的位置，如图 3-27 所示。

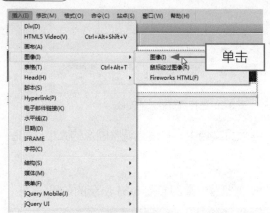

图 3-34 单击"图像"命令

图 3-35 选择需要插入的图像

步骤 05 单击"确定"按钮，即可将图片插入到网页文档中，如图 3-36 所示。

步骤 06 适当调整图像的大小，效果如图 3-37 所示。

图 3-36 插入图像

图 3-37 预览网页效果

3.2 在网页中插入水平线

在网页中，水平线是一种常见的元素。在组织网页整体信息时，可以使用一条或多条水平线以可视方式分隔文本和对象，使段落区分更明显，让网页更有层次感。本节主要向读者介绍在网页中插入水平线的操作方法。

3.2.1 插入水平线

如果想要添加水平线，只需将鼠标光标定位到需添加水平线的位置，然后单击"插入"|"HTML"|"水平线"命令即可。

素材文件	光盘 \ 素材 \ 第 3 章 \3.2.1\index.html
效果文件	光盘 \ 效果 \ 第 3 章 \3.2.1\index.html
视频文件	光盘 \ 视频 \ 第 3 章 \3.2.1 插入水平线 .mp4

步骤 01 单击"文件"|"打开"命令，打开一幅网页文档，如图 3-38 所示。

步骤 02 在表格中，选择上方第一张图片素材，如图 3-39 所示。

图 3-38 打开网页文档

图 3-39 定位鼠标光标

步骤 03 在菜单栏中，单击"插入"|"水平线"命令，如图 3-40 所示。

步骤 04 执行操作后，即可在选择的图片下方位置插入一条水平线，如图 3-41 所示。

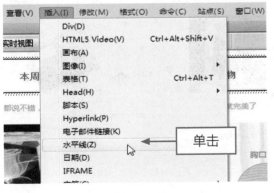

图 3-40 单击相应命令

图 3-41 插入水平线

步骤 **05** 用与上同样的方法，在网页文档中的其他位置再次插入一条水平线，按【F12】键保存后，即可在打开的 IE 浏览器中，查看添加水平线后的网页画面效果，如图 3-42 所示。

图 3-42 查看添加水平线后的网页画面效果

3.2.2 设置水平线属性

在网页文档中添加水平线后，用户还可以通过"属性"面板设置其属性，制作出独特的水平线效果。

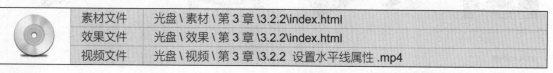

素材文件	光盘 \ 素材 \ 第 3 章 \3.2.2\index.html
效果文件	光盘 \ 效果 \ 第 3 章 \3.2.2\index.html
视频文件	光盘 \ 视频 \ 第 3 章 \3.2.2 设置水平线属性 .mp4

步骤 **01** 单击"文件"|"打开"命令，打开一幅网页文档，如图 3-43 所示。

步骤 **02** 在网页文档中，选中水平线，如图 3-44 所示。

图 3-43 打开网页文档

图 3-44 选中水平线

步骤 **03** 展开"属性"面板，在"高"文本框中输入 5，并设置"对齐"方式为"居中对齐"，如图 3-45 所示。

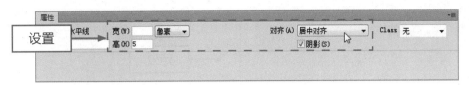

图 3-45 设置水平线属性

步骤 04 执行操作后，即可改变水平线样式，效果如图 3-46 所示。

图 3-46 改变水平线样式

3.3 在网页中插入媒体文件

现在的 Web 站点中，纯文字的网页已经不多见了，无论是个人网站还是公司站点，经常向浏览者展示精心制作的充满各种多媒体网页元素的页面。在网页中除了文本和图像等基本元素外，还有一些非常重要的多媒体元素，如背景音乐、Flash 动画、Shockwave 影片以及各种控件等，这些也是网页中比较常用的元素。本节主要向读者介绍在网页中插入常用媒体文件的操作方法。

3.3.1 插入 HTML5 视频

在 Dreamweaver CC 中，允许用户在网页中插入 HTML5 视频。HTML5 视频元素提供一种将电影或视频嵌入网页中的标准方式。

素材文件	光盘 \ 素材 \ 第 3 章 \3.3.1\index.html
效果文件	光盘 \ 效果 \ 第 3 章 \3.3.1\index.html
视频文件	光盘 \ 视频 \ 第 3 章 \3.3.1 制作图像链接 .mp4

步骤 01 单击"文件" |"打开"命令，打开一幅网页文档，如图 3-47 所示。

步骤 02 将鼠标光标定位于需要插入视频的位置，如图 3-48 所示。

步骤 03 单击"插入" |"媒体" |"HTML 5 Video"命令，如图 3-49 所示。

步骤 04 执行操作后，即可插入 HTML 5 Video 控件，如图 3-50 所示。

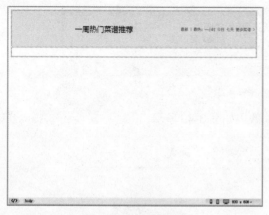

图 3-47 打开网页文档

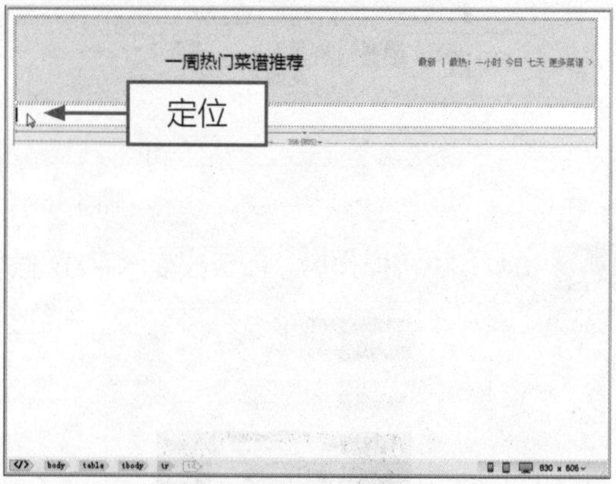

图 3-48 定位鼠标光标

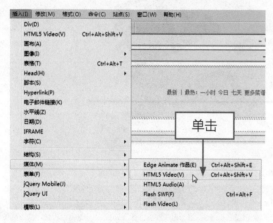

图 3-49 单击"HTML 5 Video"命令

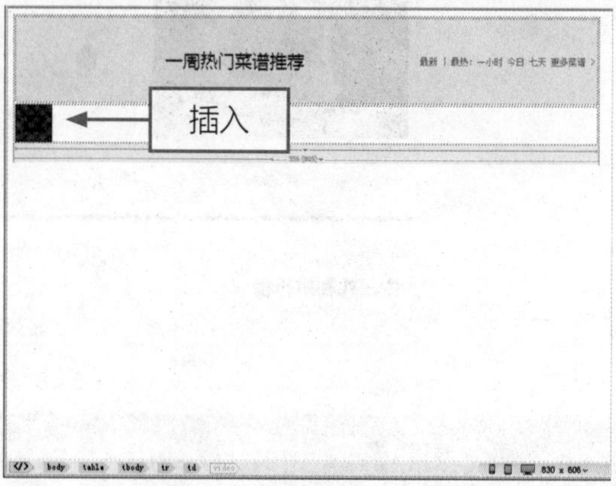

图 3-50 插入 HTML 5 Video 控件

步骤 05 选择该控件，在"属性"面板中单击"源"右侧的"浏览"按钮，如图 3-51 所示。

步骤 06 弹出"选择视频"对话框，选择相应的视频，如图 3-52 所示。

图 3-51 单击"浏览"按钮

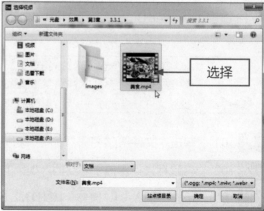

图 3-52 选择相应的视频

步骤 07 单击"确定"按钮，即可添加源视频，如图 3-53 所示。

步骤 08 设置 W 为 800 像素、H 为 500 像素，调整视频的高度和宽度，如图 3-54 所示。

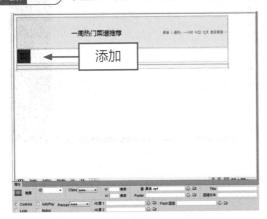

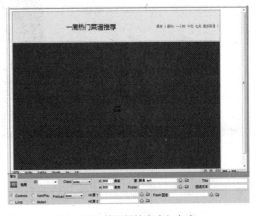

图 3-53 添加源视频　　　　　　　　　　图 3-54 调整视频的高度和宽度

步骤 09 按【F12】键保存后，即可在打开的 IE 浏览器中看到如图 3-55 所示的效果。

图 3-55 预览网页效果

3.3.2 插入 HTML5 音频

　　有时打开页面时会自动播放动听的音乐，在 Dreamweaver 中可以很方便地向网页添加声音。有多种不同类型的声音文件和格式，例如 wav、midi 和 mp3。在确定采用哪种格式和方法添加声音前，需要考虑以下一些因素：添加声音的目的、页面浏览者、文件大小、声音品质和不同浏览器的差异。下面介绍插入 HTML5 音频文件的操作方法。

素材文件	光盘 \ 素材 \ 第 3 章 \3.3.2\index.html
效果文件	光盘 \ 效果 \ 第 3 章 \3.3.2\index.html
视频文件	光盘 \ 视频 \ 第 3 章 \3.3.2 插入 HTML5 音频 .mp4

步骤 01 单击"文件"|"打开"命令，打开一幅网页文档，如图 3-56 所示。

步骤 02 将鼠标光标定位于需要插入音频的位置，如图 3-57 所示。

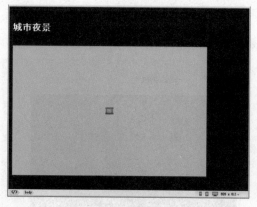

图 3-56 打开网页文档　　　　　　　　　　　图 3-57 定位鼠标光标

步骤 03　单击"插入"|"媒体"|"HTML5 Audio"命令，如图 3-58 所示。

步骤 04　执行操作后，即可插入 HTML5 Audio 控件，如图 3-59 所示。

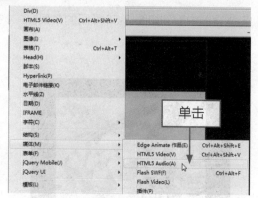
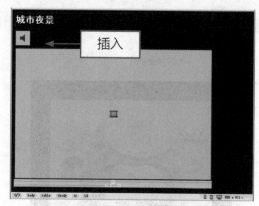

图 3-58 单击"HTML 5 Audio"命令　　　　图 3-59 插入 HTML 5 Audio 控件

步骤 05　选择该控件，在"属性"面板中单击"源"右侧的"浏览"按钮，如图 3-60 所示。

步骤 06　弹出"选择音频"对话框，选择相应的音频文件，如图 3-61 所示。

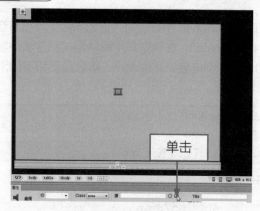
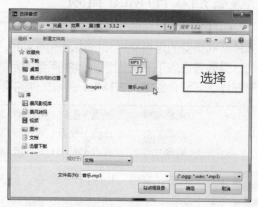

图 3-60 单击"浏览"按钮　　　　　　　图 3-61 选择相应的音频文件

步骤 07 单击"确定"按钮，即可添加源音频文件，如图 3-62 所示。

步骤 08 在"属性"面板中，选中 Autoplay 复选框，设置自动播放音频，如图 3-63 所示。

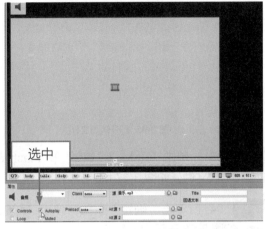

图 3-62 添加源音频文件　　　　　　　　　　图 3-63 设置自动播放音频

步骤 09 按【F12】键保存后，即可在打开的 IE 浏览器中看到如图 3-64 所示的效果。

图 3-64 预览网页效果

3.3.3 插入 Flash 动画

在网页中插入动画比较简单，而且还可以对插入的动画进行设置，网页中最常用的动画格式是 swf。下面介绍在网页中插入 Flash 动画文件的操作方法。

素材文件	光盘 \ 素材 \ 第 3 章 \3.3.3\index.html	
效果文件	光盘 \ 效果 \ 第 3 章 \3.3.3\index.html	
视频文件	光盘 \ 视频 \ 第 3 章 \3.3.3 插入 Flash 动画 .mp4	

步骤 01 单击"文件"|"打开"命令，打开一幅网页文档，如图 3-65 所示。

步骤 02 将鼠标光标定位于需要插入动画的位置，如图 3-66 所示。

图 3-65 打开网页文档　　　　　　　　　　　图 3-66 定位鼠标光标

步骤 03 单击"插入"|"媒体"|"Flash SWF"命令，弹出"选择 SWF"对话框，选择相应的 SWF 文件，如图 3-67 所示。

步骤 04 单击"确定"按钮，弹出"对象标签辅助功能属性"对话框，设置"标题"为 swf，如图 3-68 所示。

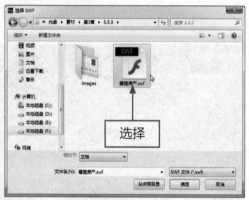

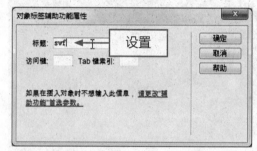

图 3-67 选择相应的 SWF 文件　　　　　　　图 3-68 设置"标题"为 swf

步骤 05 单击"确定"按钮，即可插入动画文件，如图 3-69 所示。

步骤 06 选择插入的 Flash 动画，适当调整 Flash 动画的大小，如图 3-70 所示。

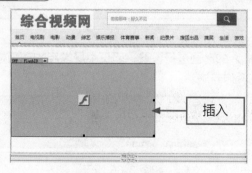

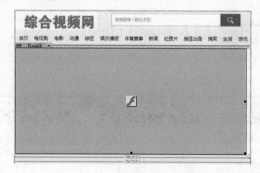

图 3-69 插入动画文件　　　　　　　　　　图 3-70 修改 Flash 动画的大小

步骤 07 按【F12】键保存后，即可在打开的 IE 浏览器中看到如图 3-71 所示的效果。

图 3-71 预览网页效果

 专家指点

　　动画是网页上最活跃的元素，通常制作优秀、创意出众的动画是吸引浏览者的最有效的方法。另外，网页中的 Banner 一般都是动画的形式。

3.3.4 插入 Flash 视频

　　FLV 是 Flash Video 的简称，FLV 流媒体格式是随着 Flash MX 的推出发展而来的视频格式。由于 FLV 形成的文件极小、加载速度极快，使得网络观看视频成为可能，它的出现有效地解决了视频导入 Flash 后，使导出的 SWF 文件体积庞大，不能在网络上很好地使用的问题。下面介绍在网页中插入 Flash 视频的操作方法。

素材文件	光盘 \ 素材 \ 第 3 章 \3.3.4\index.html	
效果文件	光盘 \ 效果 \ 第 3 章 \3.3.4\index.html	
视频文件	光盘 \ 视频 \ 第 3 章 \3.3.4 插入 Flash 视频 .mp4	

步骤 **01** 单击"文件" | "打开"命令，打开一幅网页文档，如图 3-72 所示。

步骤 **02** 将鼠标光标定位于需要插入 FLV 视频的位置，如图 3-73 所示。

图 3-72 打开网页文档　　　　　　　　图 3-73 定位鼠标光标

步骤 03 单击"插入"|"媒体"|"Flash Video"命令，如图 3-74 所示。

步骤 04 弹出"插入 FLV"对话框，单击"浏览"按钮，如图 3-75 所示。

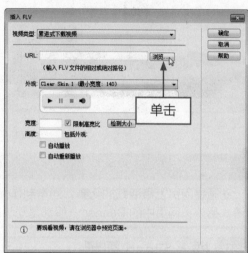

图 3-74 单击"Flash Video"命令

图 3-75 单击"浏览"按钮

步骤 05 弹出"选择 FLV"对话框，选择相应的 FLV 文件，如图 3-76 所示。

步骤 06 单击"确定"按钮，添加 FLV 文件，如图 3-77 所示。

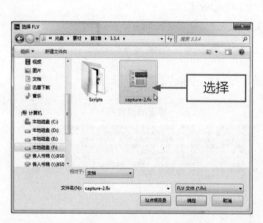

3-76 选择相应的 FLV 文件

图 3-77 添加 FLV 文件

步骤 07 单击"检测大小"按钮，自动设置宽度和高度，并选中"自动播放"和"自动重新播放"复选框，如图 3-78 所示。

步骤 08 单击"确定"按钮，即可插入 FLV 视频，如图 3-79 所示。

步骤 09 按【F12】键保存后，即可在打开的 IE 浏览器中看到如图 3-80 所示的效果。

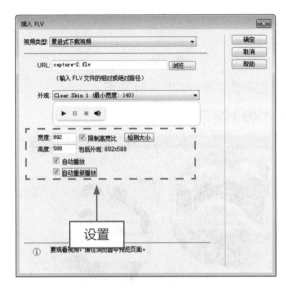

图 3-78 设置相应选项

图 3-79 插入 FLV 视频

图 3-80 预览网页效果

3.4 制作网页元素链接

超链接是构成网站最为重要的组成部分之一，一个完整的网站往往包含了许多的链接。单击网页中的超级链接，可以很方便地跳转至相应的网页。本节主要向读者介绍制作网页元素超链接的操作方法，希望读者熟练掌握本节内容。

3.4.1 制作 E-mail 链接

在网页中有时需将某些电子邮件地址显示出来，如网站维护人员的电子邮件地址等，供用户非常方便地向该地址发送邮件。

素材文件	光盘 \ 素材 \ 第 3 章 \3.4.1\index.html
效果文件	光盘 \ 效果 \ 第 3 章 \3.4.1\index.html
视频文件	光盘 \ 视频 \ 第 3 章 \3.4.1 制作 E-mail 链接 .mp4

步骤 01 单击"文件"|"打开"命令，打开一幅网页文档，如图 3-81 所示。

步骤 02 选择需要设置电子邮件链接的内容，如图 3-82 所示。

图 3-81 打开网页文档

图 3-82 选择相应内容

步骤 03 单击"插入"|"电子邮件链接"命令，如图 3-83 所示。

步骤 04 弹出"电子邮件链接"对话框，在"电子邮件"文本框中输入相应的邮件地址，如图 3-84 所示。

 专家指点

用户如果需要掌握超链接的应用，应先掌握如下基本概念。

* 绝对路径。绝对路径指包括服务器规范在内的完全路径，通过使用 http:// 表示。使用绝对路径，只要目标文档的位置不发生变化，不论源文件存放在什么位置都可以精确地找到。在链接中使用绝对路径，只要网站的地址不变，无论文档在站点中如何移动，都可以保证正常跳转不会出错。但采用绝对路径不利于网站的测试和移植。

* 相对路径。绝对路径包含了 URL 的每一部分，而相对路径省略了当前文档和被链接文档的绝对 URL 中相同的部分，只留下不同的部分。相对路径是以当前文档所在位置为起点到被链接文档经过的路径，它是用于本地链接最合适的路径。要在 Dreamweaver 中使用相对路径，最好将文件保存到一个已经建好的本地站点根目录中。

* 根目录相对路径。根目录相对路径与绝对路径非常相似，只省去了绝对路径中带有协议的部分。它具有绝对路径的源端点位置无关性，又解决了绝对路径测试时的麻烦，可以在本地站点中而不是在 Internet 中进行测试。

* 目标端点。链接指向按目标端点可分为以下 4 种。

（1）内部链接：该链接指向的是同一个站点的其他文档和对象的链接。

（2）外部链接：该链接指向的是不同站点的其他文档和对象的链接。

（3）锚点链接：该链接指向的是同一个网页或不同网页中命名锚点的链接。

（4）E-mail 链接：该链接指向的是一个用于填写和发送电子邮件的弹出窗口的链接。

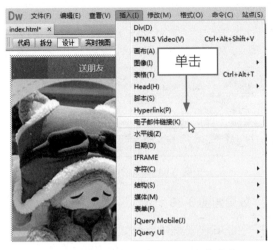

图 3-83 单击"电子邮件链接"命令　　　　　　　图 3-84 输入邮件地址

步骤 **05** 单击"确定"按钮，即可添加电子邮件链接，如图 3-85 所示。

步骤 **06** 按【F12】键保存网页后，打开 IE 浏览器，即可看到邮件链接的效果，如图 3-86 所示。

图 3-85 预览效果　　　　　　　　　　　　　图 3-86 打开"新邮件"窗口

3.4.2 制作文本链接

　　在 Dreamweaver CC 工作界面中，用户不仅可以创建 E-mail 超链接，还可以为文本创建超链接，创建文本链接也是比较常用的一种网页链接元素。下面介绍创建文本链接的方法。

素材文件	光盘 \ 素材 \ 第 3 章 \3.4.2\index.html
效果文件	光盘 \ 效果 \ 第 3 章 \3.4.2\index.html
视频文件	光盘 \ 视频 \ 第 3 章 \3.4.2 制作文本链接 .mp4

步骤 **01** 单击"文件"|"打开"命令，打开一幅网页文档，选择需要设置链接的文本，如图 3-87 所示。

步骤 **02** 在"属性"面板中的"链接"文本框中直接输入相应的链接地址，如图 3-88 所示。

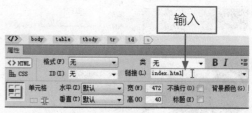

图 3-87 选择文本　　　　　　　　　　图 3-88 输入链接地址

步骤 03 　执行操作后，即可为文本添加链接，效果如图 3-89 所示。

步骤 04 　按【F12】键保存网页后，即可在打开的 IE 浏览器中看到如图 3-90 所示的效果。

图 3-89 添加链接后的文本效果　　　　　　　　　图 3-90 预览网页效果

3.4.3　制作图像链接

　　在一个网页中用来超链接的对象，可以是一段文本也可以是一个图片。当浏览者单击已经链接的图片后，链接目标将显示在浏览器上，并且根据目标的类型来打开或运行。下面向读者介绍在网页中创建图像链接的操作方法。

	素材文件	光盘 \ 素材 \ 第 3 章 \3.4.3\index.html
	效果文件	光盘 \ 效果 \ 第 3 章 \3.4.3\index.html
	视频文件	光盘 \ 视频 \ 第 3 章 \3.4.3 制作图像链接 .mp4

步骤 01 　单击"文件"|"打开"命令，打开一幅网页文档，如图 3-91 所示。

步骤 02 　选择需要设置链接的图片，如图 3-92 所示。

步骤 03 　打开"属性"面板，在面板中"链接"文本框的右侧，单击"浏览文件"按钮，如图 3-93 所示。

步骤 04 　弹出"选择文件"对话框，选择相应的链接网页，如图 3-94 所示。

步骤 05 　单击"确定"按钮，即可添加链接，按【F12】键保存网页后，即可在打开的 IE 浏览器中看到如图 3-95 所示的效果。

步骤 06 　单击该图片，即可跳转至相应的页面，效果如图 3-96 所示。

图 3-91 打开网页文档

图 3-92 选择图片

图 3-93 单击"浏览文件"按钮

图 3-94 选择相应的链接网页

图 3-95 预览网页效果

图 3-96 跳转至链接页面

布局网页 表格和表单 ④

学习提示

网页的布局设计是网页设计制作的第一步工作，也是网页吸引浏览者的重要因素，可见网页的合理布局是网站成功的关键。表格布局设计涉及网页在浏览器中所显示的外观，它往往决定着网页设计的成败，设计师们应该熟练地掌握本章的内容。

本章重点导航

- 创建表格
- 设置表格的属性
- 设置表格宽度和高度
- 在表格中添加行和列
- 在表格中删除行和列
- 在表格中拆分单元格
- 在表格中合并单元格
- 创建表单

- 创建电子邮件
- 创建文本区域
- 创建按钮对象
- 创建文件对象
- 创建图像按钮
- 创建页眉
- 创建标题
- 创建段落

4.1 创建与设置表格对象

表格是网页中非常重要的元素之一，使用表格不仅可以制作一般意义上的表格，还可以用于布局网页、设计页面分栏以及对文本或图像等元素进行定位等。对于文本、图片等网页元素的位置为了可以以像素的方式控制，只有通过表格和层来实现，其中表格是最普遍和最好的一种以像素方式控制的方法。表格之所以应用较多是因为表格可以实现网页元素的精确排版和定位。本节主要向读者介绍创建与设置表格对象的操作方法。

4.1.1 创建表格

利用表格布局页面，可以在其中导入表格化数据、设计页面分栏以及定位页面上的文本和图像等。在"文档"窗口的"设计"视图中，将插入点放在需要表格出现的位置（如果文档是空白的，则只能将插入点放置在文档的开头），然后单击"插入"|"表格"命令，即可弹出"表格"对话框，如图 4-1 所示，然后单击"确定"按钮创建表格。

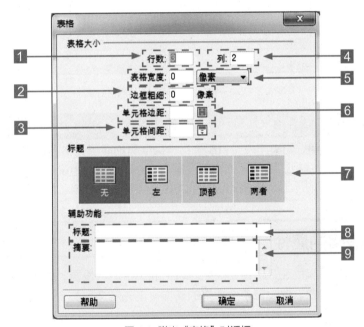

图 4-1 弹出"表格"对话框

在"表格"对话框中，各主要选项含义如下。

1 行数：用于确定表格行的数目。

2 边框粗细：用于指定表格边框的宽度（以像素为单位）。

3 单元格间距：用于决定相邻的表格单元格之间的像素数。

4 列：用于确定表格列的数目。

5 表格宽度：用于以像素为单位或按占浏览器窗口宽度的百分比指定表格的宽度。

6 单元格边距：用于确定单元格边框与单元格内容之间的像素数。

7 对齐标题：用于指定表格标题相对于表格的显示位置，包括 4 个部分："无"对齐方式用于对表格不启用列或行标题；"左"对齐方式可以将表格的第一列作为标题列，以便可为表格中的每一行输入一个标题；"顶部"对齐方式可以将表格的第一行作为标题行，以便可为表格中的每一列输入一个标题；"两者"兼有的对齐方式能够在表格中输入列标题和行标题。

8 标题：用于提供一个显示在表格外的表格标题。

9 摘要：给出了表格的说明。屏幕阅读器可以读取摘要文本，但是该文本不会显示在用户的浏览器中。

在"表格"对话框中，各参数设置完成后，单击"确定"按钮，即可在页面编辑窗口中插入一个固定行数和列数的表格对象，如图 4-2 所示。

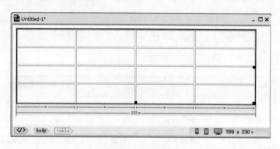

图 4-2 插入一个固定行数和列数的表格对象

专家指点

在"表格"对话框中，如果用户没有明确指定边框粗细或单元格间距和单元格边距的值，则大多数浏览器都按边框粗细和单元格边距设置为 1、单元格间距设置为 2 来显示表格。若要确保浏览器显示表格时不显示表格的边距或间距，可将"单元格边距"和"单元格间距"设置为 0。

4.1.2 设置表格的属性

为了使创建的表格更加美观、醒目，需要对表格的属性进行设置，如表格的颜色或单元格的背景图像、颜色等进行设置。要设置整个表格的属性，首先要选定整个表格，然后利用"属性"面板指定表格的属性。

选择相应的表格对象后，展开"属性"面板，在其中可以设置表格的相关属性，如图 4-3 所示。

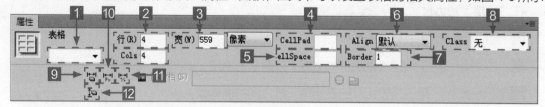

图 4-3 设置表格的相关属性

在"属性"面板中，各主要选项含义如下。

1 表格：用于设置表格的 ID。

2 行和列（cols）：用于设置表格中行和列的数量。

3 宽：用于设置表格的宽度，以像素为单位或表示为占浏览器窗口宽度的百分比。

4 单元格边距（Cellpad）：用于设置单元格内容与单元格边框之间的像素数。

5 单元格间距（cellspace）：用于设置相邻的表格单元格之间的像素数。

6 对齐（Align）：用于确定表格相对于同一段落中的其他元素（例如文本或图像）的显示位置。其中包含"左对齐"、"右对齐"、"居中对齐"和"默认"选项。

7 边框（Border）：用于指定表格边框的宽度（以像素为单位）。

8 类（Class）：用于对该表格设置一个 CSS 类。

9 "清除列宽"按钮 ：用于从表格中删除所有指定列宽。

10 "将表格宽度转换成像素"按钮 ：用于将表格宽度由百分比转换为像素。

11 "将表格宽度转换成百分比"按钮 ：用于将表格中每个列的宽度或高度设置为按占"文档"窗口宽度百分比表示的当前宽度。

12 "清除行高"按钮 ：用于从表格中删除所有指定的行高。

4.2 调整表格的属性

表格是由表行、表列以及单元格构成的，因此选择不同的元素，其属性设置的作用域是不一样的。本节主要介绍调整表格高度和宽度、添加或删除行或列、拆分单元格、合并单元格等常用操作。

4.2.1 设置表格宽度和高度

表格的高度和宽度就是指表格的大小，用户可以调整整个表格或每个行或列的大小。

在编辑表格时，将鼠标光标移动到相应的列边框上，单击鼠标左键选定该列，此时光标变为一个选择柄形状 ，如图 4-4 所示。单击鼠标左键向右拖动到适当位置，即可调整相应单元格的宽度，如图 4-5 所示。

图 4-4 光标变为一个选择柄形状

图 4-5 调整相应单元格的宽度

将鼠标光标移动到相应的行边框上，单击鼠标左键选定该行，此时鼠标光标变为一个选择柄形状 ↕，如图 4-6 所示。单击鼠标左键向下拖动到适当位置，调整单元格的高度，如图 4-7 所示。

图 4-6 鼠标光标变为一个选择柄形状　　　　　　　图 4-7 调整单元格的高度

专家指点

当用户调整整个表格的大小时，表格中的所有单元格按比例更改大小。如果表格的单元格指定了明确的宽度或高度，则调整表格大小将更改"文档"窗口中单元格的可视大小，但不更改这些单元格的指定宽度和高度。

4.2.2 在表格中添加行和列

在制作网页时，经常会出现插入表格的行和列不够，这时就需要对表格进行添加行和列的操作，使表格符合网页的操作需求。

将鼠标光标定位于需要增加行的位置，如图 4-8 所示。单击"修改"|"表格"|"插入行"命令，即可添加 1 行表格，效果如图 4-9 所示。

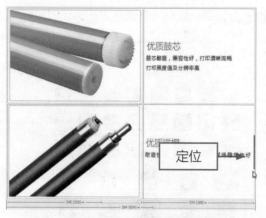

图 4-8 定位于需要增加行的位置

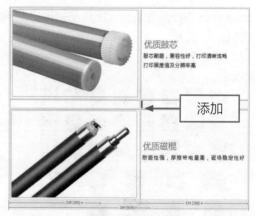

图 4-9 添加 1 行表格

将鼠标光标定位于需要增加列的位置，如图 4-10 所示。单击"修改"|"表格"|"插入列"命令，即可添加 1 列表格，效果如图 4-11 所示。

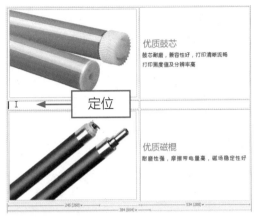

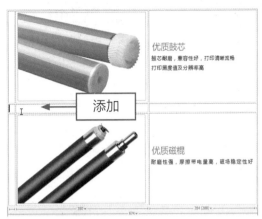

图 4-10 定位于需要增加列的位置　　　　　　图 4-11 添加 1 列表格

4.2.3　在表格中删除行和列

在制作网页时经常会出现插入表格的行和列太多的情况，这时就需要对表格进行删除行和列的操作。在表格中选择需要删除的行，如图 4-12 所示。单击鼠标右键，在弹出的快捷菜单中选择"表格"|"删除行"选项，执行操作后，即可删除所选择的行，效果如图 4-13 所示。

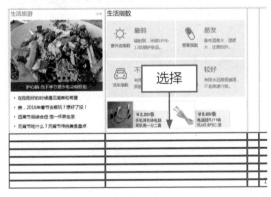

图 4-12 选择需要删除的行　　　　　　　　图 4-13 删除所选择的行

在表格中选择需要删除的列，如图 4-14 所示。单击鼠标右键，在弹出的快捷菜单中选择"表格"|"删除列"选项，执行操作后，即可删除所选择的列，效果如图 4-15 所示。

图 4-14 选择需要删除的列　　　　　　　　图 4-15 删除所选择的列

4.2.4 在表格中拆分单元格

当需要对某个单元格进行拆分时，可将单元格拆分成几行或几列，将光标插入点定位到要拆分的单元格中，然后通过"属性"面板左下角"单元格"选项区中的"拆分单元格"按钮 北 ，或者通过菜单栏中的"拆分单元格"命令，即可拆分表格中的行数与列数。

素材文件	光盘 \ 素材 \ 第 4 章 \4.2.4\index.html
效果文件	光盘 \ 效果 \ 第 4 章 \4.2.4\index.html
视频文件	光盘 \ 视频 \ 第 4 章 \4.2.4 在表格中拆分单元格 .mp4

步骤 01 单击"文件" | "打开"命令，打开一幅网页文档，如图 4-16 所示。

步骤 02 将鼠标光标定位于需要拆分的单元格中，如图 4-17 所示。

图 4-16 打开一幅网页文档

图 4-17 定位到单元格中

步骤 03 在菜单栏中，单击"修改" | "表格" | "拆分单元格"命令，如图 4-18 所示。

步骤 04 执行操作后，弹出"拆分单元格"对话框，在其中选中"行"单选按钮，设置"行数"为 3，如图 4-19 所示。

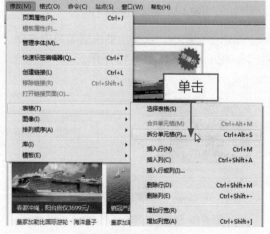

图 4-18 单击"拆分单元格"命令

图 4-19 设置"行数"为 3

步骤 05 单击"确定"按钮，即可将单元格拆分为 3 行，效果如图 4-20 所示。

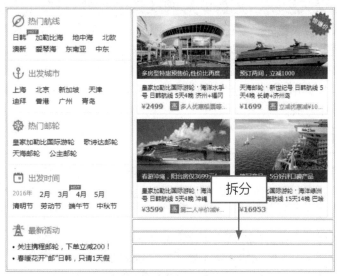

图 4-20 将单元格拆分为 3 行

专家指点

　　用户还可以将鼠标光标定位于要拆分的单元格中，单击鼠标右键，在弹出的快捷菜单中选择"表格"|"拆分单元格"选项，也可以快速弹出"拆分单元格"对话框，在其中对表格进行拆分操作。

4.2.5 在表格中合并单元格

　　合并单元格只能对相邻的多个单元格进行合并操作，首先选择相邻的单元格区域，然后通过"属性"面板左下角的"合并单元格"按钮 ▣，或者通过菜单栏中的"合并单元格"命令，即可将它们合并为一个单元格。

　　在表格中，选择需要合并的多个连续单元格，如图 4-21 所示。单击"修改"|"表格"|"合并单元格"命令，执行操作后，即可合并单元格，效果如图 4-22 所示。

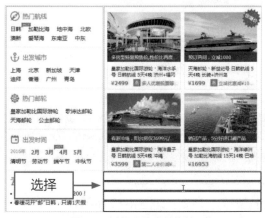

图 4-21 选择需要合并的单元格

图 4-22 合并单元格的效果

4.3 创建网页表单与结构

在网页中要实现交互，首先需要获得用户的意愿，收集相关的资料，然后才能根据收集到的资料进行相应的处理，并将处理结果返回给用户。通常通过表单页面来实现用户资料的收集，表单页面中列举了许多项目，允许用户进行选择或输入相应的内容。另外，网页页面的结构布局是不可忽视的，要合理地运用空间，让自己的网页疏密有致，井井有条。本节主要向读者介绍创建网页表单与结构的操作方法。

4.3.1 创建表单

通过表单，服务器可以收集用户的姓名、年龄等信息，表单是客户端与程序设计的纽带。虽然表单本身不能把信息传回服务器，但它可以通过其他动态语言，如 ASP、PHP、JSP 将表单信息处理后传回服务器。

素材文件	光盘 \ 素材 \ 第 4 章 \4.3.1\index.html	
效果文件	光盘 \ 效果 \ 第 4 章 \4.3.1\index.html	
视频文件	光盘 \ 视频 \ 第 4 章 \4.3.1 创建表单 .mp4	

步骤 01 单击"文件"|"打开"命令，打开一幅网页文档，如图 4-23 所示。

步骤 02 在网页文档中，将鼠标光标定位到要插入表单的位置，如图 4-24 所示。

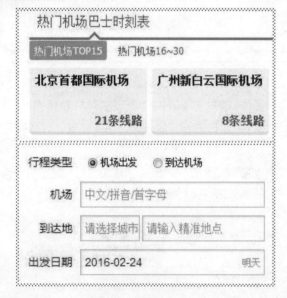

图 4-23 打开一幅网页文档

图 4-24 定位光标的位置

专家指点

在菜单栏中，单击"插入"菜单，在弹出的菜单列表中依次按键盘上的【F】、【F】键，也可以快速在网页文档中插入表单对象。

步骤 03 在菜单栏中，单击"插入"|"表单"|"表单"命令，如图 4-25 所示。

步骤 04 执行操作后，即可在文档窗口中创建表单，如图 4-26 所示。

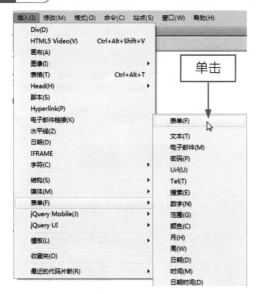

图 4-25 单击"表单"命令

图 4-26 在文档窗口中创建表单

4.3.2 创建电子邮件

电子邮件是一种用电子手段提供信息交换的通信方式，是互联网应用最广的服务，如图 4-27 所示。在 Dreamweaver CC 中，用户可以通过"电子邮件"表单命令在网页中快速插入"电子邮件"表单对象。

方式三：订阅QQ邮箱最新动态

将QQ邮箱动态以邮件订阅的方式发送到你的邮箱：

| 请输入QQ邮箱帐号 | 订阅 |

图 4-27 将单元格拆分为 3 行

素材文件	光盘 \ 素材 \ 第 4 章 \4.3.2\index.html
效果文件	光盘 \ 效果 \ 第 4 章 \4.3.2\index.html
视频文件	光盘 \ 视频 \ 第 4 章 \4.3.2 创建电子邮件 .mp4

步骤 01 单击"文件"|"打开"命令，打开一幅网页文档，如图 4-28 所示。

步骤 02 将鼠标光标定位到要插入"电子邮件"对象的位置，如图 4-29 所示。

专家指点

在菜单栏中，单击"插入"菜单，在弹出的菜单列表中依次按键盘上的【F】、【M】、【Enter】键，也可以快速在网页文档中插入电子邮件表单对象。

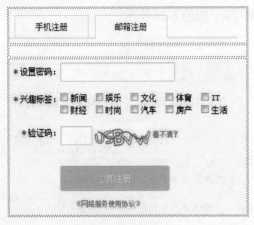

图 4-28 打开一幅网页文档

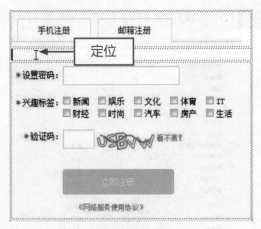

图 4-29 定位鼠标的位置

步骤 03 在菜单栏中，单击"插入"|"表单"|"电子邮件"命令，如图 4-30 所示。

步骤 04 执行操作后，即可在文档窗口中创建"电子邮件"表单对象，更改相应的文本内容，效果如图 4-31 所示。

图 4-30 单击"电子邮件"命令

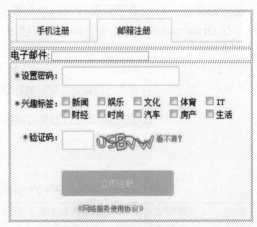

图 4-31 创建"电子邮件"表单

4.3.3 创建文本区域

在 Dreamweaver CC 中，用户可以通过"表单"命令中的"文本区域"选项，在网页中快速插入"文本区域"表单对象。

专家指点

在菜单栏中，单击"插入"菜单，在弹出的菜单列表中依次按键盘上的【F】、【A】键，也可以快速在网页文档中插入文本区域对象。

文本区域可以制作留言板，用于提交大段文字。上网的时候经常可以看到留言板的文本区域，如图 4-32 所示。

图 4-32 文本区域

将鼠标光标定位到要插入"文本区域"对象的位置，单击"插入"|"表单"|"文本区域"命令，如图 4-33 所示。执行操作后，即可在文档窗口中创建"文本区域"表单对象，效果如图 4-34 所示。

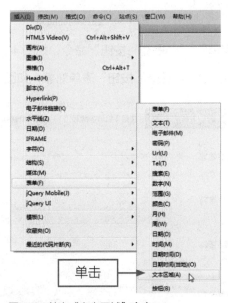

图 4-33 单击"文本区域"命令

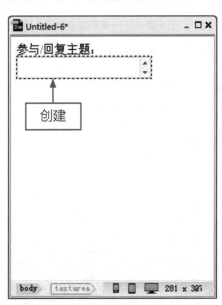

图 4-34 创建"文本区域"表单

4.3.4 创建按钮对象

在表单中填写完信息后，需要将这些信息交给另一个页面处理，此时将用到按钮。表单中的按钮包括提交和重置两种类型。"提交"按钮用于将表单的内容提交到服务器，"重置"按钮可用于重新设置提交信息。

下面向读者介绍在网页文档中创建按钮对象的操作方法，希望读者熟练掌握。

	素材文件	光盘 \ 素材 \ 第 4 章 \4.3.4\index.html
	效果文件	光盘 \ 效果 \ 第 4 章 \4.3.4\index.html
	视频文件	光盘 \ 视频 \ 第 4 章 \4.3.4 创建按钮对象 .mp4

步骤 01 单击"文件"|"打开"命令，打开一幅网页文档，如图 4-35 所示。

步骤 02 将鼠标光标定位到要插入"'提交'按钮"对象的位置，如图 4-36 所示。

图 4-35 打开一幅网页文档　　　　图 4-36 定位鼠标的位置

步骤 03 在菜单栏中，单击"插入"|"表单"|"'提交'按钮"命令，如图 4-37 所示。

步骤 04 执行操作后，即可在文档窗口中创建"'提交'按钮"表单对象，如图 4-38 所示。

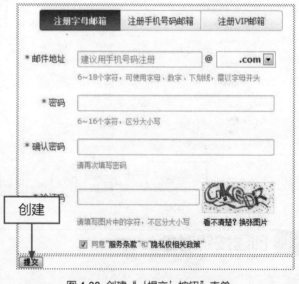

图 4-37 单击"'提交'按钮"命令　　　　图 4-38 创建"'提交'按钮"表单

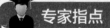
专家指点

在菜单栏中，单击"插入"菜单，在弹出的菜单列表中依次按键盘上的【F】、【U】、【U】、【Enter】键，也可以快速在网页文档中插入"提交"按钮对象。

步骤 01 在菜单栏中，单击"插入"|"表单"|"'重置'按钮"命令，如图 4-39 所示。

步骤 02 执行操作后，即可在文档窗口中创建"'重置'按钮"表单对象，效果如图 4-40 所示。

图 4-39 单击"'重置'按钮"命令 　　　　　图 4-40 创建"'重置'按钮"表单

4.3.5 创建文件对象

使用文件表单获取上传文件的位置，结合后台处理程序，即可将设置的文件上传到服务器中，如图 4-41 所示。

图 4-41 微博中上传的图片功能就是一个"文件"对象

在 Dreamweaver CC 工作界面中，用户可以通过"表单"命令中的"文件"选项，在网页中快速插入"文件"表单对象，使用户可以浏览到其计算机上的某个文件并将该文件作为表单数据上传。

 专家指点

在菜单栏中，单击"插入"菜单，在弹出的菜单列表中依次按键盘上的【F】、【I】、【Enter】键，也可以快速在网页文档中插入"文件"对象。

在网页文档中，将鼠标光标定位到要插入"文本区域"对象的位置，单击"插入"|"表单"|"文件"命令，如图4-42所示。执行操作后，即可在文档窗口中创建"文件"表单对象，如图4-43所示。

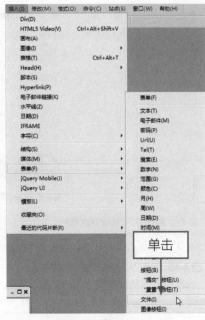

图 4-42 单击"文件"命令

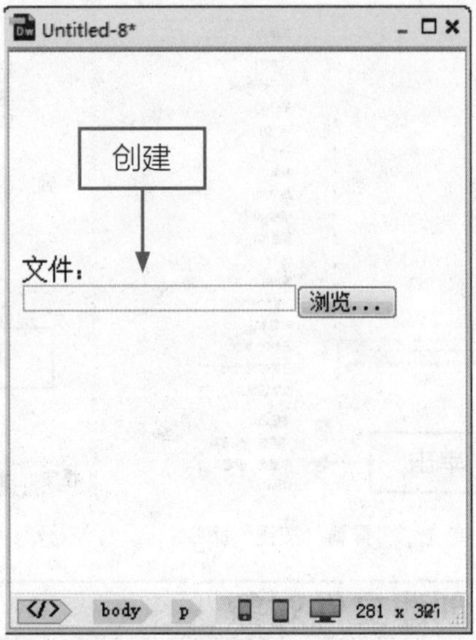

图 4-43 创建"文件"表单

4.3.6 创建图像按钮

在 Dreamweaver CC 软件中，自带的按钮样式比较简单，若想使网页中的按钮更美观，可通过添加"图像按钮"的方法，将自制的按钮图像添加到网页中。如图4-44所示为网页中的图像按钮。

图 4-44 精美的网页图像按钮

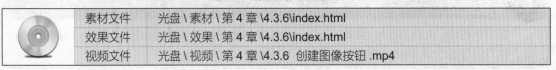

	素材文件	光盘 \ 素材 \ 第 4 章 \4.3.6\index.html
	效果文件	光盘 \ 效果 \ 第 4 章 \4.3.6\index.html
	视频文件	光盘 \ 视频 \ 第 4 章 \4.3.6 创建图像按钮 .mp4

步骤 01 在菜单栏中，单击"插入"|"表单"|"'重置'按钮"命令，如图 4-39 所示。

步骤 02 执行操作后，即可在文档窗口中创建"'重置'按钮"表单对象，效果如图 4-40 所示。

图 4-45 打开一幅网页文档

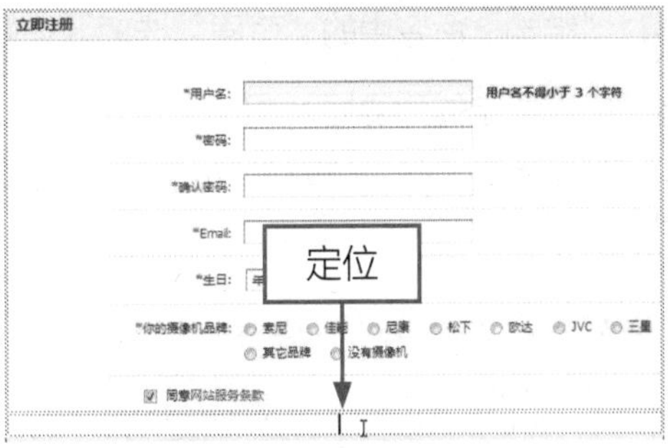

图 4-46 定位鼠标的位置

步骤 03 在菜单栏中，单击"插入"|"表单"|"图像按钮"命令，如图 4-47 所示。

步骤 04 弹出"选择图像源文件"对话框，选择相应的图像按钮文件，如图 4-48 所示。

图 4-47 单击"图像按钮"命令

图 4-48 选择图像按钮文件

步骤 05 单击"确定"按钮，即可插入"图像按钮"对象，如图 4-49 所示。

步骤 06 按【F12】键保存网页文档，在打开的 IE 浏览器中预览网页，效果如图 4-50 所示。

图 4-49 插入"图像按钮"对象

图 4-50 在 IE 浏览器中预览网页

4.3.7 创建页眉

在现代电脑电子文档中，一般称每个页面的顶部区域为页眉。在 Dreamweaver CC 中，用户可以通过"结构"命令中的"页眉"选项，在网页中快速插入页眉对象。

将鼠标光标定位到要插入"页眉"对象的位置，单击"插入"|"结构"|"页眉"命令，如图 4-51 所示。执行操作后，弹出"插入 Header"对话框，保持默认设置，单击"确定"按钮，如图 4-52 所示。

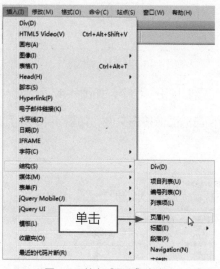

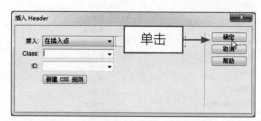

图 4-51 单击"页眉"命令　　　　　　图 4-52 弹出"插入 Header"对话框

执行操作后，即可在网页文档中的适当位置，创建页眉，效果如图 4-53 所示。

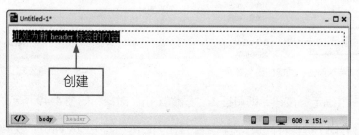

图 4-53 创建页眉的效果

4.3.8 创建标题

《现代汉语辞典》解释标题的意思为"标明文章、作品等内容的简短语句"。俗话说"看书先看皮，看报先看题"，标题的好坏是可以决定一个网页的成败的，所以不容小视。

在 Dreamweaver CC 中，用户可以通过"结构"命令中的"标题"选项，在网页文档中快速插入标题对象。

将鼠标光标定位到要插入"标题"对象的位置，单击"插入"|"结构"|"标题"|"标题 1"

命令，如图 4-54 所示。执行操作后，即可在光标位置处使用内置的标题字体输入相应的标题内容，如图 4-55 所示。

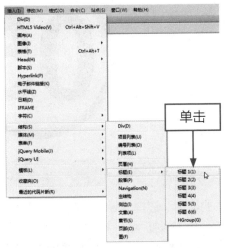
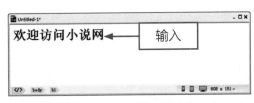

图 4-54 单击"标题 1"命令　　　　图 4-55 输入相应的标题内容

4.3.9 创建段落

段落是网页中最基本的文本单位，内容上它具有一个相对完整的意思；在网页中，段落具有换行的标。段是由句子或句群组成的，在网页中用于体现设计者的思路发展或全篇网页的层次。用户可以通过"结构"命令中的"段落"选项，在网页中快速插入段落对象。

将鼠标光标定位到要插入"段落"对象的位置，单击"插入"|"结构"|"段落"命令，如图 4-56 所示。执行操作后，即可在光标位置处使用内置的段落字体输入相应的段落内容，如图 4-57 所示。

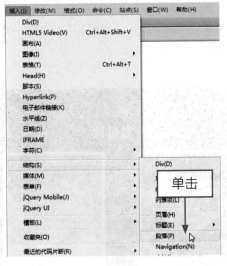
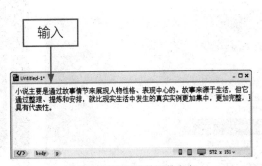

图 4-56 单击"段落"命令　　　　图 4-57 输入相应的段落内容

修饰与美化网页元素 ⑤

学习提示

在网站设计中，使用 CSS 样式可以控制网页中的字体、边框、颜色与背景等属性，使用了 CSS 样式定义的网页，只需修改 CSS 样式即可。在网页中添加网页特效，可以增加网页观赏性和互动性。本章主要向读者介绍修饰与美化网页元素的相关操作知识，希望读者熟练掌握。

本章重点导航

- 创建 CSS 规则
- 设置文本 CSS 样式
- 设置边框 CSS 样式
- 删除 CSS 样式
- 编辑 CSS 样式
- 制作光晕（Glow）滤镜特效
- 制作模糊（Blur）滤镜特效
- 制作遮罩（Mask）滤镜特效

- 制作透明色（Chroma）滤镜特效
- 制作阴影（Dropshadow）滤镜特效
- 设置网页标题属性
- 设置背景图像属性
- 设置背景颜色属性
- 创设置文本颜色属性
- 设置未访问过的链接颜色属性
- 设置已访问过的链接颜色属性

5.1　设置与编辑 CSS 样式

　　由于 HTML 语言本身的一些客观因素，导致其结构与显示不分离，这也是阻碍其发展的一个原因。因此 3WC 很快发布了 CSS 来解决这一问题，使不同的浏览器能够正常显示同一页面。CSS 样式是 Cascading Style Sheets（层叠样式单）的简称，利用 CSS 样式可以对网页中的文本进行精确的格式化控制。本节主要介绍 CSS 样式在 Adobe Dreamweaver CC 中的使用方法。

　　CSS 是一组格式设置规则，用于控制网页内容的外观。通过使用 CSS 样式设置页面的格式，可将页面的内容与表示形式分离开。如图 5-1 所示为使用 CSS 制作的多种不同的字体效果，可以看出 CSS 在网页中的基本功能。

把针织衫做成棒球服样式，想想就很帅气。

经设计师手稿的起笔到修改，把想象具体化，呈现在姑娘面前。

细纱线针织成衣，让衣衣贴肤穿着更加舒适柔软。

衣身多处的黑色条纹间入，打破全灰色彩针织的单调，添加一抹帅气。

短款的衣衣，不挑个子，弹性很好，里面加穿一件小吊带就行，修身显瘦。

薄款款式，实穿功能性强大，可做外套，亦可做打底穿。

内挖的斜插袋，在衣衣上呈"八"字形，是手的安放处，又不失趣味。搭配下装时也可以很轻松，一条黑色紧身裤就能搞
定出街装备啦。

图 5-1　使用 CSS 制作的字体效果

　　在 Dreamweaver CC 中，可以定义以下 CSS 样式类型。

　　* 类样式：可让用户将样式属性应用于页面上的任何元素。

　　* HTML 标签样式：用于重新定义特定标签（如 <h1>）的格式。

　　* 高级样式：重新定义特定元素组合的格式，或其他 CSS 允许的选择器表单的格式。

　　在 Dreamweaver CC 中，CSS 规则可以位于以下位置。

　　* 外部 CSS 样式表：存储在一个单独的外部 CSS（.css）文件（而非 HTML 文件）中的若干组 CSS 规则。链入外部样式表是把 CSS 保存为一个样式表文件，然后在页面中用 <link> 标记链接到这个样式表文件，这个标记必须放到 <head> 区内，如图 5-2 所示。

　　* 内部（或嵌入式）CSS 样式表：样式表若干组包括在 HTML 文档头部分的 <style> 标签中的 CSS 规则。内部样式表是把样式表放到页面的 <head> 区里，这些定义的样式就应用到页面中了，样式表是用 <style> 标记插入的，如图 5-3 所示，可以看出 <style> 标记的用法。

　　Dreamweaver 可识别现有文档中定义的样式（只要这些样式符合 CSS 样式准则）。Dreamweaver 还会在"设计"视图中直接呈现大多数已应用的样式。（不过，在浏览器窗口中预览文档将使用户能够获得最准确的页面"动态"呈现。）有些 CSS 样式在 Microsoft Internet Explorer、Netscape、Opera、Apple Safari 或其他浏览器中呈现的外观不相同，而有些 CSS 样式目前不受任何浏览器支持。

```
1  <!DOCTYPE html PUBLIC "-//W3C//DTD XHTML 1.0
   Transitional//EN"
   "http://www.w3.org/TR/xhtml1/DTD/xhtml1-transitional.d
   td">
2  <html xmlns="http://www.w3.org/1999/xhtml">
3  <head>
4  <meta http-equiv="Content-Type" content="text/html;
   charset=utf-8" />
5  <title>CSS样式表</title>
6  <link href="file:///D|/新建文件夹/新建文件夹 (3)/外部
   CSS.css" rel="stylesheet" type="text/css" />
7  </head>
8
9  <body>
10 CSS样式表
11 </body>
12 </html>
13
```

图 5-2 使用外部 CSS 样式表

```
1  <!DOCTYPE html PUBLIC "-//W3C//DTD XHTML 1.0 Transitional//EN"
   "http://www.w3.org/TR/xhtml1/DTD/xhtml1-transitional.dtd">
2  <html xmlns="http://www.w3.org/1999/xhtml">
3  <head>
4  <meta http-equiv="Content-Type" content="text/html;
   charset=utf-8" />
5  <title>CSS样式表</title>
6  <style type="text/css">
7  .内部CSS {
8      font-family: "方正大黑简体";
9      font-size: 18px;
10     color: #F00;
11 }
12 </style>
13 </head>
14
15 <body>
16 CSS样式表
17 </body>
18 </html>
```

图 5-3 使用内部 CSS 样式表

 专家指点

块级元素是一段独立的内容，在 HTML 中通常由一个新行分隔，并在视觉上设置为块的格式。例如，<h1> 标签、<p> 标签和 <div> 标签都在网页面上产生块级元素。可以对块级元素执行以下操作：为它们设置边距和边框、将它们放置在特定位置、向它们添加背景颜色、在它们周围设置浮动文本等。对块级元素进行操作的方法实际上与使用 CSS 进行页面布局设置的方法是一样的。

5.1.1 创建 CSS 规则

在 Dreamweaver CC 和更高版本中，"CSS 样式"面板替换为 CSS Designer（CSS 设计器）。用户可以定义 CSS 规则的属性，如文本字体、背景图像和颜色、间距和布局属性以及列表元素外观。首先创建新规则，然后设置下列任意属性。

单击"窗口"|"CSS 设计器"命令，即可打开"CSS 设计器"面板，如图 5-4 所示。单击"添加 CSS 源"按钮 **＋**，在弹出的菜单中分别有"创建新的 CSS 文件"、"附加现有的 CSS 文件"、"在页面中定义" 3 个选项，如图 5-5 所示。

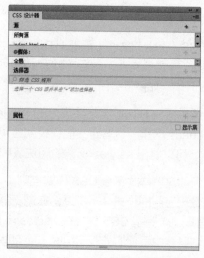

图 5-4 打开"CSS 设计器"面板

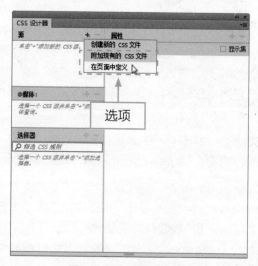

图 5-5 面板菜单列表

选择"在页面中定义"选项，单击"源"选项区中的 <style> 标签，单击"选择器"选项区中的"添加选择器"按钮 ➕，如图 5-6 所示。在下方添加 #main CSS 样式，如图 5-7 所示。即可完成 CSS 规则和样式的创建操作。

图 5-6 单击"添加选择器"按钮

图 5-7 添加 #main CSS 样式

5.1.2 设置文本 CSS 样式

在"CSS 设计器"面板的"布局"类别中，可以为用于控制元素在页面上的放置方式的标签和属性定义设置。在"CSS 设计器"面板的"文本"类别中可以定义 CSS 样式的基本字体和类型设置，对文本的样式进行设置。

素材文件	光盘 \ 素材 \ 第 5 章 \5.1.2\index.html
效果文件	光盘 \ 效果 \ 第 5 章 \5.1.2\index.html
视频文件	光盘 \ 视频 \ 第 5 章 \5.1.2 设置文本 CSS 样式 .mp4

步骤 01 单击"文件"|"打开"命令，打开一幅网页文档，如图 5-8 所示。

步骤 02 在文档窗口中，选择相应的文本内容，单击鼠标右键，在弹出的快捷菜单中选择"CSS 样式"|"新建"命令，如图 5-9 所示。

图 5-8 打开一幅网页文档

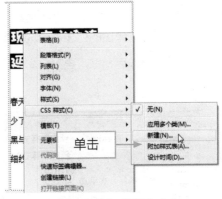

图 5-9 单击"新建"命令

步骤 03 弹出"新建 CSS 规则"对话框，在其中设置选择器名称，如图 5-10 所示。

步骤 04 设置完成后，单击"确定"按钮，弹出".ziti 的 CSS 规则定义"对话框，在其中设置 Color 为蓝色（#0A00F7），如图 5-11 所示。

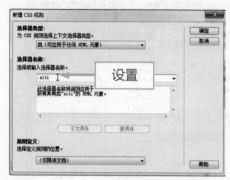

图 5-10 设置选择器名称

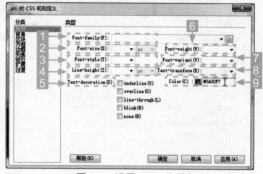

图 5-11 设置 Color 为蓝色

在"类型"CSS 规则中各个选项的含义及设置方法如下。

1 Font-family（字体）：用于为样式设置字体系列（或多组字体系列）。

2 Font-size（大小）：用于定义文本大小。可以通过选择数字和度量单位选择特定的大小，也可以选择相对大小。使用像素作为单位可以有效地防止浏览器扭曲文本。

3 Font-style（样式）：用于指定"正常"、"斜体"或"偏斜体"作为字体样式。

4 Line-height（行高）：用于设置文本所在行的高度。

5 Text-decoration（修饰）：用于向文本中添加下划线或删除线，或使文本闪烁。

6 Font-weight（粗细）：用于对字体应用特定或相对的粗体量。

7 Font-variant（变体）：用于设置文本的小型大写字母变体。

8 Text-transform（大小写）：用于将所选内容中的每个单词的首字母大写或将文本设置为全部大写或小写。

9 Color（颜色）：用于设置文本颜色。

步骤 05 设置完成后，单击"确定"按钮，选择字体内容，在"属性"面板中单击"目标规则"右侧的下三角按钮，在弹出的列表框中选择新建的 CSS 样式，如图 5-12 所示。

步骤 06 执行操作后，即可更改文本的颜色，效果如图 5-13 所示。

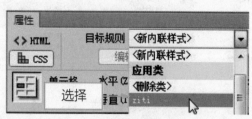

图 5-12 选择新建的 CSS 样式

图 5-13 更改文本的颜色

5.1.3 设置边框 CSS 样式

在"CSS 设计器"面板的"边框"类别中，可以定义元素周围的边框的设置（如宽度、颜色和样式），对边框的样式进行设置。

素材文件	光盘 \ 素材 \ 第 5 章 \5.1.3\index.html	
效果文件	光盘 \ 效果 \ 第 5 章 \5.1.3\index.html	
视频文件	光盘 \ 视频 \ 第 5 章 \5.1.3 设置边框 CSS 样式 .mp4	

步骤 01 单击"文件"|"打开"命令，打开一幅网页文档，如图 5-14 所示。

步骤 02 在文档窗口中，选择相应的内容，如图 5-15 所示。

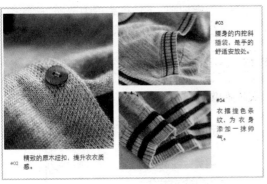

图 5-14 打开一幅网页文档

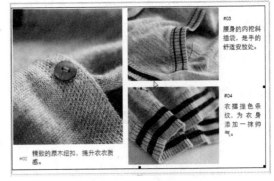

图 5-15 选择相应的内容

步骤 03 打开"CSS 设计器"面板，新建一个默认名称的 CSS 规则，在"属性"选项区中单击"边框"标签 □，切换至"边框"选项卡，设置 width（宽度）为 thick，如图 5-16 所示。

步骤 04 执行操作后，即可更改边框的样式，效果如图 5-17 所示。

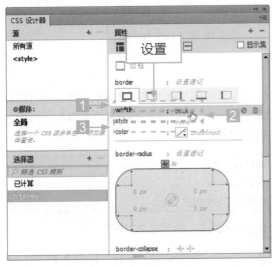

图 5-16 设置 width 为 thick

图 5-17 更改边框的样式

在"边框"类别中，各个选项的含义及设置方法如下。

1 width（宽度）：用于设置元素边框的粗细。

2 style（类型）：用于设置边框的样式外观。选中"设置边框"选项可为应用此属性的元素的"上"、"右"、"下"和"左"设置相同的边框样式属性。

3 color（颜色）：用于设置边框的颜色。可以分别设置每条边的颜色，但显示方式取决于浏览器。

5.1.4 删除 CSS 样式

在 Dreamweaver CC 中，对于不需要应用的 CSS 样式或要更换 CSS 样式的网页元素，必须先删除原有的 CSS 样式。

在网页文档中选择相应的文本，在其"属性"面板中的"目标规则"下拉列表框中选择"删除类"选项，如图 5-18 所示。执行操作后，即可删除相应文本的 CSS 样式表，效果如图 5-19 所示。

图 5-18 选择"删除类"选项

图 5-19 删除 CSS 样式表

5.1.5 编辑 CSS 样式

编辑应用于文档的内部和外部规则都很容易，而且在对控制文档文本的 CSS 样式表进行编辑时，会立刻重新设置该 CSS 样式表控制的所有文本的格式。对外部样式表的编辑影响与它链接的所有文档。因此可以设置一个用于编辑样式表的外部编辑器。

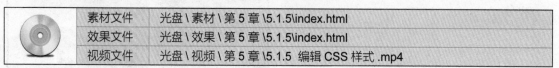

	素材文件	光盘 \ 素材 \ 第 5 章 \5.1.5\index.html
	效果文件	光盘 \ 效果 \ 第 5 章 \5.1.5\index.html
	视频文件	光盘 \ 视频 \ 第 5 章 \5.1.5 编辑 CSS 样式 .mp4

步骤 01 单击"文件"|"打开"命令，打开一幅网页文档，如图 5-20 所示。

步骤 02 选择相应内容，打开"CSS 属性"面板，单击"编辑规则"按钮，如图 5-21 所示。

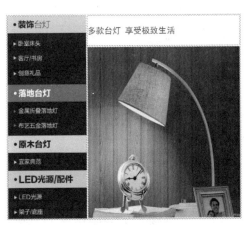

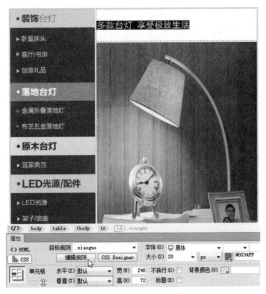

图 5-20 打开网页文档　　　　　　　　图 5-21 单击"编辑规则"按钮

步骤 03 弹出".xiaoguo 的 CSS 规则定义"对话框，在"类型"选项卡中，设置 Font-size（大小）为 30，如图 5-22 所示。

步骤 04 单击"确定"按钮，则可在网页文档编辑窗口中看到所更改的 CSS 样式效果，如图 5-23 所示。

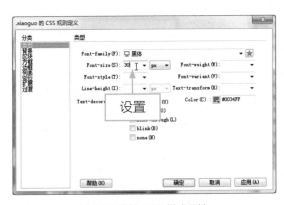

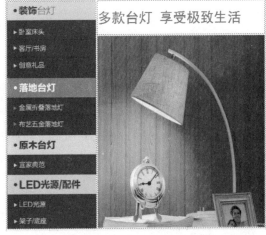

图 5-22 编辑 CSS 样式属性　　　　　　图 5-23 预览效果

5.2 制作 CSS 样式滤镜特效

CSS 滤镜的标识符是 filter，在应用上和其他的 CSS 语句总体相同，可分为基本滤镜和高级滤镜两种，主要包括 Glow（光晕）、Blur（模糊）、Chroma（透明色）、DropShadow（投射阴影）以及 Xray（X 射线）等。CSS 滤镜分类中可以直接作用于对象上，并且立即生效的滤镜称为基本滤镜；而要配合 JavaScript 等脚本语言，能产生更多变幻效果的称为高级滤镜。

CSS 滤镜主要用来实现文字和图像的各种特殊效果，在网站制作中具有非常神奇的作用，通过 CSS 滤镜可以使网站变得更加漂亮。在 CSS 中，filter 属性就代表了滤镜的意思，它可以用于设置文字、图片和表格的滤镜效果。如表 5-1 所示为常见的滤镜属性。

表 5-1 常见滤镜属性

滤镜	属性	滤镜	属性
Alpha	设置各对象的透明度	Gray	降低图片的色彩度
DropShadow	设置一种偏移的影像轮廓，即投射阴影	Invert	将色彩、饱和度以及亮度值完全反转建立底片效果
Chroma	把指定的颜色设置为透明	Light	在一个对象上进行灯光效果
FlipH	水平翻转对象	Mask	为一个对象建立透明度
FlipV	垂直翻转对象	Shadow	设置一个对象的固体轮廓及阴影效果
Glow	为对象的外边界增加光效	Wave	在 X 轴和 Y 轴方向上，利用正弦波纹打乱图片
Blur	设置对象模糊效果	Xray	只显示对象的轮廓

5.2.1 制作光晕（Glow）滤镜特效

在 Dreamweaver CC 中，光晕（Glow）滤镜是在文字笔划的外面形成一圈颜色和强度可以定义的光晕，在普通的 HTML 中这个光晕是静态的，而通过 JavaScript 的控制可以使光晕产生闪烁、变色等特殊的效果。下面介绍制作光晕（Glow）滤镜特效的操作方法。

	素材文件	光盘\素材\第 5 章\5.2.1\index.html
	效果文件	光盘\效果\第 5 章\5.2.1\index.html
	视频文件	光盘\视频\第 5 章\5.2.1 制作光晕（Glow）滤镜特效 .mp4

步骤 01 单击"文件"|"打开"命令，打开一幅网页文档，如图 5-24 所示。

步骤 02 新建一个名为 .Glow 的 CSS 样式表，在"属性"选项区的"自定义"类别中添加 Filter 参数，并设置参数值为 Glow（Color=#9966cc, Strength=5），如图 5-25 所示。

图 5-24 打开一幅网页文档

图 5-25 设置相应参数值

步骤 03 选择应用样式的图像，展开"属性"面板，在 Class 列表框中选择 Glow 样式，如图 5-26 所示。

步骤 04 执行操作后，即可为选择的图像应用 Glow 效果，如图 5-27 所示。

图 5-26 选择 Glow 样式　　　　　　　　　　　　图 5-27 为图像应用 Glow 效果

5.2.2 制作模糊（Blur）滤镜特效

在 Dreamweaver CC 中，运用动感模糊属性 Blur，可以设置在网页中的块级元素的方向和位置上产生动感模糊的效果。下面介绍制作模糊（Blur）滤镜特效的操作方法。

打开一幅需要制作模糊滤镜特效的网页文档，如图 5-28 所示。新建一个名为 .Blur 的 CSS 样式表，在"属性"选项区的"自定义"类别中添加 Filter 参数，并设置参数值为 Blur（Add=true, Direction =100, Strength=50），如图 5-29 所示。

图 5-28 打开网页文档　　　　　　　　　　　　图 5-29 设置参数值

专家指点

在滤镜属性中，每个参数之间使用英文的逗号（,）分隔开，交换各个参数的位置，并不影响滤镜的显示效果。在使用遮罩的元素中，不要使用背景颜色，如果定义了背景颜色，元素背景部分将变得完全透明。

选择应用样式的图像，展开"属性"面板，在 Class 列表框中选择 Blur 样式，如图 5-30 所示。执行操作后，即可为选择的图像应用 Blur 效果，按【F12】键保存网页，在打开的 IE 浏览器中可以看到图像的模糊效果，如图 5-31 所示。

图 5-30 选择 Blur 样式

图 5-31 预览效果

5.2.3 制作遮罩（Mask）滤镜特效

在 Dreamweaver CC 中，Mask 滤镜用于为对象建立一个覆盖表面的膜，实现一种颜色框架的效果。

打开一幅需要制作遮罩滤镜特效的网页文档，如图 5-32 所示。新建一个名为 .Mask 的 CSS 样式表，在"属性"选项区的"自定义"类别中添加 Filter 参数，并设置参数值为 Mask(Color=#00ff00)，如图 5-33 所示。

图 5-32 打开网页文档

图 5-33 设置参数值

选择应用样式的图像，展开"属性"面板，在 Class 列表框中选择 Mask 样式，如图 5-34 所示。执行操作后，即可为选择的图像应用 Mask 效果，按【F12】键保存网页，在打开的 IE 浏览器中可以看到图像的遮罩效果，如图 5-35 所示。

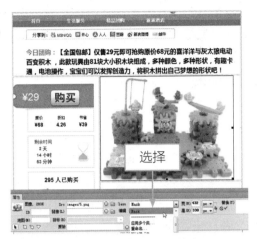

图 5-34 选择 Mask 样式

图 5-35 预览效果

5.2.3 制作透明色（Chroma）滤镜特效

Chroma 滤镜可以设置一个对象中指定的颜色为透明色，它的语法结构如下。

Filter：Chroma（color=color）

Chroma 滤镜属性的表达式很简单，它只有一个参数。只需把想要指定透明的颜色用 color 参数设置出来就可以了。另外，需要注意的是，Chroma 属性对于某些图片格式不是很适合，因为很多图片是经过了减色和压缩处理的（比如 JPG、GIF 等格式），所以要设置某种颜色透明很困难，几乎没有什么效果。最后需要说明，每次只能指定一种透明色，对于已经设置为透明色的 GIF 等格式的图片，在设为透明色时原先的透明色将会重新显示出来。

选择需要制作透明色滤镜特效的网页文档，新建一个名为 .Chroma 的 CSS 样式表，在"属性"选项区的"自定义"类别中添加 Filter 参数，并设置参数值为 Chroma（color=#EB9D9E），如图 5-36所示。

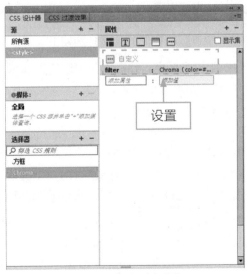

图 5-36 输入相应参数值

选择应用样式的图像，展开"属性"面板，在 Class 列表框中选择 Chroma 样式，执行操作后，即可为选择的图像应用 Chroma 效果，按【F12】键保存网页，在打开的 IE 浏览器中可以看到图像效果。

5.2.5 制作阴影（Dropshadow）滤镜特效

DropShadow 顾名思义就是添加对象的阴影效果，它的实际效果看上去就像是原来的对象离开了页面，然后在页面上显示出该对象的投影。其工作原理是建立一个偏移量，然后给偏移的对象加上颜色。Dropshadow 滤镜加载到文字上效果比较明显，给人一种文字从页面上站立起来的感觉。

打开一幅需要制作阴影滤镜特效的网页文档，如图 5-37 所示。新建一个名为 .Dropshadow 的 CSS 样式表，在"属性"选项区的"自定义"类别中添加 Filter 参数，并设置参数值为 DropShadow(Color=gray, OffX=5, OffY= − 5, Positive=1)，如图 5-38 所示。

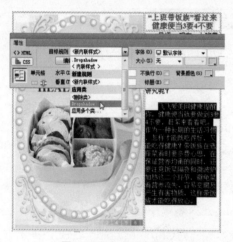

图 5-37 打开网页文档

图 5-38 输入相应参数值

 专家指点

Dropshadow 滤镜中有 4 个参数，它们的含义分别如下。

＊ Color 参数：代表投射阴影的颜色，我在本例中用的是 gray，但在实际应用中往往是用十六进制的颜色代码，如 #FF0000 为红色等。

＊ OffX 和 OffY 参数：分别是 X 方向和 Y 方向阴影的偏移量，它必须用整数值，如果是正整数，那么表示阴影向 X 轴的右方向和 Y 轴的下方向进行偏移。若是负整数值，阴影的方向正好相反。另外，OffX 和 OffY 数值的大小决定了阴影离开对象的距离。

＊ Positive 参数：该参数是一个布尔值，如果为 TRUE（非 0），那么就为任何的非透明像素建立可见的投影。如果为 FASLE（0），那么就为透明的像素部分建立透明效果。

选择应用样式的文本，展开"属性"面板，在 Class 列表框中选择 Dropshadow 样式，如图 5-39 所示。执行操作后，即可为选择的文本应用 Dropshadow 效果，按【F12】键保存网页，在打开的 IE 浏览器中可以看到文本的阴影效果，如图 5-40 所示。

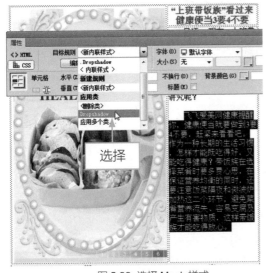

图 5-39 选择 Mask 样式

图 5-40 预览效果

专家指点

对文字加载 Dropshadow 滤镜比较方便的方法，是把 Dropshadow 滤镜加载到文字所在的表格单元格 < td > 上。

5.3 通过 HTML 代码编辑页面

在 Dreamweaver CC 中，HTML 是用来描述网页的一种语言，而 Web 浏览器的作用是读取 HTML 文档，并以网页的形式显示出它们。本节主要向读者介绍通过 HTML 代码编辑页面属性的操作方法。

5.3.1 设置网页标题属性

在"代码"视图中，网页标题是标签 <title> 与 </title> 之间的内容。

* 例如：<title> 网页练习 </title>

* 功能：定义网页标题为"网页练习"，浏览时网页标题显示在浏览器标题栏上。

下面向读者介绍在 HTML 代码中设置网页标题属性的操作方法。

	素材文件	光盘 \ 素材 \ 第 5 章 \5.3.1\index.html
	效果文件	光盘 \ 效果 \ 第 5 章 \5.3.1\index.html
	视频文件	光盘 \ 视频 \ 第 5 章 \5.3.1 设置网页标题属性 .mp4

步骤 01 单击"文件"|"打开"命令，打开一幅网页文档，如图 5-41 所示。

步骤 02 步骤 02 切换至"代码"视图，在标签 <title> 与 </title> 之间输入"产品对比页面"，如图 5-42 所示。

图 5-41 打开网页文档

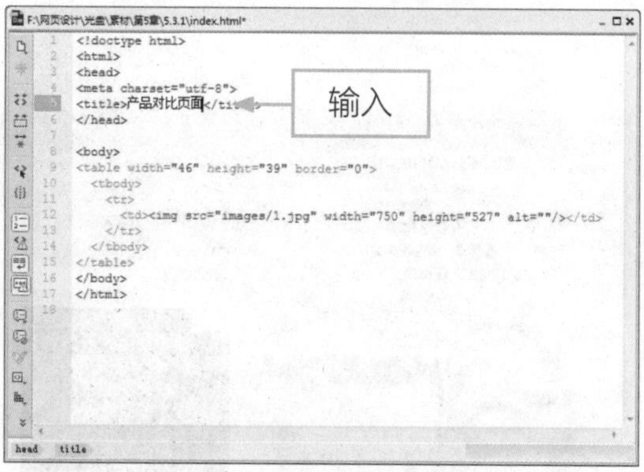

图 5-42 设置 HTML 代码

步骤 03 执行操作后，即可修改网页文档的"标题"，如图 5-43 所示。

步骤 04 按【F12】键保存网页，在打开的 IE 浏览器中可以看到网页标题效果，如图 5-44 所示。

图 5-43 显示"标题"

图 5-44 预览网页

5.3.2 设置背景图像属性

在"代码"视图中，背景图像用 \<body\> 标签的 background 属性进行设置。

* 例如：\<body background="E:\ 网页练习 \water.jpg"\>

* 功能：定义网页背景图像是 E 盘"网页练习"文件夹中的图像文件 water.jpg。

下面向读者介绍在 HTML 代码中设置网页背景图像属性的操作方法。

	素材文件	光盘 \ 素材 \ 第 5 章 \5.3.2\index.html
	效果文件	光盘 \ 效果 \ 第 5 章 \5.3.2\index.html
	视频文件	光盘 \ 视频 \ 第 5 章 \5.3.2 设置背景图像属性 .mp4

步骤 01 击"文件"|"打开"命令，打开一幅网页文档，如图 5-45 所示。

步骤 02 切换至"代码"视图，在 \<body\> 标签中添加代码 background="F:\2.jpg"，如图 5-46 所示。

图 5-45 打开网页文档   图 5-46 设置 HTML 代码

步骤 03 执行操作后,即可修改网页文档的"背景图像",切换至实时视图,效果如图 5-47 所示。

步骤 04 按【F12】键保存网页,在打开的 IE 浏览器中可以看到网页背景图像效果,如图 5-48 所示。

图 5-47 显示"背景图像"   图 5-48 预览网页

5.3.3 设置背景颜色属性

网页文档背景色需要用到 <body> 标签中的 backcolor 属性进行设置。

* 例如: <body bgcolor="#000000">

  <body bgcolor="rgb(0,0,0)">

  <body bgcolor="black">

* 功能: 以上的代码均将背景颜色设置为黑色。

下面向读者介绍在 HTML 代码中设置网页背景颜色属性的操作方法,希望读者熟练掌握本节介绍的操作内容。

素材文件	光盘 \ 素材 \ 第 5 章 \5.3.3\index.html
效果文件	光盘 \ 效果 \ 第 5 章 \5.3.3\index.html
视频文件	光盘 \ 视频 \ 第 5 章 \5.3.3 设置背景颜色属性 .mp4

步骤 01 单击"文件"|"打开"命令，打开一幅网页文档，如图 5-49 所示。

步骤 02 在界面中切换至"代码"视图，在 <body> 标签中添加代码 bgcolor="#efeca6"，如图 5-50 所示。

图 5-49 打开网页文档

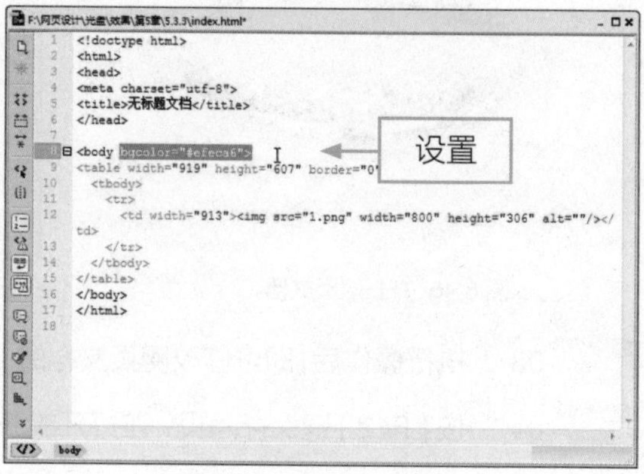

图 5-50 设置 HTML 代码

步骤 03 执行操作后，即可修改网页文档的"背景颜色"，切换至"设计"视图，效果如图 5-51 所示。

步骤 04 按【F12】键保存网页，在打开的 IE 浏览器中可以看到网页背景颜色效果，如图 5-52 所示。

图 5-51 修改背景颜色

图 5-52 预览网页

5.3.4 设置文本颜色属性

网页文档的文本默认颜色用 <body> 标签的 text 属性进行设置。

* 例如： <body text="#FF0000" back="00FFFF">

* 功能： 定义网页的背景色为淡蓝色，网页的文本颜色为红色。

下面向读者介绍在 HTML 代码中设置网页文本颜色属性的操作方法。

	素材文件	光盘 \ 素材 \ 第 5 章 \5.3.4\index.html
	效果文件	光盘 \ 效果 \ 第 5 章 \5.3.4\index.html
	视频文件	光盘 \ 视频 \ 第 5 章 \5.3.4 设置文本颜色属性 .mp4

步骤 01 单击"文件"|"打开"命令，打开一幅网页文档，如图 5-53 所示。

步骤 02 切换至"代码"视图，在 <body> 标签中添加代码 text="#0B08FC"，如图 5-54 所示。

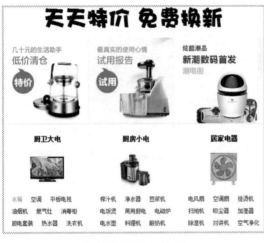

图 5-53 打开网页文档

图 5-54 设置 HTML 代码

步骤 03 执行操作后，即可修改网页文档的"文字颜色"，切换至"设计"视图，效果如图 5-55 所示。

步骤 04 按【F12】键保存网页，在打开的 IE 浏览器中可以看到网页文字颜色效果，如图 5-56 所示。

页图 5-55 修改文字颜色

图 5-56 预览网页

5.3.5 设置未访问过的链接颜色属性

在 Dreamweaver CC 的 "代码" 视图中，未访问过的超链接文字的颜色可以使用 <body> 标签的 link 属性进行设置。

素材文件	光盘 \ 素材 \ 第 5 章 \5.3.5\index.html
效果文件	光盘 \ 效果 \ 第 5 章 \5.3.5\index.html
视频文件	光盘 \ 视频 \ 第 5 章 \5.3.5 设置未访问过的链接颜色属性 .mp4

步骤 01 单击 "文件" | "打开" 命令，打开一幅网页文档，如图 5-57 所示。

步骤 02 切换至 "代码" 视图，在 <body> 标签中添加代码 link="#06fe12"，如图 5-58 所示。

图 5-57 显示 "背景图像"

图 5-58 预览网页

步骤 03 执行操作后，即可修改网页文档的未访问过的超链接文字的颜色，切换至 "设计" 视图，效果如图 5-59 所示。

步骤 04 按【F12】键保存网页，在打开的 IE 浏览器中可以看到未访问过的超链接文字的颜色效果，如图 5-60 所示。

图 5-59 修改链接颜色

图 5-60 预览网页

5.3.6 设置已访问过的链接颜色属性

在 Dreamweaver CC 的"代码"视图中,已访问过的超链接文字的颜色可以使用 <body> 标签的 vlink 属性进行设置。

	素材文件	光盘 \ 素材 \ 第 5 章 \5.3.6\index.html
	效果文件	光盘 \ 效果 \ 第 5 章 \5.3.6\index.html
	视频文件	光盘 \ 视频 \ 第 5 章 \5.3.6 设置已访问过的链接颜色属性 .mp4

步骤 **01** 单击"文件"|"打开"命令,打开一幅网页文档,如图 5-61 所示。

步骤 **02** 在界面中切换至"代码"视图,在 <body> 标签中添加代码 vlink="#FC0206",如图 5-62 所示。

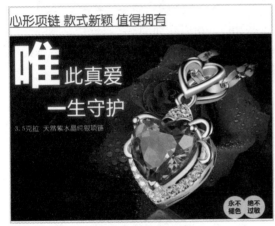

图 5-61 打开网页文档

图 5-62 设置 HTML 代码

步骤 **03** 按【F12】键保存网页,在打开的 IE 浏览器中预览网页,效果如图 5-63 所示。

步骤 **04** 单击相应的链接,即可看到已访问过的链接文字的颜色发生变化,效果如图 5-64 所示。

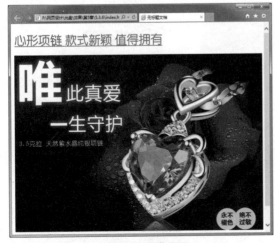

图 5-63 预览网页

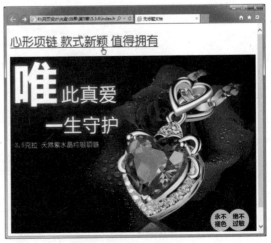

图 5-64 链接颜色效果

应用网页交互行为特效 ⑥

学习提示

　　行为是指在网页中进行的一系列动作，通过这些动作，可以实现浏览者与网页之间的交互，也可以通过动作使某个行为被执行。在 Dreamweaver CC 中，行为由事件和动作两个基本元素组成，必须先指定一个动作，然后再指定触发动作的事件。

本章重点导航

- 置检查表单行为
- 设置打开浏览器窗口行为
- 设置转到 URL 网页行为
- 设置拖动 AP 元素行为
- 设置调用 JavaScript 行为
- 设置跳转菜单行为
- 设置跳转菜单开始行为

- 设置状态栏文本行为
- 设置容器中的文本行为
- 设置框架文本行为
- 设置文本域文字行为
- 应用交换图像行为
- 应用预先载入图像行为
- 应用恢复交换图像行为

6.1 设置浏览器的行为

Dreamweaver CC 动作适用于大部分的浏览器，如果从 Dreamweaver 动作中手工删除代码，或将其替换为自己编写的代码，则可能会失去跨浏览器兼容性。

虽然 Dreamweaver 动作已经过开发者的编写，并获得最大程度的跨浏览器兼容性，但是一些浏览器根本不支持 JavaScript，而且许多浏览者会在浏览器中关闭 JavaScript 功能。为了获得最佳的跨平台效果，可提供包括在 <noscript> 标签中的替换界面，以使没有 JavaScript 平台的浏览器能够使用正常进入所开发的站点。

本节主要向读者介绍设置网页浏览器行为的操作方法，希望读者熟练掌握本节内容。

6.1.1 设置检查表单行为

"检查表单"行为可检查指定文本域的内容以确保浏览者输入的数据类型正确。通过 onBlur 事件将此行为附加到单独的文本字段，以便在填写表单时验证这些字段，或通过 onSubmit 事件将此行为附加到表单，以便在单击"提交"按钮的同时，计算多个文本字段。将此行为附加到表单可以防止在提交表单时出现无效数据。

素材文件	光盘 \ 素材 \ 第 6 章 \6.1.1\index.html
效果文件	光盘 \ 效果 \ 第 6 章 \6.1.1\index.html
视频文件	光盘 \ 视频 \ 第 6 章 \6.1.1 设置检查表单行为 .mp4

步骤 01 单击"文件"|"打开"命令，打开一幅网页文档，如图 6-1 所示。

步骤 02 在文档窗口中，选择"确定"按钮，如图 6-2 所示。

图 6-1 打开网页文档 　　　　图 6-2 选择"确定"按钮

步骤 03 展开"行为"面板，单击"添加行为"按钮 +，在弹出的列表框中选择"检查表单"选项，如图 6-3 所示。

步骤 04 弹出"检查表单"对话框，在"域"下拉列表框中依次选择 password（密码）和 password2（密码确认）表单，并在"可接受"选项区中选中"数字"单选按钮，即设置只能使用数字作为输入的密码，如图 6-4 所示。

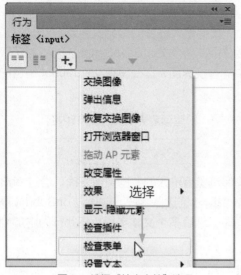

图 6-3 选择"检查表单"选项

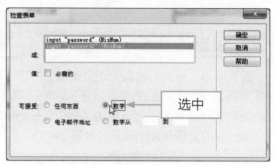

图 6-4 "检查表单"对话框

步骤 05 单击"确定"按钮，返回"行为"面板，即可看到所添加的"检查表单"行为，如图 6-5 所示。

步骤 06 按【F12】键保存网页，在打开的浏览器中预览网页，如图 6-6 所示。

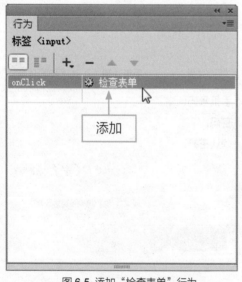

图 6-5 添加"检查表单"行为

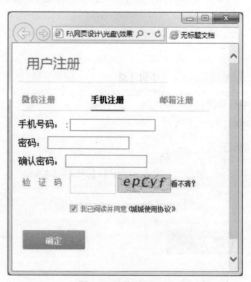

图 6-6 预览网页

步骤 07 在"密码"和"确认密码"文本框中随意输入非数字文本，单击"确定"按钮，如图 6-7 所示。

步骤 08 弹出提示信息框，提示输入的密码格式错误，如图 6-8 所示。

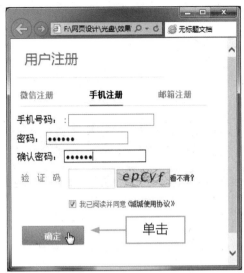

图 6-7 单击"确定"按钮

图 6-8 弹出提示信息框

专家指点

　　如果在用户提交表单时检查多个域，则 onSubmit 事件自动出现在"事件"菜单中。如果要分别验证各个域，则检查默认事件是否是 onBlur 或 onChange。如果不是，选择其中一个事件。当用户从该域移开焦点时，这两个事件都会触发"检查表单"行为。不同之处在于：无论用户是否在字段中键入内容，onBlur 都会发生该事件，而 onChange 仅在用户更改了字段的内容时才会发生。如果需要检查该域，最好使用 onBlur 事件。

　　另外，在"检查表单"对话框中，用户可以进行如下设置。

* 验证单个域：从"域"列表中选择已在"文档"窗口中选择的相同域。

* 验证多个域：从"域"列表中选择某个文本域。

* 使用必需的：如果该域必须包含某种数据，则选中"必需的"复选框。

* 使用任何东西：检查必需域中包含有数据，数据类型不限。

* 使用电子邮件地址：检查域中包含一个 @ 符号。

* 使用数字：检查域中只包含数字。

* 使用数字从：检查域中包含特定范围的数字。

6.1.2 设置打开浏览器窗口行为

　　使用"打开浏览器窗口"行为可在一个新的窗口中打开页面，而且可以指定新窗口的属性（包括其大小）、特性（它是否可以调整大小、是否具有菜单栏等）和名称。例如浏览者单击缩略图时，在一个单独的窗口中打开一个较大的图像，此时使用"打开浏览器窗口"行为可以使新窗口与该图像恰好一样大。

素材文件	光盘 \ 素材 \ 第 6 章 \6.1.2\index.html	
效果文件	光盘 \ 效果 \ 第 6 章 \6.1.2\index.html	
视频文件	光盘 \ 视频 \ 第 6 章 \6.1.2 设置打开浏览器窗口行为 .mp4	

步骤 01 单击"文件"|"打开"命令，打开一幅网页文档，如图 6-9 所示。

步骤 02 在文档窗口中，选择相应的图像素材，如图 6-10 所示。

图 6-9 打开网页文档

图 6-10 选择图像素材

步骤 03 展开"行为"面板，单击"添加行为"按钮 ，在弹出的列表框中选择"打开浏览器窗口"选项，如图 6-11 所示。

步骤 04 弹出"打开浏览器窗口"对话框，单击"浏览"按钮，如图 6-12 所示。

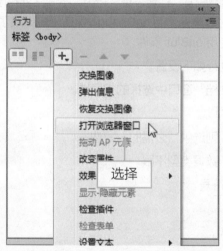

图 6-11 选择"打开浏览器窗口"选项

图 6-12 单击"浏览"按钮

步骤 05 弹出"选择文件"对话框，选择相应的图片文件，如图 6-13 所示。

步骤 06 单击"确定"按钮，返回到"打开浏览器窗口"对话框，即可添加文件到"要显示的 URL"文本框中，设置"窗口宽度"为 500、"窗口高度"为 300，并选中"调整大小手柄"复选框，如图 6-14 所示。

步骤 07 单击"确定"按钮，即可添加动作到"行为"面板中，如图 6-15 所示。

步骤 08 按【F12】键保存网页，在打开的浏览器中预览网页，如图 6-16 所示。

图 6-13 选择相应的图片文件

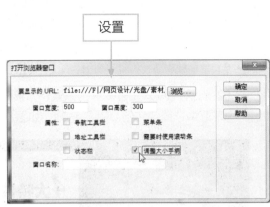

图 6-14 "打开浏览器窗口"对话框

图 6-15 添加动作

图 6-16 预览网页

专家指点

如果不指定该窗口的任何属性，在打开时它的大小和属性与打开它的窗口相同。指定窗口的任何属性都将自动关闭所有其他未明确打开的属性。

例如，如果用户不为窗口设置任何属性，它将以 1024×768 像素的大小打开，并具有导航条（显示"后退"、"前进"、"主页"和"重新加载"按钮）、地址工具栏（显示 URL）、状态栏（位于窗口底部，显示状态消息）和菜单栏（显示"文件"、"编辑"、"查看"和其他菜单）。如果将"宽度"明确设置为 640、将"高度"设置为 480，但不设置其他属性，则该窗口将以 640×480 像素的大小打开，并且不具有工具栏。

6.1.3 设置转到 URL 网页行为

"转到 URL"行为可在当前窗口或指定的框架中打开一个新网页。使用"转到 URL"动作，可以在当前页面中设置转到的 URL。当页面中存在框架时，可以指定在目标框架中显示设定的 URL。

素材文件	光盘 \ 素材 \ 第 6 章 \6.1.3\index.html
效果文件	光盘 \ 效果 \ 第 6 章 \6.1.3\index.html
视频文件	光盘 \ 视频 \ 第 6 章 \6.1.3 设置转到 URL 网页行为 .mp4

步骤 01 单击"文件"|"打开"命令，打开一幅网页文档，如图 6-17 所示。

步骤 02 选择网页文档中的图像素材，展开"行为"面板，单击"添加行为"按钮 **+,**，在弹出的列表框中选择"转到 URL"选项，如图 6-18 所示。

图 6-17 打开网页文档

图 6-18 选择"转到 URL"选项

步骤 03 执行操作后，弹出"转到 URL"对话框，如图 6-19 所示。

步骤 04 单击"浏览"按钮，弹出"选择文件"对话框，选择相应的网页文档，如图 6-20 所示。

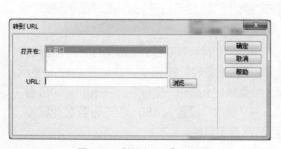

图 6-19 "转到 URL"对话框

图 6-20 选择相应的网页文档

步骤 05 单击"确定"按钮，返回到"转到 URL"对话框，即可在 URL 文本框中看到添加的网页文档路径，如图 6-21 所示。

步骤 06 单击"确定"按钮，返回"行为"面板，显示已添加的"转到 URL"行为，如图 6-22 所示。

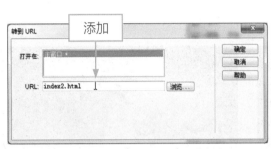

图 6-21 添加的网页文档路径

图 6-22 添加"转到 URL"行为

步骤 07 按【F12】键保存网页，在打开的浏览器中预览网页，如图 6-23 所示。

步骤 08 同时，网页会自动转到设置的 URL 网页，如图 6-24 所示。

图 6-23 预览网页

图 6-24 自动转到设置的 URL 网页

6.1.4 设置拖动 AP 元素行为

"拖动 AP 元素"行为可让访问者拖动绝对定位的（AP）元素，使用此行为可创建拼板游戏、滑块控件和其他可移动的界面元素。

用户可以指定以下内容：访问者可以向哪个方向拖动 AP 元素（水平、垂直或任意方向），访问者应将 AP 元素拖动到的目标，当 AP 元素距离目标在一定数目的像素范围内时是否将 AP 元素靠齐到目标，当 AP 元素命中目标时应执行的操作等。

因为必须先调用"拖动 AP 元素"行为，访问者才能拖动 AP 元素，所以用户应将"拖动 AP 元素"行为附加到 body 对象（使用 onLoad 事件）。

素材文件	光盘 \ 素材 \ 第 6 章 \6.1.4\index.html
效果文件	光盘 \ 效果 \ 第 6 章 \6.1.4\index.html
视频文件	光盘 \ 视频 \ 第 6 章 \6.1.4 设置拖动 AP 元素行为 .mp4

步骤 01 单击"文件"|"打开"命令，打开一幅网页文档，如图 6-25 所示。

步骤 02 单击文档窗口底部的 <body> 标签，选择整个文档，如图 6-26 所示。

图 6-25 打开网页文档

图 6-26 选择整个文档

步骤 03 展开"行为"面板，单击"添加行为"按钮 +，在弹出的列表框中选择"拖动 AP 元素"选项，如图 6-27 所示。

步骤 04 弹出"拖动 AP 元素"对话框，保存默认设置即可，如图 6-28 所示。

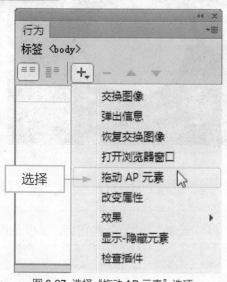
图 6-27 选择"拖动 AP 元素"选项

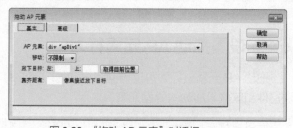
图 6-28 "拖动 AP 元素"对话框

步骤 05 切换至"高级"选项卡，在"拖动控制点"列表框中选择"整个元素"选项，如图 6-29 所示。

步骤 06 单击"确定"按钮，即可添加动作到"行为"面板中，如图 6-30 所示。

图 6-29 选择"整个元素"选项

图 6-30 添加动作

步骤 07 按【F12】键保存网页，在打开的浏览器中预览网页，效果如图 6-31 所示。

步骤 08 此时，用户可以使用鼠标拖动相应的网页元素，效果如图 6-32 所示。

图 6-31 预览网页

图 6-32 拖动 AP 元素

6.1.5 设置调用 JavaScript 行为

在 Dreamweaver CC 中，"调用 JavaScript"行为在事件发生时执行自定义的函数或 JavaScript 代码行为。用户可以自己编写 JavaScript，也可以使用 Web 上各种免费的 JavaScript 库中提供的代码。

	素材文件	光盘 \ 素材 \ 第 6 章 \6.1.5\index.html
	效果文件	光盘 \ 效果 \ 第 6 章 \6.1.5\index.html
	视频文件	光盘 \ 视频 \ 第 5 章 \ 第 6 章 \6.1.5 设置调用 JavaScript 行为 .mp4

步骤 01 单击"文件"|"打开"命令，打开一幅网页文档，如图 6-33 所示。

步骤 02 单击文档窗口底部的 <body> 标签，选择整个文档，如图 6-34 所示。

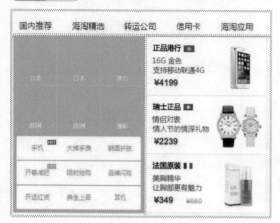

图 6-33 打开网页文档

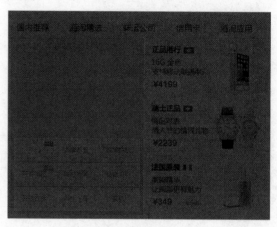

图 6-34 选择整个文档

步骤 03 展开"行为"面板，单击"添加行为"按钮 +，在弹出的列表框中选择"调用 JavaScript"选项，如图 6-35 所示。

步骤 04 弹出"调用 JavaScript"对话框，在 JavaScript 文本框中输入代码 alert(" 您好，欢迎光临！")，如图 6-36 所示。

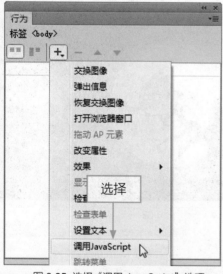

图 6-35 选择"调用 JavaScript"选项

图 6-36 输入代码

专家指点

例如，用户如果需要创建一个"后退"按钮，此时用户可以在"调用 JavaScript"对话框中输入 if (history.length > 0){history.back()}。如果用户已将代码封装在一个函数中，则只需键入该函数的名称（例如 hGoBack()）。

步骤 05 单击"确定"按钮，即可添加动作到"行为"面板中，如图 6-37 所示。

步骤 **06** 按【F12】键保存网页，在打开的浏览器中预览网页，效果如图 6-38 所示。

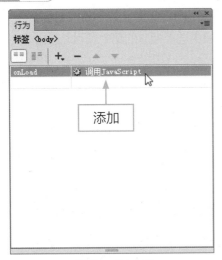

图 6-37 添加动作

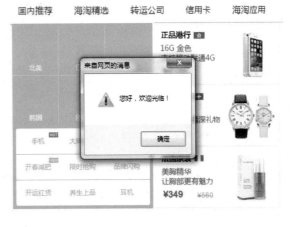

图 6-38 预览网页

6.1.6 设置跳转菜单行为

当用户使用"插入"|"表单"|"跳转菜单"命令创建跳转菜单时，Dreamweaver 会创建一个菜单对象并向其附加一个"跳转菜单"（或"跳转菜单转到"）行为。通常不需要手动将"跳转菜单"行为附加到对象。下面向读者介绍设置跳转菜单行为的操作方法。

素材文件	光盘 \ 素材 \ 第 6 章 \6.1.6\index.html
效果文件	光盘 \ 效果 \ 第 6 章 \6.1.6\index.html
视频文件	光盘 \ 视频 \ 第 6 章 \6.1.6 设置跳转菜单行为 .mp4

步骤 **01** 单击"文件"|"打开"命令，打开一幅网页文档，如图 6-39 所示。

步骤 **02** 在文档窗口中，选择相应的表单对象，如图 6-40 所示。

图 6-39 打开网页文档

图 6-40 选择相应的表单对象

步骤 **03** 展开"行为"面板，单击"添加行为"按钮 **+.**，在弹出的列表框中选择"跳转菜单"选项，如图 6-41 所示。

步骤 **04** 弹出"跳转菜单"对话框，在"菜单项"列表中选择相应的菜单项目，单击"浏览"按钮，如图 6-42 所示。

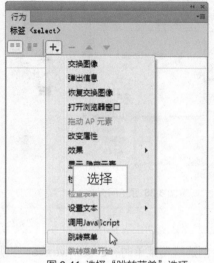

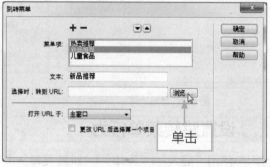

图 6-41 选择"跳转菜单"选项　　　　　　图 6-42 单击"浏览"按钮

步骤 **05** 弹出"选择文件"对话框，选择相应的网页文档，如图 6-43 所示。

步骤 **06** 单击"确定"按钮，即可添加"选择时，转到 URL"路径，如图 6-44 所示。

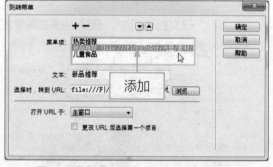

图 6-43 选择相应的网页文档　　　　　　图 6-44 添加"选择时，转到 URL"路径

 专家指点

用户可以通过以下两种方式中的任意一种编辑现有的跳转菜单：

★ 可以通过在"行为"面板中双击现有的"跳转菜单"行为编辑和重新排列菜单项，更改要跳转到的文件，以及更改这些文件的打开窗口。

★ 通过选择该菜单并使用"属性"检查器中的"列表值"按钮，用户可以在菜单中编辑这些项，就像在任何菜单中编辑项一样。

步骤 07　单击"确定"按钮，即可添加相应动作，按【F12】键保存网页，在打开的浏览器中预览网页，在跳转菜单中选择相应的选项，如图 6-45 所示。

步骤 08　执行操作后，即可跳转至相应的页面，效果如图 6-46 所示。

图 6-45　选择相应的选项

图 6-46　预览网页效果

6.1.7　设置跳转菜单开始行为

　　"跳转菜单开始"行为与"跳转菜单"行为密切关联；"跳转菜单开始"允许用户将一个"开始"按钮和一个跳转菜单关联起来（在用户使用此行为之前，文档中必须已存在一个跳转菜单）。下面向读者介绍设置跳转菜单开始行为的操作方法。

素材文件	光盘 \ 素材 \ 第 6 章 \6.1.7\index.html
效果文件	光盘 \ 效果 \ 第 6 章 \6.1.7\index.html
视频文件	光盘 \ 视频 \ 第 6 章 \6.1.7 设置跳转菜单开始行为 .mp4

步骤 01　单击"文件"|"打开"命令，打开一幅网页文档，如图 6-47 所示。

步骤 02　在文档窗口中，选择相应的按钮图片对象，如图 6-48 所示。

图 6-47　打开网页文档

图 6-48　选择相应的图片

步骤 **03** 展开"行为"面板，单击"添加行为"按钮，在弹出的列表框中选择"跳转菜单开始"选项，如图 6-49 所示。

步骤 **04** 弹出"跳转菜单开始"对话框，选择相应的跳转菜单，单击"确定"按钮，如图 6-50 所示。

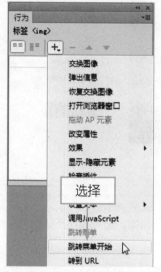

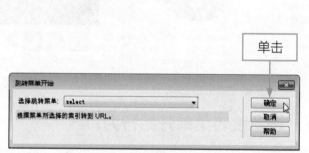

图 6-49 选择"跳转菜单开始"选项　　　　图 6-50 单击"确定"按钮

步骤 **05** 执行操作后，即可添加相应动作，如图 6-51 所示。

步骤 **06** 按【F12】键保存网页，在打开的浏览器中预览网页，在跳转菜单中选择相应的选项，如图 6-52 所示。

图 6-51 添加相应动作

图 6-52 选择相应的选项

步骤 **07** 单击"去看看"按钮，如图 6-53 所示。

步骤 **08** 执行操作后，即可跳转至相应的页面，效果如图 6-54 所示。

图 6-53 单击"去看看"按钮

图 6-54 预览网页效果

 专家指点

　　单击"开始"按钮打开在该跳转菜单中选择的链接时，通常情况下，跳转菜单不需要一个"开始"按钮；从跳转菜单中选择一项通常会引起 URL 的载入，不需要任何进一步的用户操作。但是，如果访问者选择已在跳转菜单中选择的同一项，则不发生跳转。通常情况下这不会有多大关系，但是如果跳转菜单出现在一个框架中，而跳转菜单项链接到其他框架中的页，则通常需要使用"开始"按钮，以允许访问者重新选择已在跳转菜单中选择的项。

　　需要注意的是，当将"开始"按钮用于跳转菜单时，"开始"按钮会成为将用户跳转到与菜单中的选定内容相关的 URL 时所使用的唯一机制。在跳转菜单中选择菜单项时，不再自动将用户重定向到另一个页面或框架。

6.2　设置文本与图像的行为

　　在 Dreamweaver CC 中，使用各种不同的文本能够很好的美化网页，使浏览者能够区分不同的网页内容。在网页中也可以将任何可用行为应用于图像或图像热点，将一个行为应用于热点时，Dreamweaver 将 HTML 源代码插入 <area> 标签中。有 3 种行为是专门用于图像的：交换图像、预先载入图像和恢复交换图像。本节主要向读者介绍设置文本与图像行为的方法。

6.2.1　设置状态栏文本行为

　　使用"设置状态栏文本"行为可在浏览器窗口左下角处的状态栏中显示消息。例如，可以使用此行为在状态栏中说明链接的目标，而不是显示与之关联的 URL。

　　用户还可以在文本中嵌入任何有效的 JavaScript 函数调用、属性、全局变量或其他表达式。若要嵌入一个 JavaScript 表达式，应首先将其放置在大括号 ({}) 中，如图 6-55 所示。若要显示大括号，可在它前面加一个反斜杠 (如 \{)。

The URL for this page is {window.location}, and today is {new Date()}.

图 6-55 在文本中嵌入有效的 JavaScript 函数

下面向读者介绍在网页文档中设置状态栏文本行为的操作方法。

	素材文件	光盘 \ 素材 \ 第 6 章 \6.2.1\index.html
	效果文件	光盘 \ 效果 \ 第 6 章 \6.2.1\index.html
	视频文件	光盘 \ 视频 \ 第 6 章 \6.2.1 设置状态栏文本行为 .mp4

步骤 01 单击"文件"|"打开"命令，打开一幅网页文档，如图 6-56 所示。

步骤 02 展开"行为"面板，单击"添加行为"按钮 ，在弹出的列表框中选择"设置文本"|"设置状态栏文本"选项，如图 6-57 所示。

图 6-56 打开网页文档

图 6-57 选择"设置状态栏文本"选项

步骤 03 弹出"设置状态栏文本"对话框，在"消息"文本框中输入内容，如图 6-58 所示。

步骤 04 单击"确定"按钮，即可在"行为"面板中显示添加的动作，如图 6-59 所示。

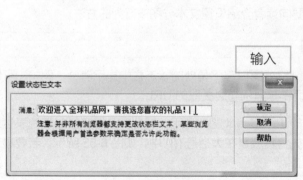

图 6-58 输入相应的消息

图 6-59 添加动作

专家指点

　　设置时输入的状态栏消息应简明扼要，如果消息太长而不能完全放在状态栏中，则浏览器会自动将消息截断，因此浏览者可能看不到完全的消息内容。

步骤 05 按【F12】键保存网页后，打开 IE 浏览器，即可看到网页下方状态栏的文本效果，如图 6-60 所示。

图 6-60 状态栏文本效果

专家指点

　　如果用户在 Dreamweaver CC 中使用了"设置状态栏文本"行为，也不能保证会更改浏览器中的状态栏的文本，因为一些浏览器在更改状态栏文本时需要进行特殊调整。例如，Firefox 浏览器则需要更改"高级"选项以让 JavaScript 更改状态栏文本。浏览者常常会忽略或注意不到状态栏中的消息，如果某些消息非常重要，可考虑将其显示为弹出消息或 AP 元素文本。

6.2.2 设置容器中的文本行为

　　使用"设置容器的文本"行为可将页面上的现有容器（即可以包含文本或其它元素的任何元素）的内容和格式替换为指定的内容，该内容可以包括任何有效的 HTML 源代码。下面向读者介绍设置容器中的文本行为的操作方法。

素材文件	光盘 \ 素材 \ 第 6 章 \6.2.2\index.html
效果文件	光盘 \ 效果 \ 第 6 章 \6.2.2\index.html
视频文件	光盘 \ 视频第 6 章 \6.2.2 设置容器中的文本行为 .mp4

步骤 01 单击"文件"|"打开"命令，打开一幅网页文档，如图 6-61 所示。

步骤 02 在文档窗口中，选择相应的文本，如图 6-62 所示。

图 6-61 打开网页文档

图 6-62 选择相应的文本

步骤 03 展开"行为"面板，单击"添加行为"按钮 ，在弹出的列表框中选择"设置文本"|"设置容器的文本"选项，如图 6-63 所示。

步骤 04 执行操作后，弹出"设置容器的文本"对话框，在"新建 HTML"下拉列表框中输入相应的文本，如图 6-64 所示。

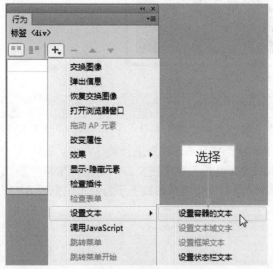

图 6-63 选择"设置容器的文本"选项

图 6-64 输入相应的文本

专家指点

在"设置容器的文本"对话框中还可以进行如下设置。

※ 使用"容器"菜单选择目标元素。

※ 在"新建 HTML"框中输入新的文本或 HTML。

步骤 05 单击"确定"按钮，即可添加"设置容器的文本"行为，按【F12】键保存网页，在打开的浏览器中预览网页，如图 6-65 所示。

步骤 06 单击相应的文本，即可改变其中的文本内容，效果如图 6-66 所示。

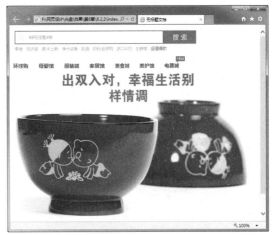

图 6-65 预览网页　　　　　　　　　　　图 6-66 改变文本内容

6.2.3 设置框架文本行为

使用"设置框架文本"行为允许用户动态设置框架的文本，可用指定的内容替换框架的内容和格式设置。该内容可以包含任何有效的 HTML 代码，使用此行为可动态显示信息。

用户可以在网页文档中，选择需要设置框架的文本内容，展开"行为"面板，单击"添加行为"按钮 ，在弹出的列表框中选择"设置文本"|"设置框架文本"选项，如图 6-67 所示。弹出"设置框架文本"对话框，在"新建 HTML"下拉列表框中，用户可根据需要输入相应的文本内容，如图 6-68 所示，单击"确定"按钮，即可添加"设置框架文本"行为。

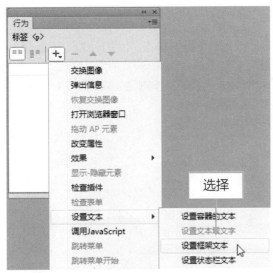

图 6-67 选择"设置框架文本"选项　　　　图 6-68 输入相应的文本

专家指点

虽然"设置框架文本"行为会替换框架的格式设置，但可以选择"保留背景色"来保留页面背景和文本的颜色属性。

如图 6-69 所示为打开的浏览器中预览的网页效果，当鼠标指针滑过相应框架时，即可改变其中的文本内容。

图 6-69 设置框架文本行为后的效果

 专家指点

在"设置框架文本"对话框中的两个属性设置方法如下。

* "框架"：选择要设置的框架。
* "新建 HTML"：在文本框中输入要设置的框架文本。

6.2.4 设置文本域文字行为

在 Dreamweaver CC 中，用户可以通过"设置文本域文字"行为指定的内容替换表单文本域的内容。

在文档窗口中，选择相应的表单文本域，展开"行为"面板，单击"添加行为"按钮 ，在弹出的列表框中选择"设置文本"|"设置文本域文字"选项，如图 6-70 所示。弹出"设置文本域文字"对话框，在"新建文本"下拉列表框中可以输入相应的文本内容，如图 6-71 所示。设置完成后，单击"确定"按钮，即可添加"设置文本域文字"行为。

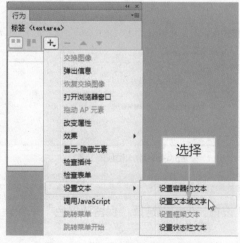

图 6-70 选择"设置文本域文字"选项

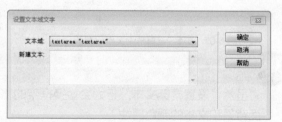

图 6-71 输入相应的文本

如图 6-72 所示为打开的浏览器中预览的网页效果，单击网页中的文本域，当鼠标指针离开文本域后，即可改变其中的文本内容。

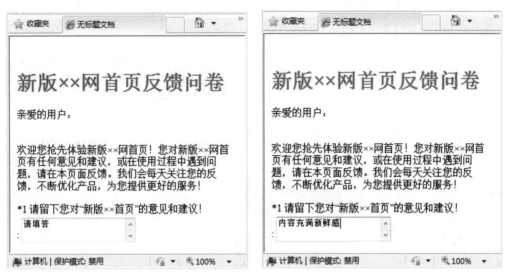

图 6-72 设置文本域文字行为后的效果

6.2.5 应用交换图像行为

"交换图像"行为是通过更改 <img> 标签的 src 属性来实现将一个图像和另一个图像进行交换的。使用此行为可创建鼠标经过按钮的效果以及其他图像效果（包括一次交换多个图像效果）。

展开"行为"面板，单击"添加行为"按钮 +，在弹出的列表框中选择"交换图像"选项，如图 6-73 所示。弹出"交换图像"对话框，在"图像"列表框中选择相应的图像，如图 6-74 所示。

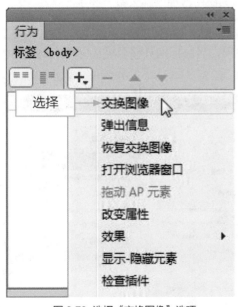

图 6-73 选择"交换图像"选项

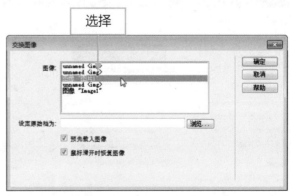

图 6-74 选择相应的图像

单击"浏览"按钮，弹出"选择图像源文件"对话框，选择要交换的图像文件，单击"确定"按钮，即可在"交换图像"对话框中添加交换的图像，如图 6-75 所示。单击"确定"按钮，返回到"行为"面板，可以看到系统默认添加了"交换图像"和"预先载入图像"两个动作，如图 6-76 所示，制作完成后，按【F12】键保存网页即可。

图 6-75 添加交换的图像

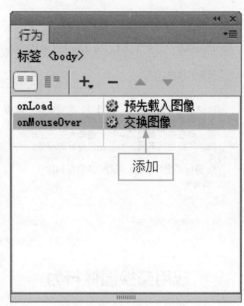

图 6-76 查看添加的两个动作

专家指点

另外，将"交换图像"行为附加到某个对象时，系统都会自动添加"恢复交换图像"行为，如果在附加"交换图像"时选择了"鼠标滑开时恢复图像"选项，则不再需要手动选择"恢复交换图像"行为。

如图 6-77 所示为打开的浏览器中预览的网页效果，当鼠标指针移至相应图像上时，可以出现交换图像的效果。

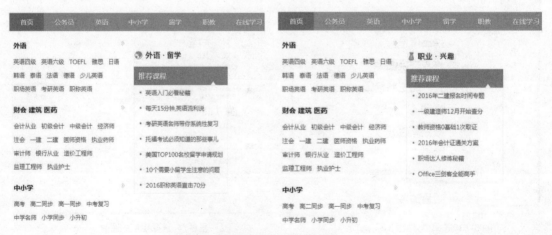

图 6-77 应用交换图像行为后的效果

6.2.6 应用预先载入图像行为

"预先载入图像"行为可以缩短图像的显示时间,其方法是对在页面打开之初不会立即显示的图像(例如那些将通过行为或 JavaScript 换入的图像)进行缓存。

在文档窗口中,选择相应的图片对象,展开"行为"面板,单击"添加行为"按钮 **➕**,在弹出的列表框中选择"预先载入图像"选项,如图 6-78 所示。弹出"预先载入图像"对话框,单击"浏览"按钮,如图 6-79 所示。

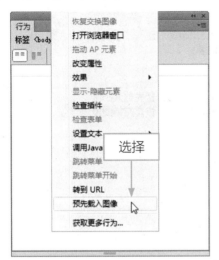

图 6-78 选择"预先载入图像"选项

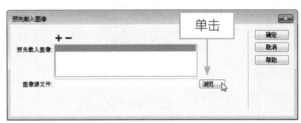

图 6-79 单击"浏览"按钮

弹出"选择图像源文件"对话框,选择相应的图像文件,单击"确定"按钮,返回"预先载入图像"对话框,即可添加图像文件,单击"确定"按钮,如图 6-80 所示。执行操作后,即可在"行为"面板中添加相应动作,如图 6-81 所示,按【F12】键保存网页,在打开的浏览器中预览网页。

图 6-80 添加图像文件

图 6-81 查看添加的行为动作

6.2.7 应用恢复交换图像行为

"恢复交换图像"行为可以将最后一组交换的图像恢复为它们以前的源文件，且仅在应用"交换图像"行为后使用。

展开"行为"面板，单击"添加行为"按钮 **+.**，在弹出的列表框中选择"恢复交换图像"选项，如图 6-82 所示。弹出"恢复交换图像"对话框，单击"确定"按钮，即可在"行为"面板中添加相应的动作，如图 6-83 所示。

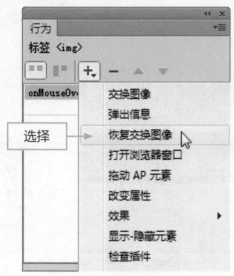

图 6-82 选择"恢复交换图像"选项

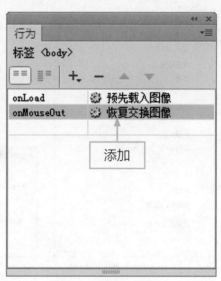

图 6-83 添加相应的动作

08 Flash CC 快速入门

学习提示

    Flash CC 是一款集多种功能于一体的多媒体制作软件，主要用于创建基于网络流媒体技术的带有交互功能的矢量动画。Flash 的应用领域非常广泛，如制作 MTV、动态网页广告和游戏动画等。本章主要向读者介绍 Flash CC 软件的基本功能，以及相关的软件界面介绍。

本章重点导航

- 启动 Flash CC 软件
- 退出 Flash CC 软件
- 选择文档单位
- 设置舞台大小
- 使用匹配内容比例
- 设置舞台显示颜色
- 设置帧频大小
- 切换多种网页工作界面

- 新建网页动画文档
- 直接保存网页动画文件
- 另存为网页动画文件
- 打开网页动画文件
- 关闭网页动画文件
- 导入 JPEG 网页图像
- 导入网页视频文件
- 在网页中添加音频

7.1 启动与退出 Flash CC

为了让用户更好地学习 Flash CC，在学习软件之前应该对 Flash CC 的基本操作有一定的了解，下面向读者介绍 Flash CC 的基本操作，如启动与退出 Flash CC 软件的操作方法。

7.1.1 启动 Flash CC 软件

使用 Flash CC 制作动画特效之前，首先需要启动 Flash CC 软件 . 将 Flash CC 安装至计算机中，在桌面会自动生成一个 Flash CC 的快捷方式图标，双击该图标，即可启动 Flash CC 应用软件。

在计算机桌面，选择 Adobe Flash Professional CC 程序图标，如图 7-1 所示。在该图标上，单击鼠标右键，在弹出的快捷菜单中选择"打开"选项，如图 7-2 所示。

图 7-1 选择软件程序图标

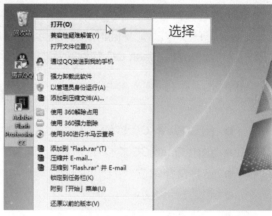

图 7-2 选择"打开"选项

执行操作后，即可启动 Flash CC 应用程序，并进入 Flash CC 启动界面，如图 7-3 所示。稍等片刻，即可进入 Flash CC 工作界面，如图 7-4 所示。

图 7-3 进入 Flash CC 启动界面

图 7-4 进入 Flash CC 工作界面

专家指点

用户还可以通过以下 3 种方法，启动 Flash CC 应用软件。

* 命令：在 Windows 系统桌面上，单击"开始"按钮，在弹出的"开始"菜单列表中，单击 Adobe Flash Professional CC 命令，即可进入软件工作界面。

* 选项：选择 .fla 格式的源文件，在该源文件格式上单击鼠标右键，在弹出的快捷菜单中选择"打开"选项，即可快速启动 Flash CC 应用程序，并打开相关的动画文档。

* 双击：在 .fla 格式的源文件上，双击鼠标左键，也可以快速启动 Flash CC 应用程序，并打开相关的动画文档。

7.1.2 退出 Flash CC 软件

一般情况下，在应用软件界面的"文件"菜单下，都提供了"退出"命令。在 Flash CC 中，使用"文件"菜单下的"退出"命令，如图 7-5 所示，可以退出 Flash CC 应用软件，节约操作系统内存的使用空间，提高系统的运行速度。

用户还可以在 Flash CC 工作界面左上角的程序图标 **Fl** 上，单击鼠标左键，弹出列表框，在其中选择"关闭"选项，如图 7-6 所示，也可以快速退出 Flash CC 应用软件。

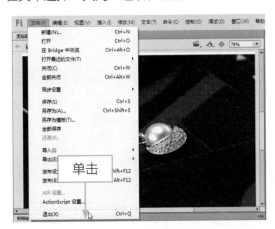

图 7-5 单击"退出"命令

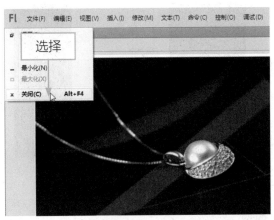

图 7-6 选择"关闭"选项

专家指点

在 Flash CC 工作界面中，用户还可以通过以下 3 种快捷键退出 Flash CC 软件。

* 快捷键 1：在工作界面中，按【Ctrl + Q】组合键。

* 快捷键 2：在工作界面中，按【Alt + F4】组合键。

* 快捷键 3：在"文件"菜单列表中，按【X】键，也可以快速执行"退出"命令，退出 Flash CC。

7.2 设置网页动画文档属性

在制作动画之前，首先应该设定动画文档的尺寸、内容比例、背景颜色和其他属性等。在

Flash CC 中，设置文档属性的方法有 3 种：第 1 种是使用"属性"面板设置文档属性，第 2 种是使用菜单命令设置文档属性，第 3 种是通过舞台右键菜单设置文档属性。本节主要向读者介绍设置动画文档属性的操作方法。

7.2.1 选择文档单位

在 Flash CC 工作界面中，设置舞台大小的单位，包括 6 种，如"英寸"、"英寸（十进制）"、"点"、"厘米"、"毫米"以及"像素"。

在菜单栏中，单击"修改"菜单，在弹出的菜单列表中单击"文档"命令，如图 7-7 所示。执行操作后，即可弹出"文档设置"对话框，在其中单击"单位"右侧的下三角按钮，在弹出的列表框中可以查看到可供选择的多种文档单位，在这里选择"厘米"选项，如图 7-8 所示，即可设置文档的单位尺寸为"厘米"，完成单位的选择操作。

图 7-7 单击"文档"命令

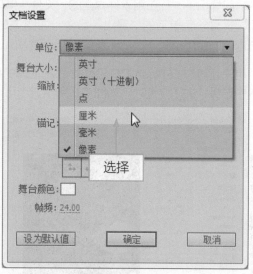

图 7-8 选择"厘米"选项

专家指点

在 Flash CC 工作界面中，按【Ctrl + J】组合键，也可以快速弹出"文档设置"对话框。

7.2.2 设置舞台大小

在 Flash CC 工作界面中，如果用户制作的动画内容与舞台大小不协调，此时用户需要更改舞台的尺寸和大小，使制作的动画文件更加符合用户的要求。

打开"属性"面板，在其中展开"属性"选项，单击"像素"右侧的"编辑文档属性"按钮，如图 7-9 所示。执行操作后，弹出"文档设置"对话框，在其中可以查看现有的文档属性信息，更改"舞台大小"的尺寸为 550×400，如图 7-10 所示，设置完成后，单击"确定"按钮，返回 Flash 工作界面，即可查看设置后的舞台大小。

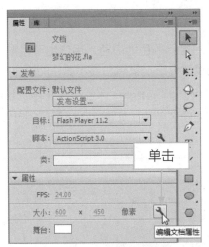

图 7-9 单击"编辑文档属性"按钮

图 7-10 更改舞台的大小尺寸

7.2.3 使用匹配内容比例

在 Flash CC 工作界面中，当用户设置动画文档属性时，还可以以动画内容为舞台尺寸的匹配对象，使舞台大小刚好为动画内容的尺寸大小。

将鼠标移至舞台中的空白位置上，单击鼠标右键，在弹出的快捷菜单中选择"文档"选项，如图 7-11 所示。执行操作后，弹出"文档设置"对话框，在其中可以查看现有的文档属性信息，单击"匹配内容"按钮，如图 7-12 所示，然后单击"确定"按钮，此时舞台中多余的白色背景将不存在，舞台的尺寸大小完全与动画内容相匹配。

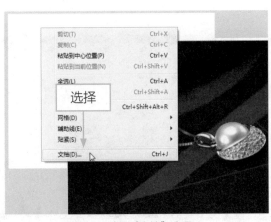

图 7-11 选择"文档"选项

图 7-12 单击"匹配内容"按钮

专家指点

在 Flash CC 工作界面中，当用户需要制作多个相同尺寸大小的动画文件时，在"文档设置"对话框中设置好舞台的大小尺寸后，单击对话框下方的"设为默认值"按钮，当用户下一次再创建新的动画文档时，将以这次设置的默认值为准。

7.2.4 设置舞台显示颜色

在 Flash CC 工作界面中，默认情况下，舞台的显示颜色为白色，用户也可以根据需要修改舞台的背景颜色，使其与动画效果相协调。下面向读者介绍设置舞台显示颜色的操作方法。

将鼠标移至舞台中的空白位置上，单击鼠标右键，在弹出的快捷菜单中选择"文档"选项，弹出"文档设置"对话框，单击"舞台颜色"右侧的白色色块，如图 7-13 所示。弹出颜色面板，在其中选择绿色（#00FF00），如图 7-14 所示。

图 7-13 单击白色色块　　　　　　图 7-14 选择绿色（#00FF00）

单击"确定"按钮，即可更改舞台的背景颜色的显示效果，如图 7-15 所示，用户还可以将其他颜色设置为舞台的背景颜色，如图 7-16 所示。

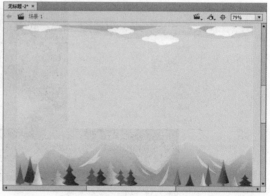

图 7-15 更改背景为绿色　　　　　　图 7-16 更改背景为其他颜色

7.2.5 设置帧频大小

在 Flash CC 工作界面中，帧频就是动画在播放时帧播放的速度，也就是每秒播放的动画的帧数。系统默认的帧频为 24fps（帧 / 秒），用户也可以根据需要对帧频进行相关设置。

在菜单栏中，单击"修改"菜单，在弹出的菜单列表中单击"文档"命令，弹出"文档设置"对话框，单击"帧频"右侧的参数，如图 7-17 所示，重新输入相应的帧频参数，单击"确定"按钮，即可完成设置。

用户还可以在"属性"面板中，展开"属性"选项，在 FPS 右侧设置动画文档的帧频参数，如图 7-18 所示。

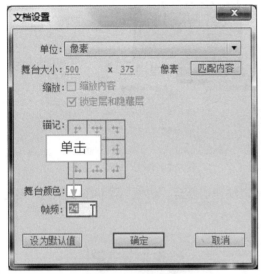

图 7-17 单击"帧频"右侧的参数

图 7-18 在 FPS 右侧设置帧频参数

专家指点

在某些视频编辑软件中，对 Flash 动画的帧数有一定的限制，此时用户就可以在文档中更改为合适的帧频参数，使 Flash 能方便地应用到各种应用程序中。

7.3 切换多种网页工作界面

在 Flash CC 工作界面中，向读者提供了多种工作界面的布局样式，用户可根据需要随意切换 Flash 软件的界面布局。本节主要向读者介绍切换多种工作界面的操作方法。

7.3.1 使用动画工作界面

在 Flash CC 工作界面中，"动画"界面布局是专门为制作动画的工作人员设计的界面布局。在该界面布局下，制作动画效果会更加方便。

下面向读者介绍使用"动画"工作界面的两种操作方法。

＊ 选项：在工作界面的右上角位置，单击"基本功能"右侧的下三角按钮，在弹出的列表框中选择"动画"选项，如图 7-19 所示。

＊ 命令：在菜单栏中，单击"窗口"菜单，在弹出的菜单列表中单击"工作区"|"动画"命令，如图 7-20 所示。

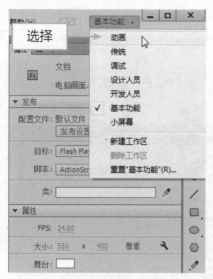

图 7-19 选择"动画"选项　　　　　　　　　　图 7-20 单击"动画"命令

执行以上两种方法中的任意一种方法，都可以快速切换至"动画"界面布局样式，如图 7-21 所示。

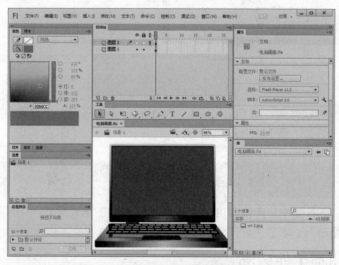

图 7-21 快速切换至"动画"界面布局样式

7.3.2 使用传统工作界面

在 Flash CC 工作界面中，"传统"的界面布局样式中显示着 Flash CC 软件的一些基本功能，左侧显示的是工具箱，上方显示的是"时间轴"面板，下方显示的是舞台工作区，右侧显示的是"属性"面板。

下面向读者介绍使用"传统"工作界面的两种操作方法。

* 选项：在工作界面的右上角位置，单击界面模式右侧的下三角按钮，在弹出的列表框中选择"传统"选项，如图 7-22 所示。

* 命令：在菜单栏中，单击"窗口"菜单，在弹出的菜单列表中单击"工作区"|"传统"命令，如图 7-23 所示。

图 7-22 选择"传统"选项　　　　　　　　　　　图 7-23 单击"传统"命令

执行以上两种方法中的任意一种方法，都可以快速切换至"传统"界面布局样式，如图 7-24 所示。

图 7-24 切换至"传统"界面布局样式

7.3.3 使用调试工作界面

在 Flash CC 工作界面中，"调试"界面布局样式中主要显示有关调试的功能，左侧显示的是"调试控制台"面板，上方显示的是舞台，下方显示的是"输出"面板，在该界面布局样式下，不会显示工具箱与"属性"面板等。

下面向读者介绍使用"调试"工作界面的两种操作方法。

* 选项：在工作界面的右上角位置，单击界面模式右侧的下三角按钮，在弹出的列表框中选

择"调试"选项，如图 7-25 所示。

    ✱ 命令：在菜单栏中，单击"窗口"菜单，在弹出的菜单列表中单击"工作区"|"调试"命令，如图 7-26 所示。

图 7-25 选择"调试"选项

图 7-26 单击"调试"命令

执行以上两种方法中的任意一种方法，都可以快速切换至"调试"界面布局样式，如图 **7-27** 所示。

图 7-27 切换至"调试"界面布局样式

7.3.4 使用设计人员工作界面

    在 Flash CC 工作界面中，"设计人员"界面布局样式适合于设计动画类的工作人员使用。在该界面布局下，有关设计的功能非常全面，如工具箱、"属性"面板、"发布"面板、"时间轴"面板、"颜色"面板以及"库"面板的显示都非常完整，非常适合 Flash 设计人员。

    下面向读者介绍使用"设计人员"工作界面的两种操作方法。

✻ 选项：在工作界面的右上角位置，单击界面模式右侧的下三角按钮，在弹出的列表框中选择"设计人员"选项。

✻ 命令：在菜单栏中，单击"窗口"菜单，在弹出的菜单列表中单击"工作区"|"设计人员"命令。

执行以上两种方法中的任意一种方法，都可以快速切换至"设计人员"界面布局样式，如图7-28所示。

图 7-28 切换至"设计人员"界面布局样式

专家指点

在 Flash CC 工作界面中，如果软件提供的工作界面样式都不能满足用户的需求，此时用户可以手动新建工作区。在工作界面的右上角位置，单击界面模式右侧的下三角按钮，在弹出的列表框中选择"新建工作区"选项，即可新建符合用户操作习惯的工作区样式。

7.3.5 使用开发人员工作界面

在 Flash CC 工作界面中，"开发人员"界面布局样式适合于开发代码制作类的工作人员使用。在该界面布局下，显示了"库"面板、"组件"面板、工具箱、"编译器错误"面板以及"输出"面板等。

下面向读者介绍使用"开发人员"工作界面的两种操作方法。

✻ 选项：在工作界面的右上角位置，单击界面模式右侧的下三角按钮，在弹出的列表框中选择"开发人员"选项。

✻ 命令：在菜单栏中，单击"窗口"菜单，在弹出的菜单列表中单击"工作区"|"开发人员"命令。

执行以上两种方法中的任意一种方法，都可以快速切换至"开发人员"界面布局样式，如图7-29所示。

图 7-29 切换至"开发人员"界面布局样式

7.3.6 使用基本功能工作界面

在 Flash CC 工作界面中，"基本功能"界面布局样式适合于一般使用 Flash 软件的大众群体使用。在该界面布局下显示了 Flash 软件的常规功能，如舞台、"时间轴"面板、"属性"面板、"库"面板以及工具箱等。

下面向读者介绍使用"基本功能"工作界面的两种操作方法。

* 选项：在工作界面的右上角位置，单击界面模式右侧的下三角按钮，在弹出的列表框中选择"基本功能"选项。

* 命令：在菜单栏中，单击"窗口"菜单，在弹出的菜单列表中单击"工作区"|"基本功能"命令。

执行以上两种方法中的任意一种方法，都可以快速切换至"基本功能"界面布局样式，如图 7-30 所示。

图 7-30 切换至"基本功能"界面布局样式

7.3.7 使用小屏幕工作界面

在 Flash CC 工作界面中，"小屏幕"界面布局样式与"基本功能"界面布局样式类似，它是在"基本功能"界面布局样式下简化的一种界面布局。

下面向读者介绍使用"小屏幕"工作界面的两种操作方法。

✽ 选项：在工作界面的右上角位置，单击界面模式右侧的下三角按钮，在弹出的列表框中选择"小屏幕"选项。

✽ 命令：在菜单栏中，单击"窗口"菜单，在弹出的菜单列表中单击"工作区"|"小屏幕"命令。

执行以上两种方法中的任意一种方法，都可以快速切换至"小屏幕"界面布局样式，如图 7-31 所示。

图 7-31 切换至"小屏幕"界面布局样式

7.4 网页动画文件的基本操作

为了让读者更好地掌握 Flash CC 应用程序，在学习网页动画制作之前应该对 Flash CC 的基本操作有一定的了解。本节主要向读者介绍新建网页动画文档、保存网页动画文件、打开和关闭网页动画文件的操作等，希望读者熟练掌握本节内容。

7.4.1 新建网页动画文档

制作 Flash CC 动画之前，必须新建一个 Flash CC 文件。新建网页动画文档的方法很简单，用户首先启动 Flash CC 程序，在菜单栏中单击"文件"|"新建"命令，如图 7-32 所示。弹出"新建文档"对话框，在"常规"选项卡的"类型"列表框中，选择"ActionScript 3.0"选项，设置"高"为 500 像素，如图 7-33 所示，单击"确定"按钮，即可创建一个文件类型为 ActionScript 3.0 的空白文件。

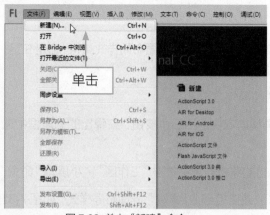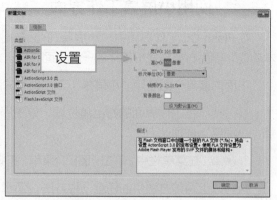

图 7-32 单击"新建"命令　　　　　　　图 7-33 设置"高"为 500 像素

7.4.2 直接保存网页动画文件

在处理文档的过程中，为了保证文档的安全和避免编辑的内容丢失，必须及时将其存储到计算机中，以便日后查看或编辑。

在菜单栏上，单击"文件"|"保存"命令，如图 7-34 所示。弹出"另存为"对话框，在其中选择保存动画文档的位置，在"文件名"文本框中输入文件保存的名称，如图 7-35 所示，单击"保存"按钮，即可直接保存该文件。

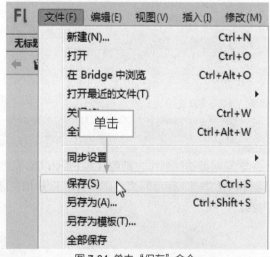

图 7-34 单击"保存"命令　　　　　　　图 7-35 输入文件保存的名称

专家指点

在 Flash CC 工作界面中，直接按【Ctrl + S】组合键，或者在"文件"菜单下按【S】键，也可以直接保存当前文档。

7.4.3 另存为网页动画文件

如果用户需要将修改的文档另存在指定的位置，可运用"另存为"命令将文档进行另存为操作。下面向读者介绍另存为网页动画文件的操作方法。

素材文件	光盘 \ 素材 \ 第 7 章 \7.4.3.fla
效果文件	光盘 \ 效果 \ 第 7 章 \7.4.3.fla
视频文件	光盘 \ 视频 \ 第 7 章 \7.4.3 另存为网页动画文件 .mp4

步骤 01 单击"文件"|"打开"命令，打开一个素材文件，如图 7-36 所示。

图 7-36 素材文件

步骤 02 在菜单栏中，单击"文件"|"另存为"命令，如图 7-37 所示。

步骤 03 弹出"另存为"对话框，在其中选择保存动画文档的位置，在"文件名"文本框中输入文件另存的名称，如图 7-38 所示，单击"保存"按钮，即可将当前文档另存为一个动画文档。

图 7-37 "另存为"命令

图 7-38 输入文件另存的名称

专家指点

按【Ctrl + Shift + S】组合键也可以将当前文件另存，为了保证文件的安全并避免所编辑的内容丢失，在使用 Flash CC 制作动画过程中，应该多另存几个文件，这样更加保险。

7.4.4 打开网页动画文件

要想编辑 Flash CC 的动画文件，必须先打开该动画文件，这里说的文件指的是 Flash 源文件，即可编辑的"*.fla"，而不是"*.swf"格式的动画文件。下面向读者介绍打开网页动画文件的操作方法。

素材文件	光盘 \ 素材 \ 第 7 章 \7.4.4.fla
效果文件	无
视频文件	光盘 \ 视频 \ 第 7 章 \7.4.4 打开网页动画文件 .mp4

步骤 **01** 在菜单栏中，单击"文件"|"打开"命令，如图 7-39 所示。

步骤 **02** 弹出"打开"对话框，在其中选择需要打开的文件，如图 7-40 所示。

图 7-39 单击"打开"命令

图 7-40 "打开"对话框

步骤 **03** 单击"打开"按钮，即可打开所选文件，如图 7-41 所示。

图 7-41 打开文件

 专家指点

在 Flash CC 中，打开动画文件的方法有 3 种，分别如下：

* 命令：单击"文件"|"打开"命令。

* 快捷键 1：按【Ctrl + O】组合键。

* 快捷键 2：依次按键盘上的【Alt】、【F】、【O】键。

7.4.5 关闭网页动画文件

在 Flash CC 工作界面中，关闭文档与关闭应用程序窗口的操作方法有相同之处，但关闭文档并不一定要退出应用程序。

在 Flash CC 中，关闭文档的方法有 5 种，分别如下：

* 命令：在菜单栏中，单击"文件"|"关闭"命令，如图 7-42 所示。

* 按钮：单击菜单栏右侧的"关闭"按钮 ✖，如图 7-43 所示。

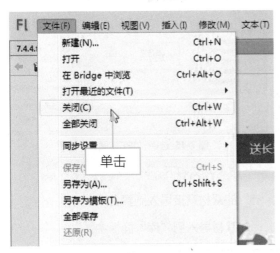

图 7-42 单击"关闭"命令　　　　　　　　图 7-43 单击"关闭"按钮

* 快捷键 1：按【Ctrl + W】组合键。

* 快捷键 2：依次按键盘上的【Alt】、【F】、【C】键。

* 快捷键 3：按【Ctrl + F4】组合键。

7.5 导入网页动画素材文件

在一个精彩的 Flash 动画中，图像、视频和声音都是不可缺少的元素。因此，本节主要向读者介绍在网页动画中导入图像、视频和音频文件的操作方法。

7.5.1 导入 JPEG 网页图像

在 Flash CC 工作界面中，用户可以将需要使用的 JPEG 文件素材导入到舞台中，下面向读者介绍导入 JPEG 文件的操作方法。

素材文件	光盘 \ 素材 \ 第 7 章 \7.5.1.jpg	
效果文件	光盘 \ 效果 \ 第 7 章 \7.5.1.fla	
视频文件	光盘 \ 视频 \ 第 7 章 \7.5.1 导入 JPEG 网页图像 .mp4	

步骤 01　新建一个空白动画文档，在菜单栏中单击"文件"菜单，在弹出的菜单列表中单击"导入"|"导入到库"命令，如图 7-44 所示。

步骤 02 执行操作后，弹出"导入到库"对话框，单击"文件格式"右侧的下三角按钮，在弹出的列表框中选择"JPEG 图像"选项，如图 7-45 所示。

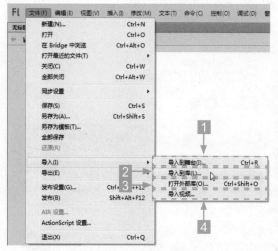

图 7-44 单击"导入到库"命令

图 7-45 选择"JPEG 图像"选项

在 Flash CC 工作界面中，"导入"子菜单中的各命令含义如下。

1 "导入到舞台"命令：选择该选项，可以将选择的素材直接导入到舞台中。

2 "导入到库"命令：选择该选项，可以将选择的素材导入到"库"面板中。

3 "打开外部库"命令：选择该选项，可以打开外部的库文件。

4 "导入视频"命令：选择该选项，可以导入用户需要的视频。

步骤 03 此时，在"导入到库"对话框中将显示所有 JPEG 格式的图像，在其中选择需要导入的 JPEG 图像文件，如图 7-46 所示。

步骤 04 单击"打开"按钮，即可将选择的 JPEG 图像文件导入到 Flash CC 软件的"库"面板中，如图 7-47 所示。

图 7-46 选择 JPEG 图像文件

图 7-47 导入 JPEG 图像文件

步骤 05　在"库"面板中，选择导入的 JPEG 图像文件，单击鼠标左键并拖曳至舞台中的适当位置，将素材添加到舞台中，如图 7-48 所示。

步骤 06　在菜单栏中，单击"视图"|"缩放比率"|"显示全部"命令，即可显示舞台中的所有图像画面，如图 7-49 所示。

图 7-48　将素材添加到舞台中

图 7-49　显示舞台中的所有图像画面

7.5.2　导入 PSD 网页图像

在 Flash CC 工作界面中，用户还可以将 PSD 文件导入至 Flash 中使用，并可以进行分层，这样更加方便设计者交换使用素材。下面向读者介绍导入 PSD 文件的操作方法。

素材文件	光盘 \ 素材 \ 第 7 章 \7.5.2.psd
效果文件	光盘 \ 效果 \ 第 7 章 \7.5.2.fla
视频文件	光盘 \ 视频 \ 第 7 章 \7.5.2 导入 PSD 网页图像 .mp4

步骤 01　在菜单栏中，单击"文件"|"导入"|"导入到舞台"命令，如图 7-50 所示。

步骤 02　执行操作后，弹出"导入"对话框，单击"文件格式"右侧的下三角按钮，在弹出的列表框中选择 Photoshop 选项，如图 7-51 所示。

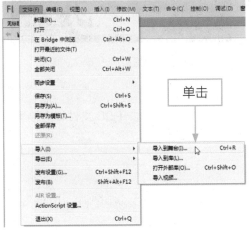

图 7-50　单击"导入到舞台"命令

图 7-51　选择 Photoshop 选项

步骤 **03** 此时，在"导入"对话框中选择需要导入的 PSD 图像文件，如图 7-52 所示。

步骤 **04** 单击"打开"按钮，弹出相应对话框，如图 7-53 所示。

图 7-52 选择 PSD 图像文件

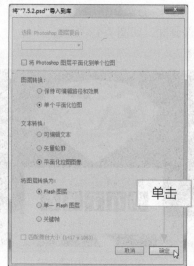

图 7-53 弹出相应对话框

步骤 **05** 单击"确定"按钮，即可将 PSD 图像导入到舞台中，如图 7-54 所示。

步骤 **06** 在舞台中，以合适的显示比例显示导入的 PSD 图像，效果如图 7-55 所示。

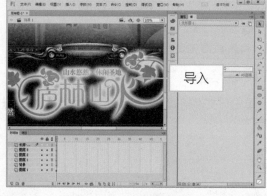

图 7-54 导入 PSD 图像文件

图 7-55 以合适比例显示导入的图像

专家指点

在 Flash CC 工作界面中，当导入的 PSD 文件只有一个图层时，PSD 文件将直接导入到 Flash 文件中，而不会弹出"将 xx.psd 导入到舞台"对话框。

7.5.3 导入 GIF 网页图像

在 Flash CC 工作界面中，用户可将 GIF 文件导入到舞台中，进行动画编辑。下面向读者介绍导入 GIF 素材的操作方法。

素材文件	光盘 \ 素材 \ 第 7 章 \7.5.3.gif
效果文件	光盘 \ 效果 \ 第 7 章 \7.5.3.fla
视频文件	光盘 \ 视频 \ 第 7 章 \7.5.3 导入 GIF 网页图像 .mp4

步骤 **01** 新建一个空白动画文档，在菜单栏中单击"文件"|"导入"|"导入到库"命令，如图 7-56 所示。

步骤 **02** 弹出"导入到库"对话框，单击"文件格式"右侧的下三角按钮，在弹出的列表框中选择"GIF 图像"选项，在"导入到库"对话框中将显示所有 GIF 格式的动画文件，在其中选择需要导入的 GIF 动画文件，如图 7-57 所示。

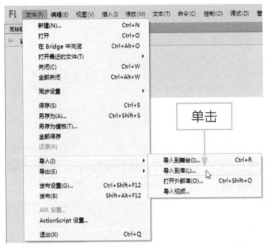

图 7-56 单击"导入到库"命令 　　　　　　　图 7-57 选择 GIF 动画文件

步骤 **03** 单击"打开"按钮，即可将选择的 GIF 动画文件导入到 Flash CC 软件的"库"面板中，在"库"面板中选择"元件 1"素材，如图 7-58 所示。

步骤 **04** 在该素材上，单击鼠标左键并拖曳至舞台中的适当位置，将 GIF 动画素材添加到舞台中，如图 7-59 所示。

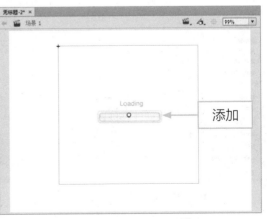

图 7-58 导入 GIF 动画文件 　　　　　　　图 7-59 将动画文件添加至舞台中

步骤 05 按【Ctrl + Enter】组合键，对舞台中的 GIF 动画文件进行输出渲染操作，在 SWF 窗口中可以预览 GIF 动画效果，如图 7-60 所示。

图 7-60 预览 GIF 动画效果

7.5.4 导入网页视频文件

在 Flash CC 工作界面中，用户可以根据需要将视频文件导入到"库"面板中。下面以导入 FLV 视频文件为例，向读者介绍导入视频文件的操作方法。

素材文件	光盘 \ 素材 \ 第 7 章 \7.5.4.flv	
效果文件	光盘 \ 效果 \ 第 7 章 \7.5.4.fla	
视频文件	光盘 \ 视频 \ 第 7 章 \7.5.4 导入网页视频文件 .mp4	

步骤 01 新建一个 Flash 文件（ActionScript 3.0），在菜单栏中，单击"文件"菜单，在弹出的菜单列表中单击"导入"|"导入视频"命令，如图 7-61 所示。

步骤 02 执行操作后，弹出"导入视频"对话框，单击"浏览"按钮，如图 7-62 所示。

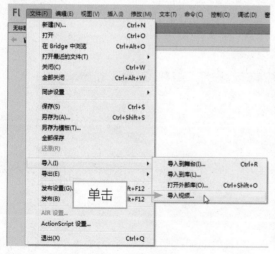 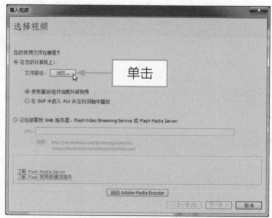

图 7-61 单击"导入视频"命令　　　　　图 7-62 单击"浏览"按钮

步骤 03 弹出"打开"对话框，在其中选择需要导入的视频文件，如图 7-63 所示。

步骤 04 展单击"打开"按钮，返回"导入视频"对话框，在"浏览"按钮下方将显示视频的导入路径，如图 7-64 所示。

图 7-63 选择需要导入的视频文件

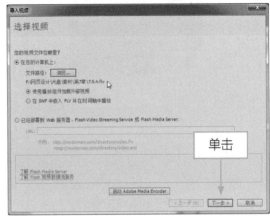

图 7-64 显示视频的导入路径

步骤 05 单击"下一步"按钮，进入"设定外观"界面，其中显示了视频文件的外观样式，如图 7-65 所示。

步骤 06 单击"下一步"按钮，进入"完成视频导入"对话框，如图 7-66 所示。

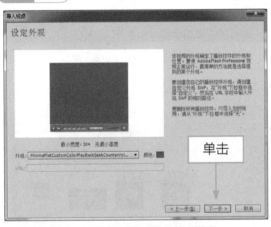

图 7-65 显示了视频文件的外观样式

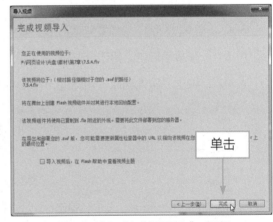

图 7-66 进入"完成视频导入"对话框

专家指点

FLV 是一种流媒体格式，它的全称为 FlashVideo，因为它具有文件容量小、加载速度快等特点，所以成为了网页中常用的一种视频格式，使网络用户可以在网页中很流畅的观看视频画面。

步骤 07 单击"完成"按钮，返回 Flash CC 工作界面，在"库"面板中显示了刚导入的视频文件，如图 7-67 所示。

步骤 08 在舞台中，可以查看导入的视频画面效果，如图 7-68 所示。

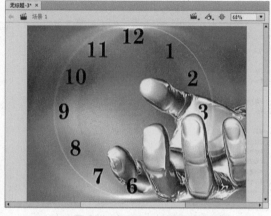

图 7-67 显示了刚导入的视频文件　　　　　　　图 7-68 查看导入的视频画面效果

7.5.5 在网页中添加音频

　　Flash 影片中的声音是通过外部声音文件导入而得到的，为影片添加背景音乐可以制作出具有吸引力的网页动画效果。下面向读者介绍在网页中添加音频的操作方法。

	素材文件	光盘 \ 素材 \ 第 7 章 \7.5.5.mp3
	效果文件	光盘 \ 效果 \ 第 7 章 \7.5.5.fla
	视频文件	光盘 \ 视频 \ 第 7 章 \7.5.5 在网页中添加音频 .mp4

步骤 01 在菜单栏中，单击"文件"|"导入"|"导入到库"命令，如图 7-69 所示。

步骤 02 弹出"导入到库"对话框，在其中选择需要导入的音频文件，如图 7-70 所示。

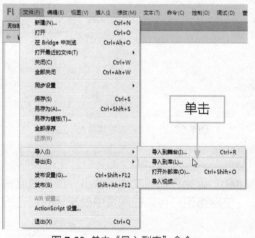

图 7-69 单击"导入到库"命令　　　　　　　　图 7-70 选择需要导入的音频

步骤 03 单击"打开"按钮，即可将音频文件导入到"库"面板中，如图 7-71 所示。

步骤 04 将音频文件拖曳至舞台中，"图层 1"第 1 帧上将显示音频的音波，如图 7-72 所示。

图 7-71 导入到"库"面板中

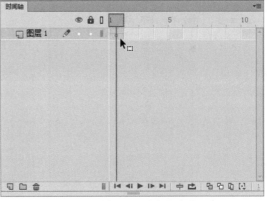

图 7-72 帧上显示音频的音波

7.5.6 为网页中的按钮添加声音

在 Flash CC 工作界面中，用户可以为按钮添加声音。为按钮添加声音后，该元件的所有实例都将具有声音。下面向读者介绍为网页中的按钮添加声音的操作方法。

素材文件	光盘 \ 素材 \ 第 7 章 \7.5.6.mp3
效果文件	光盘 \ 效果 \ 第 7 章 \7.5.6.fla
视频文件	光盘 \ 视频 \ 第 7 章 \7.5.6 为网页中的按钮添加声音 .mp4

步骤 **01** 单击"文件"|"打开"命令，打开一个素材文件，如图 **7-73** 所示。

步骤 **02** 在舞台中，选择"女歌手"按钮元件实例，如图 **7-74** 所示。

图 7-73 打开一个素材文件

图 7-74 选择按钮元件实例

步骤 **03** 双击鼠标左键，进入按钮编辑模式，此时"时间轴"面板如图 **7-75** 所示。

步骤 **04** 选择"图层 2"图层的"指针经过"帧，单击鼠标右键，在弹出的快捷菜单中选择"插入空白关键帧"选项，如图 **7-76** 所示。

步骤 **05** 执行操作后，即可在"指针经过"帧上插入空白关键帧，如图 **7-77** 所示。

步骤 **06** 用与上同样的方法，在"按下"帧上插入空白关键帧，如图 **7-78** 所示。

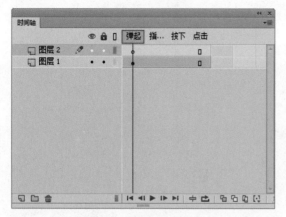

图 7-75 "时间轴"面板

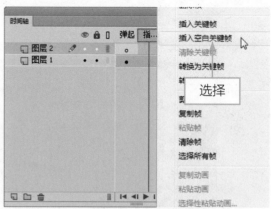

图 7-76 选择"插入空白关键帧"选项

图 7-77 插入空白关键帧 1

图 7-78 插入空白关键帧 2

步骤 07　选择"指针经过"帧，在"属性"面板的"声音"选项区中，单击"名称"右侧的下三角按钮，在弹出的列表框中选择 click.WAV 选项，如图 7-79 所示。

步骤 08　执行操作后，即可为"指针经过"帧添加声音文件，在帧上显示了音频的音波，如图 7-80 所示，完成为按钮添加声音的操作。

图 7-79 选择 click.WAV 选项

图 7-80 为"指针经过"帧添加声音

08 使用网页动画绘图工具

学习提示

本章主要向读者介绍 Flash CC 中基本工具的使用方法与技巧。在 Flash CC 中，工具栏中包含了绘制和编辑矢量图形的各种工具，主要由工具、查看、颜色和选项 4 个选区构成，用于进行矢量图形绘制和编辑的各种操作。希望读者学完本章后，可以熟练使用各类工具绘图。

本章重点导航

- 使用选择工具
- 使用套索工具
- 使用缩放工具
- 使用手形工具
- 使用铅笔工具
- 使用钢笔工具
- 使用线条工具
- 使用椭圆工具

- 使用墨水瓶工具
- 使用颜料桶工具
- 使用滴管工具
- 自由变换对象
- 扭曲对象
- 缩放对象
- 封套对象
- 旋转对象

8.1 使用网页编辑工具

在 Flash CC 中，用户可以根据需要运用图形编辑工具对图形进行简单编辑操作。常用的网页编辑工具有选择工具、部分选取工具、套索工具、缩放工具、手形工具和任意变形工具等，本书主要对这些工具进行详细的介绍。

8.1.1 使用选择工具

在 Flash CC 中，选择工具主要用来选择和移动对象，还可以改变对象的大小。通过选取工具箱中的选择工具可以选择任意对象，包括矢量、元件和位图。选择对象后，还可以对对象进行移动、改变对象的形状等操作。

选取工具箱中的选择工具 ，将鼠标指针移至需要选择的图形上，如图 8-1 所示。在图形上单击鼠标左键，即可选择图形，如图 8-2 所示。

图 8-1 移至需要选择的图形

图 8-2 选择图形对象

专家指点

在 Flash CC 中，用户对图形进行编辑之前，首先需要运用选择工具选择图形，该工具的功能非常强大，需要用户熟练掌握。

8.1.2 使用部分选取工具

在 Flash CC 中，部分选取工具是修改和调整路径的有效工具，主要用于选择线条、移动线条、编辑节点及调整节点方向等。部分选取工具是以贝塞尔曲线的方式进行编辑的，这样能方便地对路径上的控制点进行选取、拖曳、调整路径方向及删除节点等操作，使图形达到理想的效果。使用部分选取工具时，当鼠标指针的右下角为黑色的实心方框时，可以移动对象；当鼠标指针的右下角为空心方框时，可移动路径上的一个锚点。

选取工具箱中的部分选取工具 ，将鼠标移至需要选择的图形上，如图 8-3 所示。在图形上单击鼠标左键，即可选择该图形中需要编辑的图形节点，如图 8-4 所示。

图 8-3 移至需要选择的图形上

图 8-4 选择需要编辑的图形节点

8.1.3 使用套索工具

在 Flash CC 中，使用套索工具可以精确地选择不规则图形中的任意部分，多边形工具适合选择有规则的区域，魔术棒用来选择相同色块区域。

在工具箱中选取套索工具，将鼠标移至舞台中，单击鼠标左键并拖曳，如图 8-5 所示。至合适位置后释放鼠标左键，即可在图形对象中选择需要的范围，如图 8-6 所示。

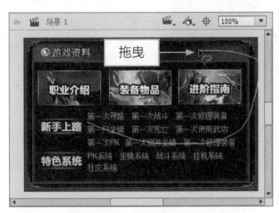

图 8-5 单击鼠标左键并拖曳

图 8-6 选择需要的范围

专家指点

在 Flash CC 中，运用套索工具选择区域时，无法对图片素材中的区域进行局部选择操作，此时用户可以先分离图片，再进行局部区域的选择操作。

8.1.4 使用缩放工具

在 Flash CC 中，缩放工具用来放大或缩小舞台的显示大小，在处理图形的细微之处时，使用缩放工具可以帮助设计者完成重要的细节设计。选取缩放工具后，在工具箱中会显示"放大"和"缩小"按钮，用户可以根据需要选择相应的按钮。

选取工具箱中的缩放工具，在工具箱底部单击"放大"按钮，将鼠标移至需要放大的图形上，此时鼠标指针呈形状，如图 8-7 所示。单击鼠标左键，即可放大图形，如图 8-8 所示。

图 8-7 移至需要放大的图形上　　　　　　　　　图 8-8 放大图形

继续使用缩放工具，在工具箱底部单击"缩小"按钮，将鼠标移至需要缩小的图形上，此时鼠标指针呈形状，如图 8-9 所示。单击鼠标左键，即可缩小图形，如图 8-10 所示。

图 8-9 移至需要缩小的图形上　　　　　　　　　图 8-10 缩小图形

8.1.5 使用手形工具

在 Flash CC 中，在动画尺寸非常大或者舞台放大的情况下，在工作区域中不能完全显示舞台中的内容时，可以使用手形工具移动舞台。

选取工具箱中的缩放工具，将图形放大，如图 8-11 所示。选取工具箱中的手形工具，将鼠标移至舞台中，此时鼠标指针呈形状，如图 8-12 所示。

图 8-11 将图形放大

图 8-12 将鼠标移至舞台中

在舞台中，单击鼠标左键并向左或向右拖曳，即可移动舞台中图像的显示位置，如图8-13所示。

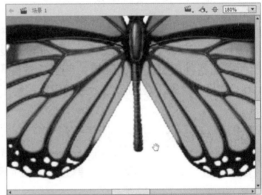

图 8-13 移动舞台中图像的显示位置

8.1.6 使用任意变形工具

在 Flash CC 中，任意变形工具用来改变和调整对象的形状。对象的变形不仅包括缩放、旋转、倾斜和反转等基本变形模式，还包括扭曲及封套等特殊变形形式。各种变形都有其特点，灵活运用可以做出很多特殊效果。

专家指点

选取工具箱中的任意变形工具后，在工具箱底部出现相应的"旋转与倾斜"按钮、"缩放"按钮、"扭曲"按钮和"封套"按钮，各按钮的含义如下。

* "旋转与倾斜"按钮 ：单击该按钮，可以对选择的对象进行旋转或倾斜操作。

* "缩放"按钮 ：单击该按钮，可以对选择的对象进行放大或缩小操作。

* "扭曲"按钮 ：单击该按钮，可以对选择的对象进行扭曲操作，该功能只对分离后的对象，即矢量图有效，且只对四角的控制点有效。

* "封套"按钮 ：单击该按钮，当前被选择的对象四周就会出现更多的控制点，可以对该对象进行更加精确的变形操作。

在舞台中选取工具箱中的任意变形工具 ，选择需要变形的图形，如图 8-14 所示。将鼠标移至右上角的变形控制点上，单击鼠标左键并拖曳，至适当位置后释放鼠标左键，即可变形图形，效果如图 8-15 所示。

<table>
<tr><td>图 8-14 选择需要变形的图形</td><td>图 8-15 变形图形后的效果</td></tr>
</table>

8.2 使用网页绘图工具

在 Flash CC 中，系统提供了一系列的矢量图形绘制工具，用户使用这些工具，就可以绘制出所需的各种矢量图形，并将绘制的矢量图形应用到动画制作中。本节主要向读者介绍使用 Flash CC 基本绘图工具的方法，主要包括铅笔工具、钢笔工具、线条工具、椭圆工具以及矩形工具等。

8.2.1 使用铅笔工具

在 Flash CC 中，使用铅笔工具绘图与使用现实生活中的铅笔绘图非常相似，铅笔工具常用于在指定的场景中绘制线条和图形。

使用铅笔工具不但可以绘制出不封闭的直线、竖线和曲线 3 种类型，还可以绘制出各种规则和不规则的封闭图形。使用铅笔工具所绘制的曲线通常不够精确，但可以通过编辑曲线对其进行修整。

专家指点

当用户选取工具箱中的铅笔工具后，单击工具箱底部的"铅笔模式"按钮，在弹出的绘图列表框中包括 3 种铅笔的绘图模式，各模式的含义如下。

* 伸直：主要进行形状识别，如果绘制出近似的正方形、圆、直线或曲线，Flash 将根据它的判断自动调整成相应规则的几何形状。

* 平滑：对有锯齿的笔触进行平滑处理。

* 墨水：可以随意地绘制出各种线条，并且不会对笔触进行任何的修改。

选取工具箱中的铅笔工具，在下方的"铅笔模式"中选择"伸直"选项，如图 8-16 所示。在"属性"面板中设置"颜色"为蓝色（#329ACC）、"笔触高度"为 5，在"样式"列表框中选择"实线"选项，如图 8-17 所示。

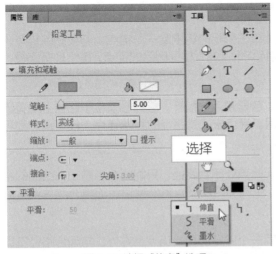

图 8-16 选择"伸直"选项

图 8-17 选择"实线"选项

在舞台中的合适位置确认起始点，单击鼠标左键并拖曳至合适位置再释放鼠标，即可绘制出直线，效果如图 8-18 所示。

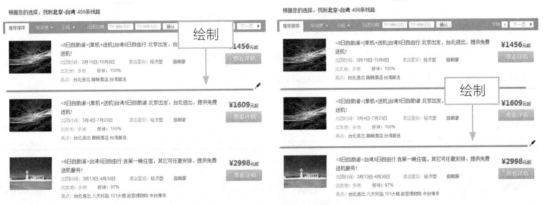

图 8-18 使用铅笔工具绘制的直线效果

8.2.2 使用钢笔工具

在 Flash CC 中，钢笔工具也是用来绘制线条的，使用钢笔工具可以精确地绘制直线和平滑的曲线，并可以分段绘制曲线的各个部分。

钢笔工具显示的不同指针反映其当前绘制状态，以下指针指示各种绘制状态。

* 初始锚点指针 ▲x：选中钢笔工具后看到的第一个指针，指示下一次在舞台上单击鼠标时将创建初始锚点，它是新路径的开始（所有新路径都以初始锚点开始），终止任何现有的绘画路径。

* 连续锚点指针 ▲：指示下一次单击鼠标时将创建一个锚点，并用一条直线与前一个锚点相连接。在创建所有用户定义的锚点（路径的初始锚点除外）时，显示此指针。

* 添加锚点指针 ▲+：指示下一次单击鼠标时将向现有路径添加一个锚点。若要添加锚点，必须选择路径，并且钢笔工具不能位于现有锚点的上方。根据其他锚点，重绘现有路径，一次只能

添加一个锚点。

* 删除锚点指针 ：指示下一次在现有路径上单击鼠标时将删除一个锚点。若要删除锚点，必须用选取工具选择路径，并且指针必须位于现有锚点的上方。根据删除的锚点，重绘现有路径，一次只能删除一个锚点。

* 连续路径指针 ：从现有锚点扩展新路径。若要激活此指针，鼠标必须位于路径上现有锚点的上方。仅在当前未绘制路径时，此指针才可用。锚点未必是路径的终端锚点，任何锚点都可以是连续路径的位置。

* 闭合路径指针 ：在用户正绘制的路径的起始点处闭合路径。只能闭合当前正在绘制的路径，并且现有锚点必须是同一个路径的起始锚点。生成的路径没有将任何指定的填充颜色设置应用于封闭形状，且单独应用填充颜色。

* 连接路径指针 ：除了鼠标指针不能位于同一个路径的初始锚点上方外，与闭合路径工具基本相同。该指针必须位于唯一路径的任一端点上方，可能选中路径段，也可能不选中路径段。

* 回缩贝塞尔手柄指针 ：当鼠标指针位于显示其贝塞尔手柄的锚点上方时显示。单击鼠标将回缩贝塞尔手柄，并使得穿过锚点的弯曲路径恢复为直线段。

* 转换锚点指针 ：将不带方向线的转角点转换为带有独立方向线的转角点。若要启用转换锚点指针，可按【Shift + C】组合键切换钢笔工具。

选取工具箱中的钢笔工具 ，在"属性"面板中设置钢笔工具的相关属性，在舞台中的合适位置单击鼠标左键并拖曳，即可使用钢笔工具绘制直线，如图 8-19 所示。

图 8-19 使用钢笔工具绘制直线

专家指点

在 Flash CC 工作界面中，在用户使用钢笔工具绘制曲线的过程中，按住【Shift】键的同时再单击鼠标左键，将绘制出一个与上一个锚点在同一垂直线或水平线上的锚点。

8.2.3 使用线条工具

在 Flash CC 中绘制图形时，线条作为重要的视觉元素，一直发挥着重要的作用，而且弧线、曲线和不规则线条都能表现出轻盈、生动的画面。

运用工具箱中的线条工具可以绘制出不同属性的线条，线条工具的使用方法与铅笔工具的使用方法一样。用户还可以选择绘制的线条，在"属性"面板的"填充和笔触"选项区中对线条的属性进行设置，如图 8-20 所示。

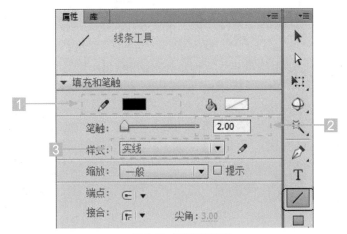

图 8-20 线条工具属性

在"属性"面板中，各主要选项含义如下。

1 "笔触颜色"色块：单击色块，在弹出的颜色面板中可以选择相应的颜色，如果预设的颜色不能满足用户的需求，可以通过单击颜色面板右上角⊙按钮，弹出"颜色"对话框，在其中可以对"笔触颜色"进行详细的设置。

2 "笔触高度"文本框：用来设置所绘制线条的粗细度，可以直接在文本框中输入笔触的高度值，也可以通过拖曳"笔触"滑块来设置笔触高度。

3 "样式"列表框：单击"样式"按钮，在弹出的列表框中选择绘制的线条样式，在 Flash CC 中，系统内置了一些常用的线条类型，如图 8-21 所示。如果系统提供的样式不能满足需要，则可单击右侧的"编辑笔触样式"按钮，弹出"笔触样式"对话框，如图 8-22 所示，在其中对选择的线条类型的属性进行相应的设置。

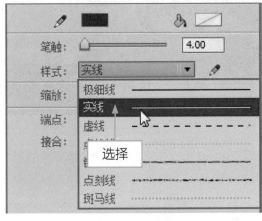

图 8-21 线条样式选择

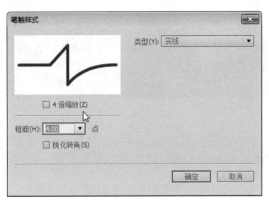

图 8-22 线条样式属性

选取工具箱中的线条工具 ，在"属性"面板中设置线条工具的相关属性，在舞台中的合适位置单击鼠标左键并拖曳，即可使用线条工具绘制直线，如图 8-23 所示。

图 8-23 使用线条工具绘制直线

8.2.4 使用椭圆工具

在 Flash CC 中，选取椭圆工具 ⬭，在"属性"面板中设置椭圆工具的色彩属性，移动鼠标至舞台中，指针形状呈"＋"形状，单击鼠标左键并进行拖曳，即可绘制出需要的椭圆。

使用椭圆工具 ⬭ 可以绘制椭圆或正圆，并可以设置椭圆或正圆的填充与线条颜色。在 Flash CC 的工具箱中有用于绘制椭圆和正圆的工具。如图 8-24 和 8-25 所示分别为正圆和椭圆效果。

图 8-24 正圆效果

图 8-25 椭圆效果

当用户选取椭圆工具后，在工具箱的"颜色"选项区中，会出现矢量边线和内部填充色的属性，其中部分属性的用法如下。

＊ 如果要绘制无外框线的椭圆，可以单击"笔触颜色"按钮 ✐▢，在颜色区中单击"没有颜色"按钮 ▨，取消外部矢量线色彩。

＊ 如果只想得到椭圆线框的效果，可以单击"填充颜色"按钮 ✧▢，在颜色区中单击"没有颜色"

按钮 ，取消内部色彩填充。

专家指点

在 Flash CC 中绘制椭圆时，按住【Shift】键拖曳鼠标可绘制圆，按住【Shift + Alt】键拖曳鼠标可绘制以鼠标拖曳起点为圆心的圆。

椭圆的轮廓色和填充色既可以在工具箱中设置，也可以在"属性"面板中设置，而椭圆轮廓的粗细和椭圆的轮廓类型只能在"属性"面板中设置。

8.2.5 使用矩形工具

在 Flash CC 中，矩形工具是几何形状绘制工具，用于创建矩形和正方形。

绘制矩形的方法很简单，用户只需要在工具箱中选取矩形工具，在舞台上拖曳鼠标，确定矩形的轮廓后，释放鼠标左键即可。用户还可以通过矩形工具对应的"属性"面板设置矩形的边框属性及填充颜色。

如图 8-26 所示为使用矩形工具在网页素材中绘制的矩形效果。

图 8-26　在网页素材中绘制的矩形效果

专家指点

在 Flash CC 中绘制矩形时，按住【Shift】键拖曳鼠标，可以绘制正方形。

8.2.6 使用多边形工具

在 Flash CC 中，多角星形工具用于绘制多边形和星形的多角星形，使用该工具，用户可以根据需要绘制出不同边数和不同大小的多边形和星形。

在默认情况下，绘制出的图形是正五边形。如果要绘制其他形状的多边形，可以单击"属性"面板中的"选项"按钮，弹出"工具设置"对话框，在该对话框中，各参数的含义如下。

＊ 样式：在"样式"列表框中，用户可以选择需要绘制图形的样式，包括"多边形"和"星形"两个选项，默认的设置为"多边形"。

＊ 边数：在该文本框中，用户可以根据需要输入绘制图形的边数，默认值为 5。

＊ 星形顶点大小：在该文本框中，可以输入需要绘制图形顶点的大小，默认值为 0.5。

选取工具箱中的多角星形工具 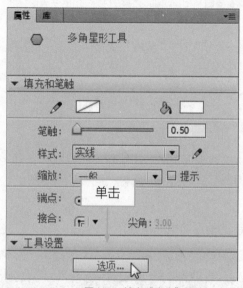，在"填充和笔触"选项区中设置"填充颜色"为白色，单击"选项"按钮，如图 8-27 所示。弹出"工具设置"对话框，在其中设置"样式"为"星形"、"边数"为 6、"星形顶点大小"为 0.1，如图 8-28 所示。

图 8-27 单击"选项"按钮

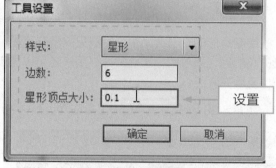

图 8-28 设置工具属性

单击"确定"按钮，将鼠标移至舞台中的适当位置，单击鼠标左键并拖曳，绘制一个多角星形，用同样的方法绘制其他的多角星形，效果如图 8-29 所示。

图 8-29 绘制其他的多角星形

8.2.7 使用刷子工具

在 Flash CC 中，使用刷子工具可以利用画笔的各种形状，为各种物体涂抹颜色。下面向读者介绍使用刷子工具绘图的操作方法。

	素材文件	光盘 \ 素材 \ 第 8 章 \8.2.7.fla
	效果文件	光盘 \ 效果 \ 第 8 章 \8.2.7.fla
	视频文件	光盘 \ 视频 \ 第 8 章 \8.2.7 使用刷子工具 .mp4

步骤 01 单击"文件"|"打开"命令，打开一个素材文件，如图 8-30 所示。

步骤 02 选取工具箱中的刷子工具，在"填充和笔触"选项区中设置"填充颜色"为黄色（#FABE00），如图 8-31 所示。

图 8-30 打开一个素材文件

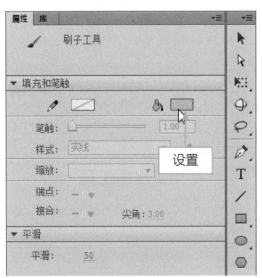

图 8-31 设置"填充颜色"为黄色

步骤 03 将鼠标移至舞台中的适当位置，单击鼠标左键并拖曳，进行涂抹和填充相关颜色区域，如图 8-32 所示。

步骤 04 用与上同样的方法，绘制其他的线条，效果如图 8-33 所示。

图 8-32 涂抹和填充相关颜色区域

图 8-33 绘制其他的线条

在 Flash CC 工具箱中选取刷子工具后，在工具箱下方单击"刷子模式"按钮，可以选择刷子的 5 种模式，各模式的含义如下。

* "标准绘画"模式：在该模式下，使用刷子工具绘制图形位于所有其他对象之上。

* "颜料填充"模式：在该模式下，使用刷子工具绘制的图形只覆盖填充图形和背景，而不覆盖线条。

* "后面绘画"模式：在该模式下，使用刷子工具绘制的图形只覆盖舞台背景，而不覆盖线条和其他填充。

* "颜料选择"模式：在该模式下，使用刷子工具绘制的图形只覆盖选定的填充。

* "内部绘画"模式：在该模式下，使用刷子工具绘制的图形只作用于下笔处的填充区域，而不覆盖其他任何对象。

8.3 使用网页填充工具

在 Flash CC 中，绘制矢量图形的轮廓线条后，通常还需要为图形填充相应的颜色。恰当的颜色填充，不但可以使图形更加精美，同时对于线条中出现的细小失误也具有一定的修补作用。填充与描边工具包括墨水瓶工具、颜料桶工具、滴管工具和渐变变形工具等，本节主要对这些工具进行详细的介绍。

8.3.1 使用墨水瓶工具

在 Flash CC 中，使用墨水瓶工具可以为绘制好的矢量线段填充颜色，也可以为指定色块加上边框，但墨水瓶工具不能对矢量色块进行填充。

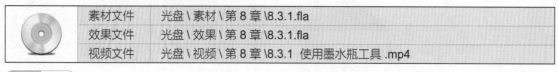

素材文件	光盘 \ 素材 \ 第 8 章 \8.3.1.fla
效果文件	光盘 \ 效果 \ 第 8 章 \8.3.1.fla
视频文件	光盘 \ 视频 \ 第 8 章 \8.3.1 使用墨水瓶工具 .mp4

步骤 01 单击"文件"|"打开"命令，打开一个素材文件，如图 8-34 所示。

步骤 02 选取工具箱中的墨水瓶工具，在"属性"面板的"填充和笔触"选项区中设置"笔触颜色"为绿色（#33FF00）、"笔触"为 13.00，如图 8-35 所示。

图 8-34 打开一个素材文件

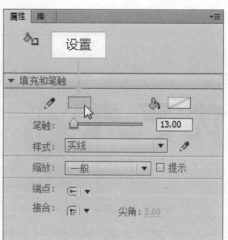

图 8-35 设置笔触颜色

步骤 03 将鼠标移至需要填充轮廓的图形上，此时鼠标指针呈 形状，如图 8-36 所示。

步骤 04 单击鼠标左键，即可填充轮廓颜色，效果如图 8-37 所示。

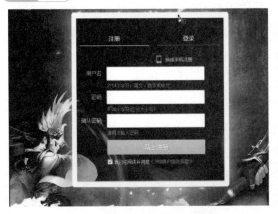
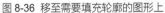

图 8-36 移至需要填充轮廓的图形上

图 8-37 填充轮廓颜色

专家指点

在 Flash CC 中，如果单击一个没有轮廓线的区域，那么墨水瓶工具将自动为该区域增加轮廓线。如果该区域有轮廓线，则会将轮廓线改为墨水瓶工具设定的样式。

8.3.2 使用颜料桶工具

在 Flash CC 软件中，颜料桶工具可以用颜色填充封闭的图形区域，它可以填充空的区域，也可以更改已涂色的区域。用户可以用纯色、渐变填充以及位图填充进行涂色。此外，用户还可以使用颜料桶工具填充未完全封闭的区域，并且可以指定在使用颜料桶工具时闭合形状轮廓中的间隙。

选取工具箱中的颜料桶工具 ，在"属性"面板的"填充和笔触"选项区中设置"填充颜色"为白色，将鼠标移至需要填充的图形对象上，单击鼠标左键，即可使用颜料桶填充图形对象，效果如图 8-38 所示。

图 8-38 使用颜料桶填充图形对象的前后对比效果

在 Flash CC 中选择颜料桶工具后，在工具箱下方出现一个"间隔大小"按钮 ◯，单击该按钮右下角的下三角按钮，弹出列表框，在其中可以设置空隙大小，各模式含义如下。

* 不封闭空隙：在该模式下，不允许有空隙，只限于封闭空隙。

* 封闭小空隙：在该模式下，允许有小空隙。

* 封闭中等空隙：在该模式下，允许有中型空隙。

* 封闭大空隙：在该模式下，允许有大空隙。

8.3.3 使用滴管工具

在 Flash CC 中，滴管工具可以吸取矢量色块属性、矢量线条属性、位图属性以及文字属性等，并可以将选择的属性应用到其他对象中。

选取工具箱中的滴管工具 ✐，将鼠标指针移至舞台中图形的合适位置，吸取白色，如图 8-39 所示。将鼠标移至需要填充的图形对象上，单击鼠标左键，即可使用颜料桶填充图形对象，如图 8-40 所示。

图 8-39 吸取白色

图 8-40 填充白色

专家指点

当用户在图形上吸取颜色后，此时鼠标指针自动变为 形状，自动切换至颜料桶工具，用户直接在需要填充的图形位置，单击鼠标左键，即可利用吸取的颜色进行填充操作。

8.3.4 使用渐变变形工具

在 Flash CC 中，运用渐变变形工具可以对已经存在的填充进行调整，包括线性渐变填充、放射状填充和位图填充。选取工具箱中的渐变变形工具 ▣，选择需要渐变的图形，调出变形框，将鼠标移至控制柄上，单击鼠标左键并拖曳，至适当位置后释放鼠标左键，即可调整渐变变形，效果如图 8-41 所示。

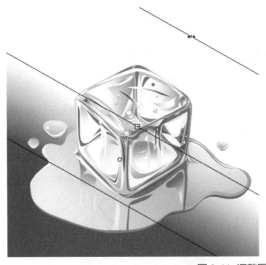

图 8-41 调整图形渐变变形效果

8.4 变形网页图形对象

在 Flash CC 中制作动画时，常常需要对绘制的对象或导入的图形进行变形操作。在 Flash CC 中，用户可以通过任意变形工具对图形对象进行旋转、缩放、倾斜等操作，对动画图形进行各种变形。

8.4.1 自由变换对象

在 Flash CC 中使用任意变形工具，可以对图形对象进行自由变换操作，包括旋转、扭曲、封套、翻转图形对象。当用户选择了需要变形的对象后，选取工具箱中的任意变形工具，即可设置对象的变形方式。

 专家指点

选择任意变形对象后，所选的对象上会出现 8 个控制点，此时用户可以进行如下操作。

＊ 将鼠标指针移至 4 个角上的控制点处，当鼠标指针呈 ⤡ 形状时，单击鼠标左键并拖曳，可以同时改变对象的宽度和高度。

＊ 将鼠标移至控制柄中心的控制点处，当鼠标指针呈 ↕ 或 ↔ 形状时，单击鼠标左键并拖曳，可以对对象进行缩放。

＊ 将鼠标指针移至 4 个角上的控制点外，当鼠标指针呈 ↻ 形状时，单击鼠标左键并拖曳，可以对对象进行旋转。

＊ 将鼠标移至边线上，当鼠标指针呈 ⇄ 或 ⥮ 形状时，单击鼠标左键并拖曳，可以对对象进行倾斜。

＊ 将鼠标移至对象上，当鼠标指针呈 ⬌ 形状时，单击鼠标左键并拖曳，可移动对象。

＊ 将鼠标移至中心点旁，当鼠标指针呈 ▶。形状时，单击鼠标左键并拖曳，可以改变中心点的位置。

素材文件	光盘 \ 素材 \ 第 8 章 \8.4.1.fla
效果文件	光盘 \ 效果 \ 第 8 章 \8.4.1.fla
视频文件	光盘 \ 视频 \ 第 8 章 \8.4.1 自由变换对象 .mp4

步骤 01 单击"文件"|"打开"命令，打开一个素材文件，如图 8-42 所示。

步骤 02 选取工具箱中的任意变形工具 ，选择需要渐变的图形，调出变形框，如图 8-43 所示。

图 8-42 打开素材文件

图 8-43 调出变形框

步骤 03 将鼠标移至需要变形的图形上，单击鼠标左键并拖曳，如图 8-44 所示。

步骤 04 执行操作后，即可变形图形对象，如图 8-45 所示。

图 8-44 拖拽鼠标

图 8-45 自由变换对象

专家指点

在菜单栏中，单击"修改"|"变形"|"任意变形"命令，也可以对选择的图形进行任意变形操作。

8.4.2 扭曲对象

在 Flash CC 中用户不但可以进行简单的变形操作，还可以使图形发生本质的改变，即对对象进行扭曲变形操作。

选取工具箱中的任意变形工具 ，选择需要扭曲的图形，调出变形框，如图 8-46 所示。单击"修改"|"变形"|"扭曲"命令，如图 8-47 所示。

图 8-46 调出变形框

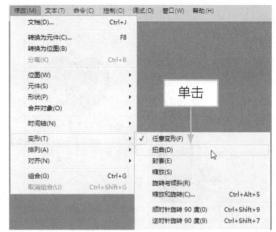

图 8-47 单击"扭曲"命令

在各控制柄上，单击鼠标左键并拖曳，如图 8-48 所示。至适当位置后，释放鼠标左键，即可扭曲对象，效果如图 8-49 所示。

图 8-48 单击鼠标左键并拖曳

图 8-49 扭曲对象后的效果

 专家指点

　　在 Flash CC 中，选取工具箱中的任意变形工具后，在工具箱底部单击"扭曲"按钮 □，也可以对图形进行扭曲变形操作。

8.4.3　缩放对象

　　在 Flash CC 中，有的图形对象大小不适合整体画面效果，这时可以通过缩放图形对象来改变图形原本的大小。

	素材文件	光盘 \ 素材 \ 第 8 章 \8.4.3.fla
	效果文件	光盘 \ 效果 \ 第 8 章 \8.4.3.fla
	视频文件	光盘 \ 视频 \ 第 8 章 \8.4.3 缩放对象 .mp4

步骤 **01** 单击"文件"|"打开"命令，打开一个素材文件，如图 8-50 所示。

步骤 02 选取工具箱中的任意变形工具 ▦，选择需要缩放的图形，如图 8-51 所示。

图 8-50 打开一个素材文件

图 8-51 选择图形

专家指点

在 Flash CC 中，选取工具箱中的选择工具，选择需要缩放的图形对象，然后单击"修改"|"变形"|"缩放"命令，也可以调出变形控制框。

步骤 03 将鼠标移至图形四周的控制柄上，单击鼠标左键并拖曳，如图 8-52 所示。

步骤 04 执行操作后，即可缩放图形对象，如图 8-53 所示。

图 8-52 拖曳鼠标

图 8-53 缩放对象

8.4.4 封套对象

在 Flash CC 中，封套图形对象可以对图形对象进行细微的调整，以弥补扭曲变形无法改变的某些细节部分。

专家指点

在 Flash CC 中，选取工具箱中的选择工具，选择需要缩放的图形对象，然后单击上方菜单中"修改"|"变形"|"封套"命令，也可以调出封套控制框。

选取工具箱中的任意变形工具，选择需要封套的图形，如图 8-54 所示。单击工具箱下的"封套"按钮 ，进行封套，执行操作后，调出封套变形控制框，如图 8-55 所示，在其中用户可根据需要对封套图形进行调整操作。

图 8-54 选择需要封套的图形

图 8-55 调出封套变形控制框

8.4.5　旋转对象

在 Flash CC 中，旋转图形对象可以将图形对象转动到一定的角度。如果需要旋转某对象，只需选择该对象，然后运用旋转功能对该对象进行旋转操作。

素材文件	光盘 \ 素材 \ 第 8 章 \8.4.5.fla
效果文件	光盘 \ 效果 \ 第 8 章 \8.4.5.fla
视频文件	光盘 \ 视频 \ 第 8 章 \8.4.5 旋转对象 .mp4

步骤 01　单击"文件"|"打开"命令，打开一个素材文件，如图 8-56 所示。

步骤 02　选取工具箱中的任意变形工具 ，选择需要旋转的图形对象，如图 8-57 所示，在工具箱下方单击"旋转与倾斜"按钮 。

图 8-56 打开素材文件

图 8-57 选择图形

步骤 03 将鼠标移至图形四周的控制柄上，单击鼠标左键并拖曳，即可旋转对象，如图 8-58 所示。

步骤 04 用同样的方法，继续对图形进行旋转操作，效果如图 8-59 所示。

图 8-58 旋转对象

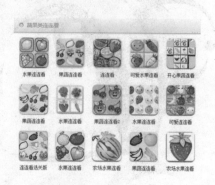

图 8-59 旋转图形后的效果

8.4.6 水平翻转对象

在 Flash CC 中，翻转图形对象可以使图形在水平或垂直方向进行翻转，而不改变图形对象在舞台上的相对位置。

选取工具箱中的任意变形工具，选择需要水平翻转的图形，如图 8-60 所示。单击"修改"|"变形"|"水平翻转"命令，即可水平翻转图形，效果如图 8-61 所示。

图 8-60 选择需要水平翻转的图形

图 8-61 水平翻转图形的效果

8.4.7 垂直翻转对象

在 Flash CC 中，用户通过"垂直翻转"命令，可以对图形文件进行垂直翻转操作。下面向读者介绍垂直翻转图形对象的操作方法。

选取工具箱中的选择工具，选择需要垂直翻转的图形，如图 8-62 所示。单击"修改"|"变

形" | "垂直翻转" 命令，即可垂直翻转图形对象，效果如图 8-63 所示。

图 8-62 选择需要垂直翻转的图形

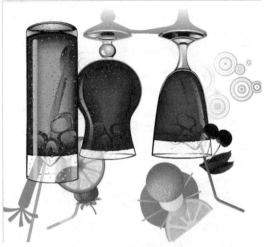

图 8-63 垂直翻转图形的效果

编辑网页动画与文本 09

学习提示

　　在 Flash CC 中，提供了编辑动画对象的各种方法，包括剪切对象、组合对象、分离对象和填充对象等，使制作的动画更加符合用户的需求。用户还可以在 Flash 中制作各种网页文本动画特效，使制作的网页更加吸引人们的眼球。本章主要向读者介绍编辑网页动画与文本的方法。

本章重点导航

- 剪切动画对象
- 删除动画对象
- 复制动画对象
- 组合动画对象
- 分离动画对象
- 纯色填充动画图形
- 线性渐变填充动画图形
- 位图填充动画图形

- 制作段落文本
- 制作动态文本
- 制作输入文本
- 制作描边文字特效
- 制作霓虹文字特效
- 制作空心字特效
- 制作浮雕字特效
- 制作文本滤镜效果

9.1 编辑网页中的动画对象

在 Flash CC 工作界面中，提供了多种方法对舞台上的图形对象进行编辑操作，包括剪切对象、删除对象、复制对象、组合对象以及分离对象等，下面分别向读者进行简单的介绍。

9.1.1 剪切动画对象

在 Flash CC 工作界面中制作动画效果时，要复制粘贴对象之前，首先应该剪切相应的对象，才能进行粘贴操作。

选取工具箱中的选择工具 ，在舞台中选择需要剪切的图形对象，如图 9-1 所示。在菜单栏中，单击"编辑"|"剪切"命令，如图 9-2 所示。

图 9-1 选择需要剪切的图形对象

图 9-2 单击"剪切"命令

还可以在舞台中需要剪切的图形对象上，单击鼠标右键，在弹出的快捷菜单中选择"剪切"选项，如图 9-3 所示。执行操作后，即可剪切舞台中选择的图形对象，效果如图 9-4 所示。

图 9-3 选择"剪切"选项

图 9-4 剪切选择的图形对象

专家指点

在 Flash CC 工作界面中，用户还可以通过以下两种方法执行"剪切"命令。

* 快捷键 1：按【Ctrl + X】组合键，执行"剪切"命令。

* 快捷键 2：单击"编辑"菜单，在弹出的菜单列表中按【T】键，也可以快速执行"剪切"命令。

9.1.2 删除动画对象

在 Flash CC 工作界面中制作动画效果时，用户有时可能需要删除多余的图形对象，下面向读者介绍删除图形的操作方法。

选取工具箱中的选择工具，在舞台中选择需要删除的图形对象，如图 9-5 所示。在菜单栏中，单击"编辑"|"清除"命令，如图 9-6 所示。

图 9-5 选择需要删除的图形对象

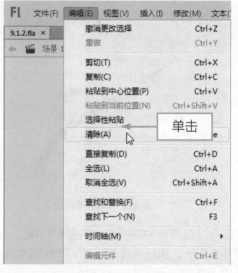

图 9-6 单击"清除"命令

专家指点

在 Flash CC 工作界面中，用户还可以通过以下 4 种方法删除图形对象。

* 快捷键 1：按【Backspace】键，删除图形。

* 快捷键 2：按【Delete】键，删除图形。

* 快捷键 3：单击"编辑"菜单，在弹出的菜单列表中按【A】键，也可以快速执行"删除"命令。

* 命令：在舞台中选择需要删除的图形对象，单击"编辑"|"剪切"命令，可以通过剪切的方式对图形进行删除操作。

还可以在"时间轴"面板中，选择需要删除图形的所在帧，在关键帧上单击鼠标右键，在弹出的快捷菜单中选择"清除帧"选项，如图 9-7 所示。执行操作后，即可删除选择的图形对象，效果如图 9-8 所示。

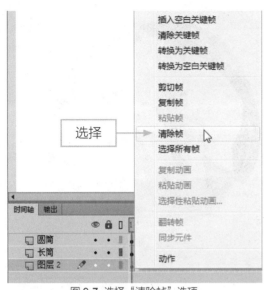

选择

图 9-7 选择"清除帧"选项　　　　　　　图 9-8 删除选择的图形对象

9.1.3 复制动画对象

在 Flash CC 工作界面中制作动画效果时，用户有时可能需要用到同样的图形对象，这时就可以通过复制图形来对图形对象进行编辑。

选取工具箱中的选择工具 ，在舞台中选择需要复制的图形对象，如图 9-9 所示。在菜单栏中，单击"编辑"|"复制"命令，如图 9-10 所示。

图 9-9 选择需要复制的图形对象　　　　　　图 9-10 单击"复制"命令

还可以在舞台中需要复制的图形对象上，单击鼠标右键，在弹出的快捷菜单中选择"复制"选项，如图 9-11 所示，即可复制图形对象。单击"编辑"|"粘贴到中心位置"命令，即可将复制的图形对象粘贴到舞台的中心位置，然后移动至合适位置，效果如图 9-12 所示。

图 9-11 选择"复制"选项   图 9-12 对图形进行粘贴操作

 专家指点

在 Flash CC 工作界面中，用户还可以通过以下两种方法执行"复制"命令。

* 快捷键 1：按【Ctrl + C】组合键，执行"复制"命令。

* 快捷键 2：单击"窗口"菜单，在弹出的菜单列表中按【C】键，也可以快速执行"复制"命令。

9.1.4 组合动画对象

在 Flash CC 中，用户可以对舞台上的图形对象进行组合操作，这样可以将图形对象作为一个整体进行统一编辑。

选取工具箱中的选择工具 ，在舞台中选择需要组合的图形对象，如图 9-13 所示。在菜单栏中，单击"修改"|"组合"命令，即可将图形对象进行组合，效果如图 9-14 所示。

图 9-13 选择需要组合的图形   图 9-14 将图形对象进行组合

专家指点

在 Flash CC 工作界面中，需要组合的图形对象可以是矢量图形、其他组合对象、元件实例或文本块等。组合后的图形对象能够被一起移动、复制、缩放和旋转等操作，这样可以节省编辑图形的时间。

9.1.5 分离动画对象

在 Flash CC 工作界面中，用户将矢量图形添加到文档后，使用"分离"命令，可以将图形进行分离操作。

选取工具箱中的选择工具 ，在舞台工作区中选择需要进行分离操作的图形对象，如图 9-15 所示。在菜单栏中，单击"修改"|"分离"命令，如图 9-16 所示。

图 9-15 选择需要分离操作的图形

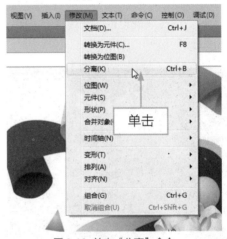
图 9-16 单击"分离"命令

还可以在舞台中需要分离的图形对象上，单击鼠标右键，在弹出的快捷菜单中选择"分离"选项，如图 9-17 所示。此时，被分离的图形将变成色块对象，效果如图 9-18 所示。

图 9-17 选择"分离"选项

图 9-18 将图形对象进行分离操作

专家指点

在 Flash CC 工作界面中，用户还可以通过以下两种方法执行"分离"命令。

* 快捷键 1：按【Ctrl + B】组合键，执行"分离"命令。

* 快捷键 2：单击"修改"菜单，在弹出的菜单列表中按【K】键，也可以快速执行"分离"命令。

9.1.6 分离文本对象

在制作动画时，常常需要分离文本，将每个字符放在一个单独的文本块中，分离之后，即可快速地将文本块分散到各个层中，然后分别制作每个文本块的动画。用户还可以将文本块转换为图形对象，以执行改变形状、擦除和其他操作。如同其他形状一样，用户可以单独将这些转化后的字符分组，或将其更改为元件并制作为动画。将文本转换为线条填充后，将不能再次编辑文本。

选取工具箱中的选择工具，在舞台工作区中选择需要进行分离操作的文本对象，如图 9-19 所示。在菜单栏中，单击"修改"|"分离"命令，如图 9-20 所示。

图 9-19 选择需要分离的文本

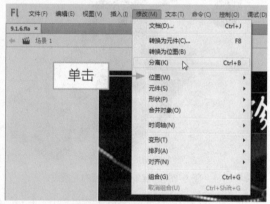

图 9-20 单击"分离"命令

执行操作后，即可将文本对象进行分离操作，显示出单独的文本块，如图 9-21 所示。再次单击"修改"|"分离"命令，即可将舞台上的文本块转换为形状，效果如图 9-22 所示。

图 9-21 显示出单独的文本块

图 9-22 将文本块转换为形状

专家指点

在 Flash CC 工作界面中，当用户对文本对象进行分离操作后，用户将不可以再使用文本工具对文本的内容进行修改，因为被完全分离后的文本已经变成了图形对象。

当用户对选择的多项文本进行分离操作时，按一次【Ctrl + B】组合键，只能将文本分离为单独的文本块；按两次【Ctrl + B】组合键，可将文本块转换为形状，并对其进行图形编辑应有的操作。

9.1.7 切割动画对象

在 Flash CC 工作界面中，可以切割的对象有矢量图形、打碎的位图和文字，不包括群组对象。下面向读者介绍切割图形对象的操作方法。

在工具箱中选取矩形工具，在"属性"面板中，设置"笔触颜色"为无、"填充颜色"为绿色（#66FF00），如图 9-23 所示。将鼠标移至舞台中的适当位置，单击鼠标左键并拖曳，即可绘制一个矩形图形，如图 9-24 所示。

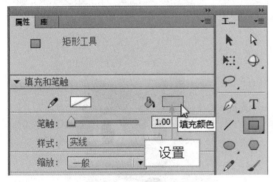

图 9-23 设置颜色属性

图 9-24 绘制一个矩形图形

选择绘制的矩形图形，单击"修改"|"分离"命令，对图形进行分离操作，选择分离后的矩形图形对象，按【Delete】键进行删除操作，即可分割图形对象，效果如图 9-25 所示。

图 9-25 分割图形对象的效果

专家指点

在 Flash CC 工作界面中，分割图形的操作主要是通过图形与图形在一起的叠加显示，用上一层的图层清除下一层的图形，从而制作出图形分割效果。

9.2 填充网页动画的颜色

在 Flash CC 工作界面中，打开"颜色"面板，在该面板中向用户提供了多种颜色填充类型，如纯色填充、线性渐变填充、径向渐变填充以及位图填充等。本节主要向读者详细介绍运用"颜色"面板填充图形颜色的操作方法。

9.2.1 纯色填充动画图形

在 Flash CC 工作界面中，使用"颜色"面板可以为要创建对象的笔触颜色或填充指定一种颜色，或对选择对象的笔触或填充颜色进行编辑。

素材文件	光盘 \ 素材 \ 第 9 章 \9.2.1.fla	
效果文件	光盘 \ 效果 \ 第 9 章 \9.2.1.fla	
视频文件	光盘 \ 视频 \ 第 9 章 \9.2.1 纯色填充动画图形 .mp4	

步骤 01 单击"文件"|"打开"命令，打开一个素材文件，如图 9-26 所示。

步骤 02 在工具箱中选取选择工具，在舞台中选中用户需要更改颜色属性的图形对象，如图 9-27 所示。

图 9-26 打开一个素材文件   图 9-27 选择部分图形对象

专家指点

在 Flash CC 工作界面的"颜色"面板中，"纯色"填充类型是"颜色"面板中的默认填充类型。

步骤 03 单击"窗口"|"颜色"命令，打开"颜色"面板，单击"线性渐变"右侧的下三角按钮，在弹出的列表框中选择"纯色"选项，如图 9-28 所示。

步骤 04 更改填充类型为"纯色"，然后更改"填充颜色"为黑色，如图 9-29 所示。

图 9-28 选择"纯色"选项

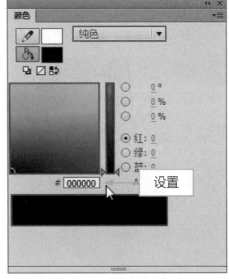

图 9-29 更改"填充颜色"为黑色

步骤 **05** 纯色设置完成后，此时舞台中的图形颜色将发生变化，如图 9-30 所示。

步骤 **06** 退出图形编辑状态，在舞台中可以查看更改颜色后的图形效果，如图 9-31 所示。

图 9-30 图形颜色将发生变化

图 9-31 查看更改颜色后的图形效果

9.2.2 线性渐变填充动画图形

在 Flash CC 中，使用"颜色"面板可以为要创建对象的笔触颜色或填充指定一种渐变色，或对选择对象的笔触或填充颜色进行渐变编辑。用户可以根据自己的需要进行颜色的选择，以达到完美的效果。

素材文件	光盘 \ 素材 \ 第 9 章 \9.2.2.fla
效果文件	光盘 \ 效果 \ 第 9 章 \9.2.2.fla
视频文件	光盘 \ 视频 \ 第 9 章 \9.2.2 线性渐变填充动画图形 .mp4

步骤 01 单击"文件"|"打开"命令，打开一个素材文件，如图 9-32 所示。

步骤 02 使用选择工具，在舞台中选中需要进行填充的图形对象，如图 9-33 所示。

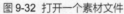

选中

图 9-32 打开一个素材文件　　　　　　　图 9-33 选中对象

步骤 03 打开"颜色"面板，在"类型"列表框中选择"线性渐变"选项，如图 9-34 所示。

步骤 04 执行操作后，"颜色"面板会随之发生变化，如图 9-35 所示。

图 9-34 选择"线性渐变"选项　　　　　图 9-35 "颜色"面板发生变化

步骤 05 在该面板中，设置下方第 1 个色标的颜色为粉红色（#FF00E0），如图 9-36 所示。

步骤 06 在第 1 个色标的右侧，单击鼠标左键，添加第 2 个色标，如图 9-37 所示。

步骤 07 在颜色预览框中，设置第 2 个色标的颜色为黄色（#FF7BEE），如图 9-38 所示。

步骤 08 在颜色预览框中，设置第 3 个色标的颜色为红色（#FF0000），如图 9-39 所示。

步骤 09 面板中的各项设置完成后，在舞台中可以查看更改图形颜色为线性渐变后的效果，如图 9-40 所示。

步骤 10 用与上同样的方法，设置右侧其他图形的颜色为线性渐变色，效果如图 9-41 所示。

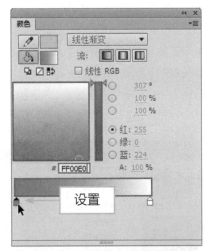

图 9-36 设置第 1 个色标的颜色

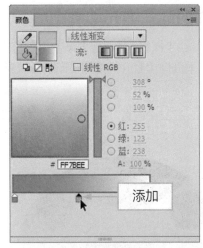

图 9-37 添加第 2 个色标

图 9-38 设置第 2 个色标的颜色

图 9-39 设置第 3 个色标的颜色

图 9-40 更改为线性渐变后的效果

图 9-41 设置其他图形为线性渐变色

9.2.3 径向渐变填充动画图形

在 Flash CC 工作界面中，径向渐变填充可以使用工具箱中的按钮和工具，也可以使用"颜色"面板来实现。下面向读者介绍使用径向渐变填充图形的操作方法。

在工具箱中选取选择工具，在舞台中选择要进行径向渐变填充的图形，如图 9-42 所示。打开"颜色"面板，在其中设置"类型"为"径向渐变"，如图 9-43 所示。

图 9-42 选择要进行径向渐变的图形   图 9-43 设置为"径向渐变"

在"颜色"面板中，添加 3 个径向渐变色标，并设置相关的颜色参数，如图 9-44 所示。执行操作后，在舞台中可以查看更改径向渐变填充后的图形最终效果，如图 9-45 所示。

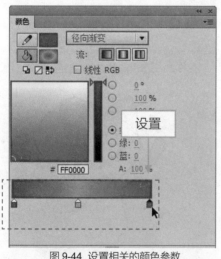

图 9-44 设置相关的颜色参数   图 9-45 查看设置径向渐变的效果

9.2.4 位图填充动画图形

在 Flash CC 工作界面中，位图填充只能使用"颜色"面板和渐变变形工具进行填充与编辑。下面向读者介绍使用位图填充图形对象的操作方法。

素材文件	光盘 \ 素材 \ 第 9 章 \9.2.4.fla、9.2.4.jpg
效果文件	光盘 \ 效果 \ 第 9 章 \9.2.4.fla
视频文件	光盘 \ 视频 \ 第 9 章 \9.2.4 位图填充动画图形 .mp4

步骤 01 单击"文件"|"打开"命令，打开一个素材文件，如图 9-46 所示。

步骤 02 在工具箱中选取选择工具，选择需要进行位图填充的图形对象，如图 9-47 所示。

图 9-46 打开一个素材文件

图 9-47 选择相应图形对象

步骤 03 打开"颜色"面板，在其中设置"类型"为"位图填充"，如图 9-48 所示。

步骤 04 在"颜色"面板中，单击"导入"按钮，如图 9-49 所示。

图 9-48 设置为"位图填充"

图 9-49 单击"导入"按钮

专家指点

在 Flash CC 工作界面的"颜色"面板中，要特别注意，若"笔触颜色"按钮 处于启动状态，则所选填充类型是专门针对所选图形的轮廓进行填充；若"填充颜色"按钮 处于启动状态，则所选填充类型是专门针对所选图形的填充区域进行填充。

另外，用户在使用位图填充图形操作时，还可以先将位图导入到"库"面板中，然后通过"颜色"面板选择库文件中的位图进行填充操作。

步骤 05 执行操作后，弹出"导入到库"对话框，如图 9-50 所示。

步骤 06 在该对话框中，选择需要导入的位图图像，如图 9-51 所示。

图 9-50 弹出"导入到库"对话框　　　　图 9-51 选择需要导入的位图图像

步骤 07 单击"打开"按钮，即可将用户选择的位图图像导入到"颜色"面板中，如图 9-52 所示。

步骤 08 此时，舞台中的图形对象已经进行了位图填充操作，效果如图 9-53 所示。

图 9-52 导入到"颜色"面板中　　　　图 9-53 位图填充后的效果

9.2.5 Alpha 值填充动画图形

在 Flash CC 工作界面中，有时需要改变图形对象的透明度，在"颜色"面板中设置颜色的 Alpha 值，即可改变图形对象的透明度。

在工具箱中选取选择工具，选择需要进行 Alpha 透明度填充的图形对象，如图 9-54 所示。单击"窗口"|"颜色"命令，打开"颜色"面板，在"线性渐变"下方单击左侧第 1 个色标，使其呈选中状态，在面板右侧的 A 数值框上，单击鼠标左键，使其呈输入状态，然后输入 0，如图 9-55 所示，是指设置第 1 个色标的图形颜色完全透明。

图 9-54 选择图形对象

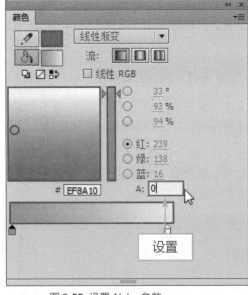

图 9-55 设置 Alpha 参数

按【Enter】键确认，此时第 1 个色标的颜色显示为透明状态，色标部分没有任何颜色，如图 9-56 所示。执行操作后，即可将舞台中选择的图形对象设置为 Alpha 透明渐变填充，效果如图 9-57 所示。

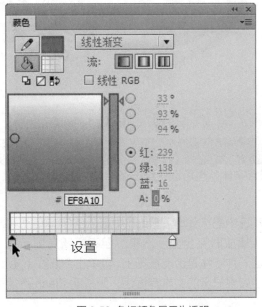

图 9-56 色标颜色显示为透明

图 9-57 设置为 Alpha 透明渐变填充效果

9.3 制作网页文本特效

动画文本和图像一样，也是非常重要并且使用非常广泛的一种对象。文字动画设计会给 Flash 动画作品增色不少。在 Flash 影片中，可以使用文本传达信息，丰富影片的表现形式，实现人机"对话"等交互行为。文本的使用大大增强了 Flash 影片的表现功能，使 Flash 影片更加精彩，并为影片的实用性提供了更多的解决方案。本节主要向读者介绍制作网页文本特效的操作方法。

9.3.1　制作普通文本

文本工具主要用于输入和设置动画中的文字，以便与图形对象组合在一起，这样能更加完美地传递各种信息，使 Flash 影片效果更佳。下面介绍制作普通文本的操作方法。

在工具箱中，选取文本工具，如图 9-58 所示。在"属性"面板中设置文本的相应属性和格式，在舞台区适当位置单击鼠标左键，创建一个文本框并输入相应文本，即可完成普通文本的创建，如图 9-59 所示。

图 9-58　选取文本工具

图 9-59　完成普通文本的创建

专家指点

在 Flash CC 中创建文本时，既可以使用嵌入字体，也可以使用设备字体，下面分别向用户介绍嵌入字体和设备字体的应用。

* 嵌入字体：在 Flash 影片中使用安装在系统中的字体时，Flash 中嵌入的字体信息将保存在 SWF 文件中，确保这些字体能在 Flash 播放时完全显示出来。但不是所有显示在 Flash 中的字体都能够与影片一起输出。为了验证一种字体是否能被导出，可单击"视图"|"预览模式"|"消除文字锯齿"命令，来预览文本。如果显示的文本有锯齿，则说明 Flash 不能识别该字体的轮廓，它不能被导出。

* 设备字体：用户创建文本时，可以指定让 Flash Player 使用设备字体来显示某些文本块，那么 Flash 就不会嵌入该文本的字体，从而可以减小影片的文件大小，而且在文本大小小于 10 磅时，可使文本更易辨认。在 Flash CC 中，包括 3 种设备字体：_sans（类似于 Helvetica 或 Arial 的字体）、_serif（类似于 Times New Roman 的字体）和 _typewriter（类似于 Courier 的字体）。

9.3.2 制作段落文本

在 Flash CC 中，用户创建段落文本时，可以先创建一个文本框，然后在文本框中输入段落文本内容即可。

选取工具箱中的文本工具，在"属性"面板中设置文本的字体格式，设置文本方向为垂直，然后在舞台区创建一个输入文本框，如图 9-60 所示。在文本框中输入相应的文本内容，即可完成段落文本的制作，效果如图 9-61 所示。

图 9-60 创建一个输入文本框

图 9-61 完成段落文本的制作

专家指点

在 Flash CC 中，运用文本工具在舞台区单击鼠标左键所创建的文本输入框，在其内输入文字时，输入框的宽度不固定，可以随着读者的输入自动扩展，如果读者要换行输入，按【Enter】键即可。

在 Flash CC 的默认情况下，使用文本工具创建的文本为静态文本，所创建的静态文本在发布的 Flash 作品中是无法修改的。

9.3.3 制作动态文本

动态文本是一种交互式的文本对象，文本会根据文本服务器的输入不断更新。用户可随时更新动态文本中的信息，即使在作品完成后也可以改变其中的信息。

素材文件	光盘 \ 素材 \ 第 9 章 \9.3.3.fla
效果文件	光盘 \ 效果 \ 第 9 章 \9.3.3.fla
视频文件	光盘 \ 视频 \ 第 9 章 \9.3.3 制作动态文本 .mp4

步骤 01 单击"文件"|"打开"命令，打开一个素材文件，如图 9-62 所示。

步骤 02 在"时间轴"面板中，选择"图层 2"图层的第 1 帧，如图 9-63 所示。

步骤 03 选取工具箱中的文本工具，在舞台区适当位置创建一个文本框，如图 9-64 所示。

步骤 04 在"属性"面板中，设置"文本类型"为"动态文本"、"实例名称"为 word、"系列"为"迷你简黄草"、"大小"为 60、"消除锯齿"为"使用设备字体"，如图 9-65 所示。

图 9-62 打开素材文件

图 9-63 选择第 1 帧

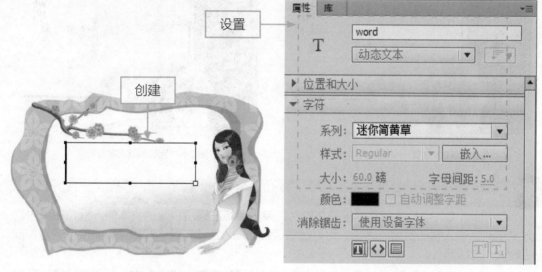

图 9-64 创建文本框

图 9-65 设置文本属性

步骤 **05** 在"时间轴"面板中，选择"图层 3"图层的第 1 帧，如图 9-66 所示。

步骤 **06** 按【F9】键，弹出"动作"面板，如图 9-67 所示。

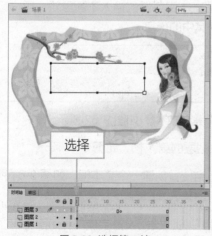

图 9-66 选择第 1 帧

图 9-67 弹出"动作"面板

步骤 07 在该面板中输入代码，如图 9-68 所示。

步骤 08 在"时间轴"面板中，选择"图层 3"图层的第 15 帧，如图 9-69 所示。

输入

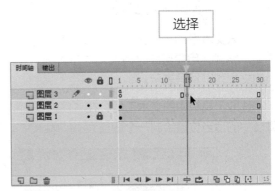

选择

图 9-68 输入代码

图 9-69 选择第 15 帧

步骤 09 按【F9】键，弹出"动作"面板，如图 9-70 所示。

步骤 10 在该面板中输入代码，如图 9-71 所示。

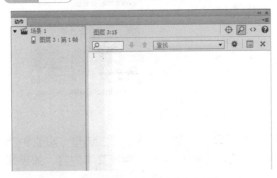

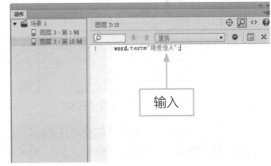

输入

图 9-70 弹出"动作"面板

图 9-71 输入代码

步骤 11 单击"控制"|"测试"命令，测试动画效果，如图 9-72 所示。

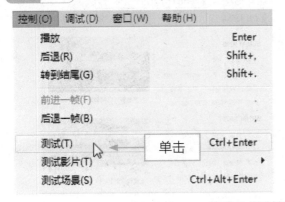

单击

图 9-72 测试创建动态文本效果

专家指点

制作本实例时，所打开的 Flash 文档必须是 ActionScript 2.0 的文档，因为 ActionScript 3.0 的 Flash 文档不可以对动态文本的变量进行设置。

9.3.4 制作输入文本

输入文本多用于申请表、留言簿等一些需要用户输入文本的表格页面，它是一种交互性运用的文本格式，用户可即时输入文本在其中。该文本类型最难得的便是有密码输入类型，即用户输入的文本均以星号表示。

选取工具箱中的文本工具，在"属性"面板中设置类型为"输入文本"，如图 9-73 所示。在舞台中的适当位置绘制一个适当大小的输入文本框，如图 9-74 所示。

图 9-73 设置类型为"输入文本"

图 9-74 绘制一个输入文本框

在"属性"面板中，单击"在文本周围显示边框"按钮 回，为输入文本框添加边框，如图 9-75 所示。单击"控制"|"测试"命令，测试影片效果，在文本框中可以输入相应文本内容，效果如图 9-76 所示。

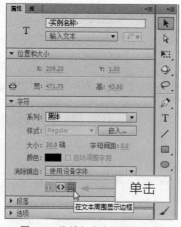

图 9-75 为输入文本框添加边框

图 9-76 输入相应文本内容

专家指点

在 Flash CC 软件中，用户可以通过以下两种方法设置字体类型。

＊ 通过面板设置：选取工具箱中的文本工具，在"属性"面板中单击"字体"下拉按钮，弹出下拉列表框，如图 9-77 所示，其中提供了多种字体样式供用户选择。

＊ 通过菜单设置：单击"文本"|"字体"命令，弹出菜单列表框，如图 9-78 所示，用户可以从中选择一种需要的字体。如果安装的字体比较多，则会在菜单的前端、末端出现三角箭头，单击该箭头，可以查看更多的字体选项并加以选择。

图 9-77 弹出下拉列表框

图 9-78 弹出菜单列表框

9.3.5 制作描边文字特效

在 Flash CC 中，制作描边文字效果可以突出文字的轮廓，使文本内容更加明显、醒目。

选取工具箱中的选择工具，选择舞台区的文本对象，如图 9-79 所示。两次单击"修改"|"分离"命令，将所选文本打散，单击舞台区任意位置，使文本属于未选择状态，选取工具箱中的墨水瓶工具，在"属性"面板中，设置"笔触颜色"为白色，将鼠标移至相应文字上方，单击鼠标左键，即可描边文字，效果如图 9-80 所示。

图 9-79 选择舞台区的文本对象

图 9-80 描边文字的效果

9.3.6　制作霓虹文字特效

霓虹效果体现了现代城市的时尚，在黑色的月夜中闪烁着耀眼的光芒，为城市的夜晚创造了美景。下面向读者介绍制作霓虹文字特效的操作方法。

在舞台中，查看需要制作霓虹特效的文本，如图 9-81 所示，使用选择工具进行选择，然后连续按两次【Ctrl + B】组合键，将其分离为单独的文本，并在"属性"面板中设置文本的不同字体颜色，如图 9-82 所示。

图 9-81　查看文本内容

图 9-82　分离为单独的文本

选取工具箱中的墨水瓶工具，在"属性"面板中设置相应的颜色参数，将鼠标移至文本上，此时鼠标指针呈 形状，多次在文本上单击鼠标左键，直至文本图形全部描边，效果如图 9-83 所示。

用户还可以在"时间轴"面板中，添加相应的关键帧，然后更改文本的颜色，使文本在播放过程中展现出多种颜色特效，如图 9-84 所示，即可完成霓虹文字特效的制作。

图 9-83　将文本图像全部描边

图 9-84　展现出多种颜色特效

9.3.7　制作空心字特效

空心字是在 Flash CC 中制作各类艺术字中最基本的文字特效，空心字是指将文字的填充内容进行清空，只留下文字描边的颜色。

素材文件	光盘 \ 素材 \ 第 9 章 \9.3.7.fla
效果文件	光盘 \ 效果 \ 第 9 章 \9.3.7.fla
视频文件	光盘 \ 视频 \ 第 9 章 \9.3.7 制作空心字特效 .mp4

步骤 01 单击"文件"|"打开"命令，打开一个素材文件，如图 9-85 所示。

步骤 02 选取工具箱中的选择工具，选择舞台区的文本对象两次单击"修改"|"分离"命令，将所选文本打散，如图 9-86 所示。

图 9-85 打开一个素材文件

图 9-86 打散文本

步骤 03 单击舞台区任意位置，使文本属于未选择状态，选取工具箱中的墨水瓶工具 ，制作描边文字，如图 9-87 所示。

步骤 04 按【Delete】键，删除描边文字内的黄色填充，即可制作空心字，效果如图 9-88 所示。

图 9-87 制作描边字

图 9-88 制作空心字

9.3.8 制作浮雕字特效

在 Flash CC 中，制作浮雕字特效时，需要设置文本的 Alpha 值参数，这样才能使文字的颜色深浅有层次感，体现出文本的浮雕特效。

素材文件	光盘 \ 素材 \ 第 9 章 \9.3.8.fla
效果文件	光盘 \ 效果 \ 第 9 章 \9.3.8.fla
视频文件	光盘 \ 视频 \ 第 9 章 \9.3.8 制作浮雕字特效 .mp4

步骤 01 单击"文件"|"打开"命令，打开一个素材文件，如图 9-89 所示。

步骤 02 选取工具箱中的选择工具，选择舞台区的文本对象，如图 9-90 所示。

图 9-89 打开一个素材文件

图 9-90 选择文本对象

步骤 03 单击鼠标右键，在弹出的快捷菜单中选择"复制"选项，单击鼠标右键，在弹出的快捷菜单中选择"粘贴到中心位置"选项，在舞台区复制所选文本，如图 9-91 所示。

步骤 04 在"颜色"面板中，设置 Alpha 为 30%，将复制的文本移至下方文本的合适位置，即可完成浮雕字的制作，效果如图 9-92 所示。

图 9-91 复制文本

图 9-92 制作浮雕字

9.3.9 制作文本滤镜效果

使用滤镜可以制作出投影、模糊、斜角、发光、渐变发光、渐变斜角和调整颜色等效果。在 Flash CC 中，单击"窗口"|"属性"|"滤镜"命令，弹出"滤镜"面板，其中是管理 Flash 滤镜的主要工具面板，用户可以在其中进行文本增加、删除和改变滤镜参数等操作。

在"滤镜"面板中，可以对选定的对象应用一个或多个滤镜。每当给对象添加一个新的滤镜后，就会将其添加到该对象所应用的滤镜的列表中。滤镜功能只适用于文本、按钮和影片剪辑。当舞台中的对象不适合滤镜功能时，"滤镜"面板中的"添加滤镜"按钮 将呈灰色不可用状态。

选取工具箱中的选择工具，选择舞台区的文本对象，如图 9-93 所示。在"属性"面板的"滤镜"选项区中,单击"添加滤镜"按钮 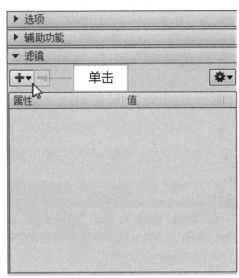,如图 9-94 所示。

图 9-93 选择舞台区的文本对象

图 9-94 单击"添加滤镜"按钮

在弹出的"滤镜"列表框中选择"投影"选项,并进行相应的设置,如图 9-95 所示。执行操作后,即可为文本添加滤镜效果,如图 9-96 所示。

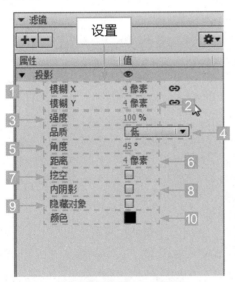

图 9-95 设置相应的投影参数

图 9-96 为文本添加滤镜效果

在"投影"滤镜效果面板中,各主要选项含义如下。

1 "模糊 X"数值框:在其中可设置投影的宽度参数。

2 "模糊 Y"数值框:在其中可设置投影的高度参数。

3 "强度"数值框:设置投影的强烈程度。数值越大,投影越暗。

4 "品质"列表框:在其中可选择投影的质量级别。质量设置为"高"时,近似与高斯模糊;

质量设置为"低"时，可以实现最佳的回放性能。

5 "角度"数值框：在其中可设置投影的角度。

6 "距离"数值框：在其中可设置投影与对象之间的距离。

7 "挖空"复选框：对目标对象的挖空显示。

8 "内阴影"复选框：可以在对象边界内应用投影。

9 "隐藏对象"复选框：可隐藏对象，并只显示其投影。

10 "颜色"按钮：在其中可以设置投影颜色。

专家指点

在"滤镜"面板中，单击"添加滤镜"按钮 ，弹出列表框，该列表框中包含投影、模糊、发光、斜角、渐变发光、渐变斜角和调整颜色等 7 种滤镜效果，应用不同的滤镜效果可以制作出不同效果的文本特效。

10 运用元件和库制作网页

学习提示

在创建和编辑 Flash 动画时，时刻都离不开元件、实例和库，它们在 Flash 动画的制作过程中发挥着重要的作用。元件是指在 Flash 中创建的图形、按钮或影片剪辑，是可以重复使用的元素，实例则是元件在场景中的具体应用。本章主要向读者介绍运用元件和库制作网页的方法。

本章重点导航

- 创建图形元件
- 创建影片剪辑元件
- 创建按钮元件
- 删除元件
- 复制元件
- 在当前位置编辑元件
- 在新窗口中编辑元件
- 在元件编辑模式下编辑元

- 创建实例
- 分离实例
- 改变实例类型
- 改变实例的颜色
- 改变实例的亮度
- 创建库元件
- 查看库元件
- 调用其他库元件

10.1 创建和使用网页动画元件

在 Flash CC 工作界面中，元件是在制作 Flash 动画的过程中不必可少的元素，它可以反复使用，因而不必重复制作相同的部分，以提高工作效率，本节主要向读者介绍创建各种元件的操作方法。

10.1.1 创建图形元件

在 Flash CC 工作界面中，图形元件是最简单的一种元件，可以作为静态图片或动画来使用，在创建图形元件时，可以先创建一个空白元件，然后添加元素到元件中。

在菜单栏中，单击"插入"菜单，在弹出的菜单列表中单击"新建元件"命令，如图 10-1 所示。弹出"创建新元件"对话框，选择一种合适的输入法，在"名称"右侧的文本框中输入元件的新名称，这里输入"动画元件"，如图 10-2 所示。

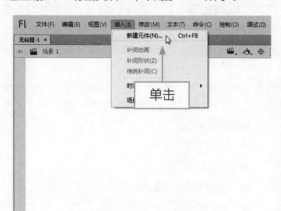

图 10-1 单击"新建元件"命令

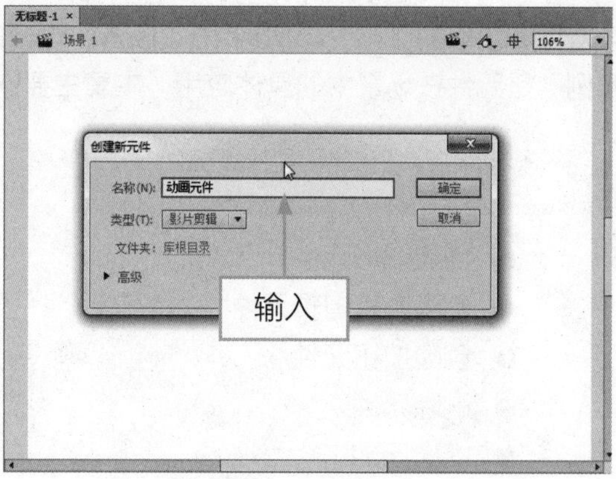

图 10-2 输入"动画元件"

在对话框中，单击"类型"右侧的下三角按钮，在弹出的列表框中选择"图形"选项，如图 10-3 所示，是指创建图形元件。单击"确定"按钮，进入图形元件编辑模式，舞台区上方显示了图形元件的名称，如图 10-4 所示。

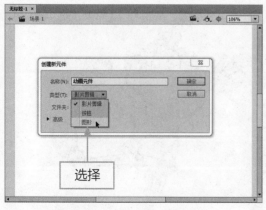

图 10-3 选择"图形"选项

图 10-4 进入图形元件编辑模式

专家指点

元件是指在 Flash 影片中创建的图形、按钮和影片剪辑，是构成动画的基础，元件包含从其他程序中导入的插图。Flash 电影中的元件就像影视剧中的演员、道具，都是具有独立身份的元素。元件可以反复使用，因而不必重复制作相同的部分，以提高工作效率。元件一旦被创建后，就会自动添加到当前库中，当元件应用到动画中后，只要对元件进行修改，动画中的元件就会自动地做出修改，在动画中运用元件可以减小动画文件的大小，提高动画的播放速度。

下面向读者介绍 3 种不同的元件类型概念。

* 图形元件：在 Flash CC 中，图形元件是最常使用的元件，对静态图像可以使用图形元件，例如矢量图和位图，它与影片的时间轴同步动作，交互式控件和声音不会在图形元件的动作序列中起作用。图形元件的图标为 。

* 影片剪辑元件：影片剪辑元件本身是一段动画，使用影片剪辑元件可创建重复使用的动画片段，并且可以独立播放。影片剪辑元件拥有自己独立于主时间轴的多帧时间轴，当播放主动画时，影片剪辑元件也在循环播放。它们包含交互式控件、声音甚至其他影片剪辑实例，也可以将影片剪辑实例放在按钮元件的"时间轴"面板内，以创建动画按钮。影片剪辑元件的图标为 ■。

* 按钮元件：按钮元件主要用于建立交互按钮，按钮的"时间轴"面板有特定的 4 帧，它们被称为状态，这 4 种状态分别为弹起、指针经过、按下和点击，用户可以在不同的状态下创建不同的内容。制作按钮，首先要制作与不同的按钮状态相关联的图形，为了使按钮有更好的效果，还可以在其中加入影片剪辑或音频文件。

通过"文件"|"导入"|"导入到库"命令，在"库"面板导入一幅素材图像，如图 10-5 所示。在选择的素材图像上，单击鼠标左键并拖曳，至舞台编辑区的适当位置后释放鼠标左键，即可创建图形元件，如图 10-6 所示。

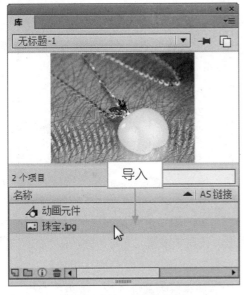

图 10-5 导入一幅素材图像

图 10-6 创建图形元件

专家指点

在 Flash CC 中，用户还可以通过以下 4 种方法弹出"创建新元件"对话框。

* 快捷键 1：按【Ctrl + F8】组合键。

* 快捷键 2：单击菜单栏中的"插入"菜单，依次按键盘上的【N】、【Enter】键。

* 按钮：在"库"面板下方，单击"新建元件"按钮 ▣。

* 选项：单击"库"面板右上角的面板菜单按钮 ▼≣，在弹出的列表框中选择"新建元件"选项。

10.1.2 创建影片剪辑元件

在 Flash CC 工作界面中，如果某一个动画片段在多个地方使用，这时可以把该动画片段制作成影片剪辑元件。和创建图形元件一样，在创建影片剪辑时，首先可以创建一个新的影片剪辑，然后在影片剪辑编辑区中对影片剪辑进行编辑。

素材文件	光盘 \ 素材 \ 第 10 章 \10.1.2.fla
效果文件	光盘 \ 效果 \ 第 10 章 \10.1.2.fla
视频文件	光盘 \ 视频 \ 第 10 章 \10.1.2 创建影片剪辑元件 .mp4

步骤 01 单击"文件"|"打开"命令，打开一个素材文件，如图 10-7 所示。

步骤 02 单击"库"面板右上角的面板菜单按钮 ▼≣，在弹出的列表框中，选择"新建元件"选项，如图 10-8 所示。

图 10-7 打开一个素材文件

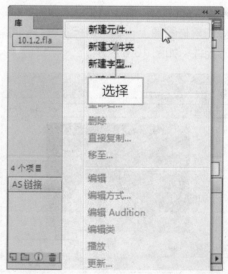

图 10-8 选择"新建元件"选项

步骤 03 执行操作后，弹出"创建新元件"对话框，在其中设置"名称"为"移动的汽车"，如图 10-9 所示。

步骤 04 单击"类型"右侧的下三角按钮，在弹出的列表框中选择"影片剪辑"选项，如图 10-10 所示。

图 10-9 设置"名称"

图 10-10 选择"影片剪辑"选项

步骤 05 单击"确定"按钮，进入影片剪辑元件编辑模式，舞台区上方显示了影片剪辑元件的名称，如图 10-11 所示。

步骤 06 在"库"面板中，选择"车"图形元件，如图 10-12 所示。

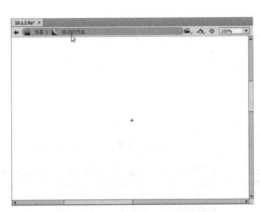

图 10-11 进入影片剪辑元件编辑模式

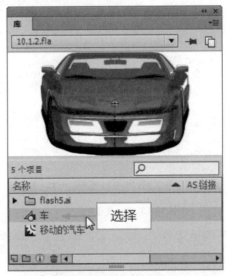

图 10-12 选择"车"图形元件

步骤 07 将"库"面板中选择的图形元件，拖曳至影片剪辑元件的舞台编辑区中，如图 10-13 所示。

步骤 08 选择"图层 1"的第 20 帧，单击鼠标右键，在弹出的快捷菜单中选择"插入关键帧"选项，如图 10-14 所示。

步骤 09 执行操作后，即可在"图层 1"的第 20 帧位置，插入关键帧，如图 10-15 所示。

步骤 10 在"时间轴"面板中，选择"图层 1"图层的第 1 帧，在舞台中适当调整元件的大小和位置，如图 10-16 所示。

步骤 11 在"图层 1"图层中的第 1 帧至第 20 帧中的任意一帧上，单击鼠标右键，在弹出的快捷菜单中选择"创建传统补间"选项，如图 10-17 所示。

步骤 12 执行操作后，即可创建传统补间动画，如图 10-18 所示。

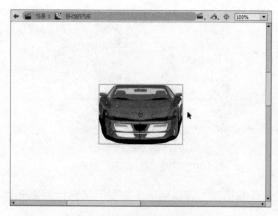

图 10-13 拖曳至舞台编辑区中

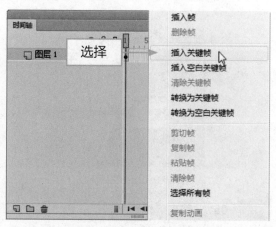

图 10-14 选择"插入关键帧"选项

图 10-15 插入关键帧

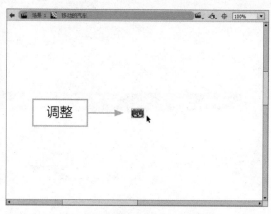

图 10-16 调整元件的大小和位置

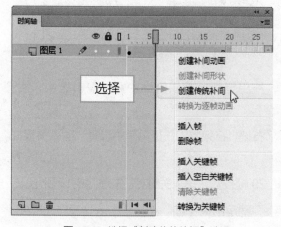

图 10-17 选择"创建传统补间"选项

图 10-18 创建传统补间动画

步骤 13 单击"场景 1"超链接，在"库"面板中，选择"移动的汽车"影片剪辑元件，如图 10-19 所示。

步骤 14 单击鼠标左键并将其拖曳至舞台中，调整影片剪辑元件至合适的位置，如图 10-20 所示。

图 10-19 选择影片剪辑元件

图 10-20 调整元件至合适的位置

步骤 15 单击"控制"|"测试"命令，测试创建的影片剪辑动画，效果如图 10-21 所示。

图 10-21 测试创建的影片剪辑动画

专家指点

在 Flash CC 工作界面中，影片剪辑元件是在主影片中嵌入的影片，可以为影片剪辑添加动画、动作、声音、其他元件以及其他影片剪辑。

10.1.3 创建按钮元件

在 Flash CC 工作界面中，用户可以在按钮中使用图形或影片剪辑元件，但不能在按钮中使用另一个按钮元件，如果要把按钮制作成动画按钮，可使用影片剪辑元件。按钮元件是一种特殊的元件，可以根据鼠标的不同状态显示不同的画面，当单击按钮时，会执行设置好的动作。

按钮元件拥有特殊的编辑环境，通过在4帧"时间轴"面板上创建关键帧，指定不同的按钮状态。按钮元件对应的帧分别为"弹起"、"指针经过"、"按下"和"点击"4帧。下面向读者介绍创建按钮元件的操作方法。

在"库"面板中的空白位置上，单击鼠标右键，在弹出的快捷菜单中选择"新建元件"选项，弹出"创建新元件"对话框，在其中设置按钮名称，并设置"类型"为"按钮"，如图10-22所示。单击"确定"按钮，即可进入按钮元件编辑模式，在"时间轴"面板中可以查看图层中的4帧，如图10-23所示。

图 10-22 设置"类型"为"按钮"　　　　图 10-23 查看图层中的 4 帧

在"库"面板中，选择"元件 1"图形元件，将选择的"元件 1"图形元件拖曳至编辑区中，如图10-24所示。选择"图层1"中的"指针经过"帧，按【F7】键，插入空白关键帧，如图10-25所示。

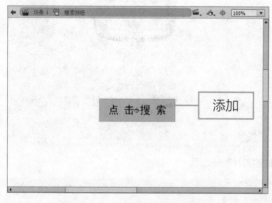
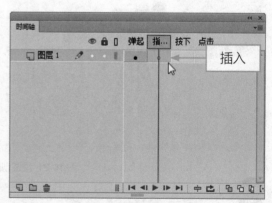

图 10-24 添加"元件 1"图形元件　　　　图 10-25 插入空白关键帧

在"库"面板中，将"元件 2"图形元件拖曳至编辑区适当位置，如图10-26所示。选择"图层 1"中的"按下"帧，按【F7】键，插入空白关键帧，如图10-27所示。

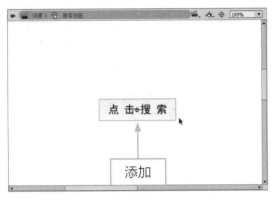

图 10-26 添加"元件 2"图形元件

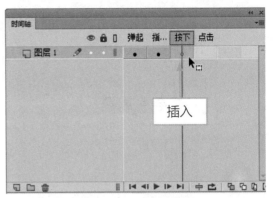

图 10-27 插入空白关键帧

在"库"面板中,将"元件 3"图形元件拖曳至编辑区适当位置,如图 10-28 所示。选择"图层 1"中的"点击"帧,单击"插入"|"时间轴"|"帧"命令,在"图层 1"的"点击"帧中,插入普通帧,如图 10-29 所示,完成按钮元件的创建。

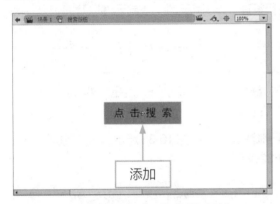

图 10-28 添加"元件 3"图形元件

图 10-29 插入普通帧

专家指点

在 Flash CC 工作界面中,按钮元件编辑模式中的各帧含义如下。

* 弹起:按钮在通常情况下呈现的状态,即鼠标没有在此按钮上或者未单击此按钮时的状态。

* 指针经过:当鼠标指针停留在该按钮上时,按钮外观发生变化。

* 按下:按钮被单击时的状态。

* 点击:这种状态下,可以定义响应按钮事件的区域范围,只有当鼠标进入到这一个区域时,按钮才开始响应鼠标的动作。另外,这一帧仅仅代表的是一个区域,并不会在动画选择时显示出来。

在 Flash CC 工作界面中,当用户创建好按钮元件后,就可以将其应用到舞台中。在"库"面板中选择创建的按钮元件,单击鼠标左键并将其拖曳至舞台中的适当位置,即可使用按钮元件,按【Ctrl + Enter】组合键,测试使用的按钮元件,效果如图 10-30 所示。

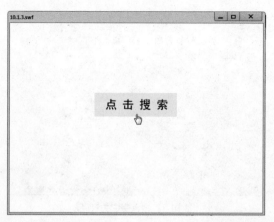 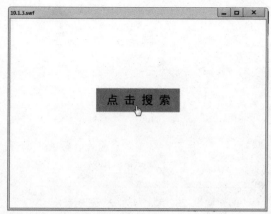

图 10-30 测试使用的按钮元件

10.2 管理网页动画元件

在 Flash CC 中创建元件后，就需要对元件进行管理，如删除元件、复制元件以及编辑元件等。本节主要向读者介绍管理元件的操作方法。

10.2.1 删除元件

在 Flash CC 工作界面中，对于舞台中多余的元件，可以直接删除，但是需要注意的是舞台中的元件被删除后，在"库"面板中该元件仍然存在。

选取工具箱中的移动工具，在舞台中选择需要删除的元件，如图 10-31 所示。单击"编辑"菜单，在弹出的菜单列表中单击"清除"命令，如图 10-32 所示。

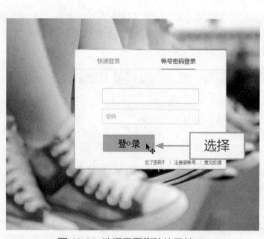

图 10-31 选择需要删除的元件

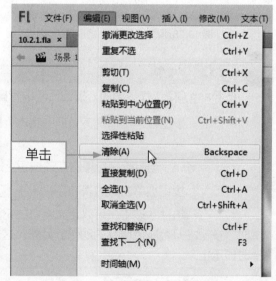

图 10-32 单击"清除"命令

执行操作后，即可清除舞台中选择的按钮元件，如图 10-33 所示。

图 10-33 清除舞台中选择的按钮元件

 专家指点

在 Flash CC 工作界面中，用户还可以通过以下两种方法删除元件。

* 快捷键 1：选择舞台中要删除的元件，按【Delete】键。

* 快捷键 2：选择舞台中要删除的元件，按【Backspace】键。

10.2.2 复制元件

在 Flash CC 工作界面中，对于需要多次使用的元件可以进行复制操作，以节省制作动画的时间，提高工作效率。

在舞台中选择需要复制的元件，如图 10-34 所示。单击"编辑"|"直接复制"命令，如图 10-35 所示。

图 10-34 选择需要复制的元件

图 10-35 单击"直接复制"命令

用户还可以在舞台中需要复制的元件上，单击鼠标右键，在弹出的快捷菜单中选择"直接复制元件"选项，如图 10-36 所示。弹出"直接复制元件"对话框，单击"确定"按钮，打开"库"面板，在其中可以查看直接复制后的元件对象，将直接复制的元件拖曳至舞台中的适当位置，进行应用并水平翻转，效果如图 10-37 所示。

图 10-36 选择"直接复制元件"选项　　　　　图 10-37 复制元件后的效果

10.2.3　在当前位置编辑元件

在 Flash CC 工作界面中编辑元件时，可以选择在当前位置编辑元件模式，此时的元件和其他对象位于同一个舞台中。

运用选择工具，在舞台中选择需要在当前位置编辑的元件，如图 10-38 所示。在菜单栏中，单击"编辑"|"在当前位置编辑"命令，如图 10-39 所示。

图 10-38 在当前位置编辑的元件

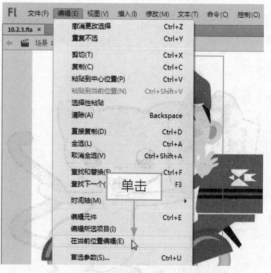

图 10-39 单击"在当前位置编辑"命令

用户还可以在舞台中选择需要在当前位置编辑的元件，单击鼠标右键，在弹出的快捷菜单中选择"在当前位置编辑"选项，如图 10-40 所示，执行操作后，即可进入当前元件编辑模式，上方显示"元件 1"窗口名称，如图 10-41 所示，在其中用户可根据需要对元件进行相关编辑操作。

图 10-40 选择"在当前位置编辑"选项

图 10-41 显示"元件 1"名称

10.2.4 在新窗口中编辑元件

在 Flash CC 工作界面中，当用户设置元件在新窗口中编辑模式后，所选元件将被放置在一个单独的窗口中进行编辑，可以同时看到该元件和时间轴，正在编辑的元件名称会显示在舞台区左上角的信息栏内。

运用选择工具，在舞台中选择需要在新窗口中编辑的元件，在选择的元件上，单击鼠标右键，在弹出的快捷菜单中选择"在新窗口中编辑"选项，如图 10-42 所示。执行操作后，即可在新的窗口中打开元件对象，如图 10-43 所示，并对元件进行编辑操作。

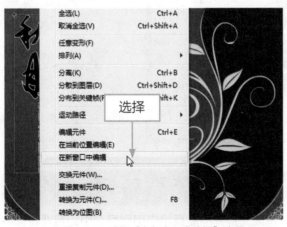

图 10-42 选择"在新窗口中编辑"选项

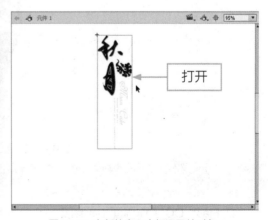

图 10-43 在新的窗口中打开元件对象

10.2.5 在元件编辑模式下编辑元件

在 Flash CC 工作界面中，除了运用以上介绍的两种方法编辑元件外，用户还可以选择在元件编辑模式下编辑元件。

运用选择工具，在舞台中选择需要编辑的元件，在菜单栏中，单击"编辑"|"编辑元件"命令，如图 10-44 所示。用户还可以在舞台中需要编辑的元件上，单击鼠标右键，在弹出的快捷菜单中选择"编辑元件"选项，如图 10-45 所示。

图 10-44 单击"编辑元件"命令　　　　图 10-45 选择"编辑元件"选项

执行操作后，即可进入元件编辑模式，舞台上方显示了元件的名称，如图 10-46 所示。

图 10-46 舞台上方显示了元件的名称

10.3 创建与编辑网页动画实例

在 Flash CC 工作界面中，创建一个元件后，该元件并不能直接应用到舞台中。若要将元件应用到舞台中，就需要创建该元件的实例对象，创建实例就是将元件从"库"面板中拖曳至舞台，实例就是元件在舞台中的具体表现，用户还可以对创建的实例进行修改。本节主要向读者介绍创建与编辑网页动画实例的操作方法。

10.3.1 创建实例

在 Flash CC 工作界面中，当用户创建好元件后，就可以在舞台中应用该元件的实例，元件只有一个，但是通过该元件可以创建多个实例。使用实例并不会明显地增加文件的大小，但是却可以有效地减少影片的创建时间，方便影片的编辑修改。

在菜单栏中，单击"窗口"|"库"命令，如图 10-47 所示。打开"库"面板，在其中选择需要使用的元件，如图 10-48 所示。

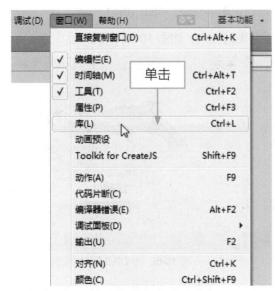

图 10-47 单击"库"命令　　　　　　　　图 10-48 选择需要使用的元件

在元件上，单击鼠标左键并拖曳至舞台中的适当位置，即可创建实例，如图 10-49 所示。此时，在"库"面板中使用过的元件的右侧，显示了"使用次数"为 1，如图 10-50 所示，表示该元件在舞台中只使用了一次。

图 10-49 创建元件的实例　　　　　　　　图 10-50 显示"使用次数"为 1

10.3.2 分离实例

在 Flash CC 工作界面中，实例不能像图形或文字那样改变填充颜色，但将实例分离后，就会切断与其他元件的关联，将其转变为形状。这时，就可以彻底的修改实例，并且不影响元件本身和该元件的其他实例。下面向读者详细介绍分离实例的操作方法。

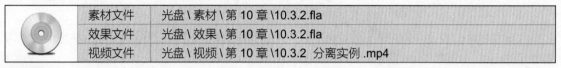

素材文件	光盘 \ 素材 \ 第 10 章 \10.3.2.fla	
效果文件	光盘 \ 效果 \ 第 10 章 \10.3.2.fla	
视频文件	光盘 \ 视频 \ 第 10 章 \10.3.2 分离实例 .mp4	

步骤 01 单击"文件"|"打开"命令，打开一个素材文件，如图 10-51 所示。

步骤 02 在舞台中，运用选择工具选择需要分离的实例，如图 10-52 所示。

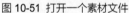

图 10-51 打开一个素材文件　　　　　　　　　图 10-52 选择需要分离的实例

步骤 03 在"库"面板中，可以查看该元件在舞台中使用的实例次数为 3 次，如图 10-53 所示。

步骤 04 在菜单栏中，单击"修改"|"分离"命令，如图 10-54 所示。

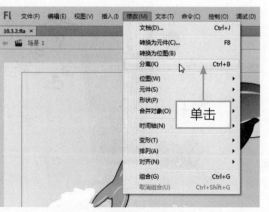

图 10-53 查看元件的使用次数　　　　　　　　　图 10-54 单击"分离"命令

步骤 05 执行操作后，即可将实例分离为多个对象，如图 10-55 所示。

步骤 06 选择舞台中被分离的水花图形，单击鼠标右键，在弹出的快捷菜单中选择"剪切"选项，如图 10-56 所示。

图 10-55 将实例分离为多个对象　　　　　　图 10-56 选择"剪切"选项

步骤 07 此时，舞台中的水花图形被剪切，只留下了海豚图形，如图 10-57 所示。

步骤 08 在"库"面板中，用户可以查看"使用次数"变为了 2 次，如图 10-58 所示，被分离的实例将不再属于元件。

图 10-57 只留下了海豚图形　　　　　　图 10-58 "使用次数"变为了 2 次

10.3.3 改变实例类型

在 Flash CC 工作界面中，当用户将元件添加至舞台中变为实例后，可以更改实例的类型，以满足不同用户的操作需求。

在舞台中，运用选择工具选择需要更改类型的实例，如图 10-59 所示。在"属性"面板的最上端，单击"实例行为"下拉按钮，在弹出的列表框中选择"影片剪辑"选项，如图 10-60 所示。

图 10-59 选择需要更改类型的实例

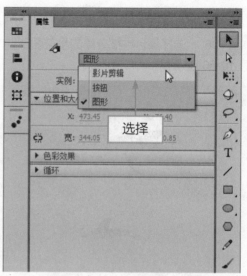

图 10-60 选择"影片剪辑"选项

执行操作后，即可更改实例的类型为"影片剪辑"，在"属性"面板下方新增了许多对影片剪辑实例的编辑方法，如图 10-61 所示。用户更改了舞台中实例的类型后，在"库"面板中该元件的类型依然是图形元件，用户不会同时更改元件的类型，如图 **10-62** 所示。

图 10-61 更改实例的类型

图 10-62 查看元件本身类型

10.3.4 改变实例的颜色

在 Flash CC 工作界面中，元件的每个实例都可以有自己的颜色效果，用户可以根据需要为实例设置相应的颜色属性。下面向读者详细介绍改变实例颜色的操作方法。

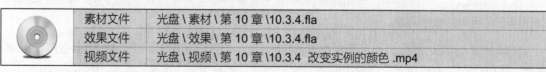

	素材文件	光盘 \ 素材 \ 第 10 章 \10.3.4.fla
	效果文件	光盘 \ 效果 \ 第 10 章 \10.3.4.fla
	视频文件	光盘 \ 视频 \ 第 10 章 \10.3.4 改变实例的颜色 .mp4

步骤 01 单击"文件"|"打开"命令，打开一个素材文件，如图 10-63 所示。

步骤 02 在舞台中，运用选择工具选择需要更改颜色的实例，如图 10-64 所示。

图 10-63 打开一个素材文件   图 10-64 选择需要更改颜色的实例

步骤 03 在"属性"面板的"色彩效果"选项区中，单击"样式"右侧的下三角按钮，在弹出的列表框中选择"色调"选项，如图 10-65 所示。

步骤 04 在"色彩效果"选项区的下方，设置相应的颜色参数，如图 10-66 所示。

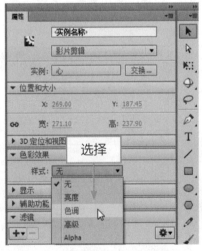 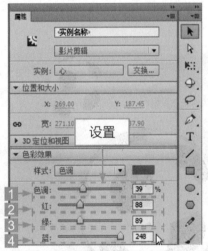

图 10-65 选择"色调"选项   图 10-66 设置相应的颜色参数

在"色彩效果"选项区中，各主要参数含义如下。

1 色调：拖曳右侧的滑块，可以设置实例的色调参数。

2 红：拖曳右侧的滑块，可以设置实例的红色调参数。

3 绿：拖曳右侧的滑块，可以设置实例的绿色调参数。

4 蓝：拖曳右侧的滑块，可以设置实例的蓝色调参数。

步骤 05 执行操作后，即可更改舞台中实例的颜色，如图 10-67 所示。

步骤 06 按【Ctrl + Enter】组合键，测试更改颜色后的图形动画效果，如图 10-68 所示。

图 10-67 更改舞台中实例的颜色　　　　　　　　　　图 10-68 测试图形动画效果

10.3.5 改变实例的亮度

在 Flash CC 工作界面中，用户不仅可以更改舞台中实例的颜色，还可以更改实例的明亮程度。下面向读者详细介绍改变实例亮度的操作方法。

在舞台中，运用选择工具选择需要更改亮度的实例，如图 10-69 所示。在"属性"面板的"色彩效果"选项区中，单击"样式"右侧的下三角按钮，在弹出的列表框中选择"亮度"选项，如图 10-70 所示。

图 10-69 选择需要更改亮度的实例

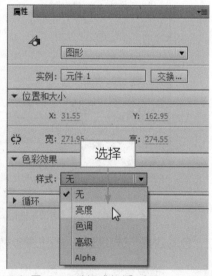

图 10-70 选择"亮度"选项

在"色彩效果"选项区的下方，设置"亮度"参数为 50，如图 10-71 所示。执行操作后，即可更改舞台中实例的亮度，效果如图 10-72 所示。

专家指点

在"色彩效果"选项区的下方，用户不仅可以通过拖曳滑块的方式设置"亮度"的参数值，还可以在右侧的数值框中输入亮度的参数值。

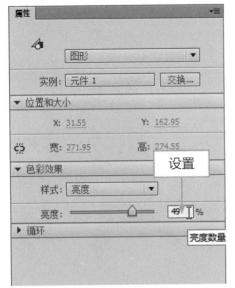

图 10-71 设置"亮度"参数为 50　　　　图 10-72 更改舞台中实例的亮度

10.3.6 改变实例高级色调

在 Flash CC 工作界面中，用户可以通过 Flash 中的"高级色调"功能，调整动画素材的颜色显示效果，下面介绍具体操作方法。

在舞台中，运用选择工具选择需要更改高级色调的实例，如图 10-73 所示。在"属性"面板的"色彩效果"选项区中，单击"样式"右侧的下三角按钮，在弹出的列表框中选择"高级"选项，如图 10-74 所示。

图 10-73 选择动画素材

图 10-74 选择"高级"选项

在"色彩效果"选项区的下方，设置高级色调的相关参数，如图 10-75 所示。执行操作后，即可更改舞台中实例的色调，效果如图 10-76 所示。

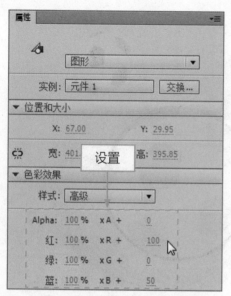

图 10-75 设置高级色调的相关参数

图 10-76 更改舞台中实例的色调

10.3.7 改变实例的透明度

在 Flash CC 工作界面中，用户可以根据需要更改实例的透明度，使舞台中的动画素材体现出不同的层次感。

在舞台中，运用选择工具选择需要更改透明度的实例，如图 10-77 所示。在"属性"面板的"色彩效果"选项区中，单击"样式"右侧的下三角按钮，在弹出的列表框中选择 Alpha 选项，如图 10-78 所示。

图 10-77 选择需要更改透明度的实例

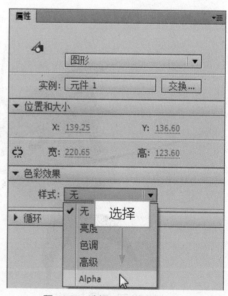

图 10-78 选择 Alpha 选项

在"色彩效果"选项区的下方，拖曳 Alpha 参数值右侧的滑块，或者直接在后面的数值框中输入 70，如图 10-79 所示。执行操作后，即可更改舞台中实例的透明度，效果如图 10-80 所示。

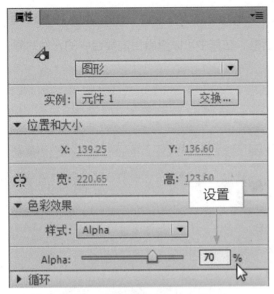

图 10-79 在数值框中输入 70　　　　　图 10-80 更改舞台中实例的透明度

10.3.8　为实例交换元件

在 Flash CC 工作界面中，当用户在舞台中创建元件的实例对象后，还可以为实例指定其他的元件，使舞台上的实例变成另一个实例，但原来的实例属性不会改变。下面向读者介绍为实例交换元件的操作方法。

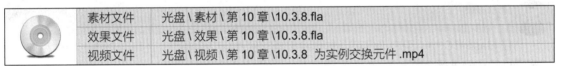

素材文件	光盘 \ 素材 \ 第 10 章 \10.3.8.fla
效果文件	光盘 \ 效果 \ 第 10 章 \10.3.8.fla
视频文件	光盘 \ 视频 \ 第 10 章 \10.3.8 为实例交换元件 .mp4

步骤 01　单击"文件"|"打开"命令，打开一个素材文件，如图 10-81 所示。

步骤 02　在舞台中，运用选择工具选择需要交换的实例，如图 10-82 所示。

图 10-81 打开一个素材文件　　　　　图 10-82 选择需要交换的实例

步骤 03 在"属性"面板中，单击"实例：小丑1"列表框右侧的"交换"按钮，如图10-83所示。

步骤 04 执行操作后，弹出"交换元件"对话框，在其中可以查看目前舞台中的元件对象，如图10-84所示。

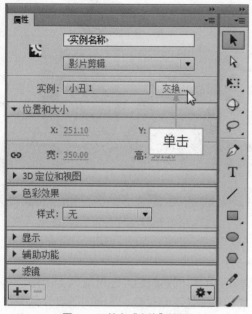

图 10-83 单击"交换"按钮

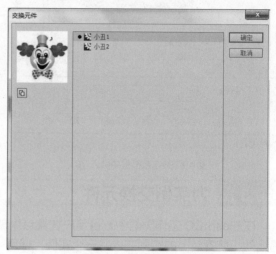

图 10-84 弹出"交换元件"对话框

专家指点

在 Flash CC 中，用户不仅可以对影片剪辑实例进行交换操作，还可以对图形元件和按钮元件的实例进行交换。

步骤 05 在该对话框的列表框中，选择需要交换后的实例，这里选择"小丑2"选项，如图10-85所示。

步骤 06 单击"确定"按钮，即可在舞台中为实例交换元件，图形效果如图10-86所示。

图 10-85 选择"小丑2"选项

图 10-86 在舞台中为实例交换元件

专家指点

在 Flash CC 工作界面中，用户还可以通过以下两种方法交换元件。

* 命令：选择需要交换的实例，单击"修改"菜单，在弹出的菜单列表中单击"元件"|"交换元件"命令，如图 10-87 所示，可以交换元件对象。

* 选项：选择需要交换的实例，单击鼠标右键，在弹出的快捷菜单中选择"交换元件"选项，如图 10-88 所示，也可以交换元件对象。

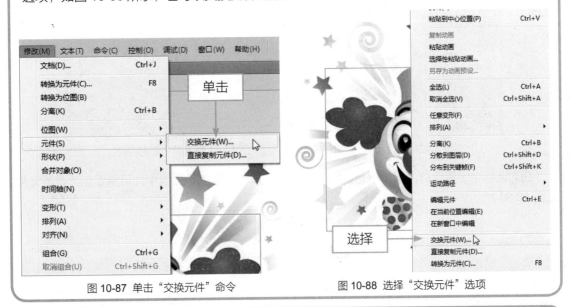

图 10-87 单击"交换元件"命令   图 10-88 选择"交换元件"选项

10.4 管理网页动画的库项目

在 Flash CC 中，元件一旦被创建后，就会自动添加到当前库中，当元件应用到动画中后，只要对元件进行修改，动画中的元件就会自动地做出修改，在动画中运用元件可以减小动画文件的大小，提高动画的播放速度。本节主要向读者介绍使用库项目的操作方法。

10.4.1 创建库元件

在 Flash CC 工作界面中，用户应用到的素材和对象，都会存在于"库"面板中，用户也可以根据需要在"库"面板中创建库元件。

 专家指点

在 Flash CC 中，"库"面板中的文件除了 Flash 影片的 3 种元件类型，还包含其他的素材文件，一个复杂的 Flash 影片中还会使用到一些位图、声音、视频以及文字字形等素材文件，每种元件将被作为独立的对象存储在元件库中，并且以对应的元件符号来显示其文件类型。

单击"窗口"菜单，在弹出的菜单列表中单击"库"命令，或者按【Ctrl + L】组合键，打开"库"面板，在面板底部单击"新建元件"按钮，如图 10-89 所示。执行操作后，弹出"创建新元件"

对话框，在其中可以查看新建元件时需要设置的相关属性，如图 10-90 所示。

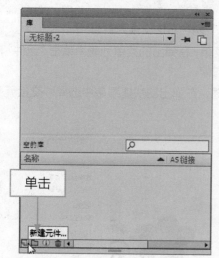

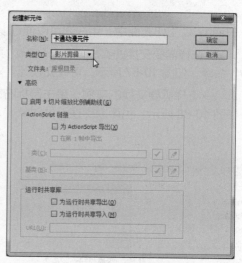

图 10-89 单击"新建元件"按钮　　　　图 10-90 查看需要设置的属性

在对话框中设置元件的相关信息后，单击"确定"按钮，在"库"面板中即可查看创建好的元件，如图 10-91 所示。

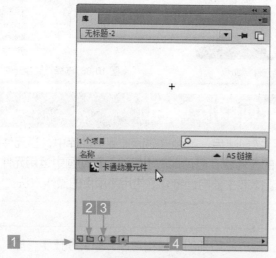

图 10-91 查看创建好的元件

在"库"面板底部的各按钮含义如下。

1 "新建元件"按钮 ：该按钮的作用相当于"插入"|"新建元件"命令，单击该按钮后，将弹出"创建新元件"对话框，在其中可以为新元件命名并选择其类型。

2 "创建文件夹"按钮 ：单击该按钮，可创建一个文件夹，对其进行重命名后可将类似或相关联的一些文件存放在该文件夹中。

3 "属性"按钮 ：用于查看和修改库中文件的属性。

4 "删除"按钮 ：用于删除库文件列表中的文件或文件夹。

10.4.2 查看库元件

在 Flash CC 工作界面中，用户可以根据需要查看"库"面板中的素材元素或元件。

在"库"面板中的图形元件名称上，单击鼠标左键，即可在面板的上方预览图形元件的画面，如图 10-92 所示。

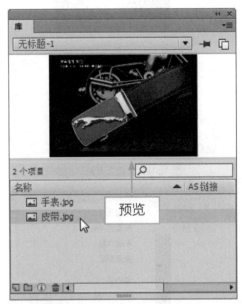

图 10-92 预览图形元件的画面

专家指点

"库"面板的名称列表框中包含了库中所有项目的名称，用户可以在工作时查看并组织这些项目，"库"面板中项目名称旁边的图标指明了该项目的文件类型。在 Flash 工作时，可以打开任意的 Flash 文档的库，并且能够将该文档的库项目应用于当前文档。

10.4.3 删除库元件

在 Flash CC 工作界面中，对于不需要使用的元件，用户可以将其删除，以节省文件的存储容量和大小，节约磁盘空间，也更加方便用户管理库项目。

在"库"面板中，选择需要删除的库元件对象，如图 10-93 所示。在选择的图形元件上，单击鼠标右键，在弹出的快捷菜单中选择"删除"选项，如图 10-94 所示。

用户还可以单击"库"面板右上角的面板属性按钮▾▤，在弹出的列表框中选择"删除"选项，如图 10-95 所示。执行操作后，即可在"库"面板中删除选择的图形元件，如图 10-96 所示。

专家指点

在 Flash CC 的"库"面板中，选择需要删除的元件，单击面板底部的"删除"按钮，也可以执行删除操作。

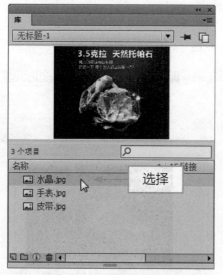

图 10-93 选择需要删除的库元件

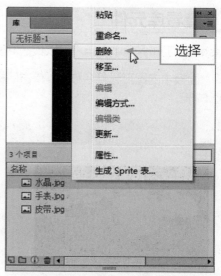

图 10-94 选择"删除"选项

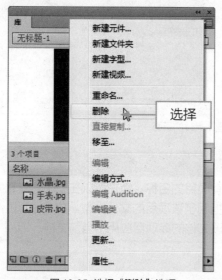

图 10-95 选择"删除"选项

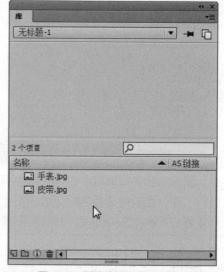

图 10-96 删除选择的图形元件

10.4.4 搜索库元件

一个 Flash 文件中一般会有多个元件，为了方便操作，用户可以运用 Flash 中的搜索功能，快速定位到需要编辑的库元件上。

在"库"面板中，单击"搜索"文本框，使其激活，如图 10-97 所示。输入"跑步"文本，系统会自动搜索到"跑步"元件，单击"跑步"图像元件，即可预览搜索到的图形元件，如图 10-98 所示。

 专家指点

用户在制作大型 Flash 动画文件时，搜索库元件的功能非常实用，建议用户熟练掌握。

图 10-97 激活"搜索"文本框

图 10-98 预览搜索到的元件

10.4.5 选择未用库元件

在制作复杂的 Flash 动画时，可能会在"库"面板中应用到很多元件，如果能够选择未使用的库元件，就可以很清楚地知道哪些库元件还没有在场景中应用。

在"库"面板中的空白位置上，单击鼠标右键，在弹出的快捷菜单中选择"选择未用项目"选项，如图 10-99 所示。用户还可以单击"库"面板右上角的面板属性按钮 ，在弹出的列表框中选择"选择未用项目"选项，如图 10-100 所示，执行操作后，即可在"库"面板中选择未使用的库元件。

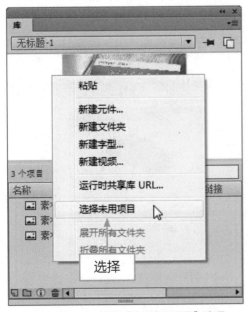

图 10-99 选择"选择未用项目"选项

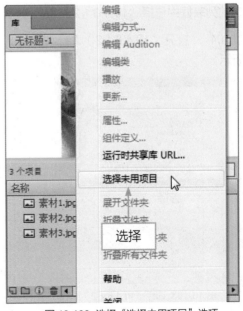

图 10-100 选择"选择未用项目"选项

10.4.6 调用其他库元件

在 Flash CC 工作界面中，用户除了可以使用当前库中的元件外，还可以调用外部库中的元件，库项目可以反复出现在影片的不同画面中。调用"库"面板中的元素非常简单，只需选中所需的项目并拖曳至舞台中的适当位置即可。

素材文件	光盘 \ 素材 \ 第 10 章 \10.4.6（1）.fla、10.4.6（2）.fla
效果文件	光盘 \ 效果 \ 第 10 章 \10.4.6.fla
视频文件	光盘 \ 视频 \ 第 10 章 \10.4.6 调用其他库元件 .mp4

步骤 01 单击"文件"|"打开"命令，打开"10.4.6（1）"素材文件，如图 10-101 所示。

步骤 02 单击"文件"|"打开"命令，打开"10.4.6（2）"素材文件，如图 10-102 所示。

图 10-101 打开"饮料"素材文件

图 10-102 打开"小伞"素材文件

步骤 03 确定"10.4.6（1）"文档为当前编辑状态，在"库"面板中单击右侧的下三角按钮，在弹出的列表框中选择"10.4.6（2）.fla"选项，如图 10-103 所示。

步骤 04 打开"10.4.6（2）.fla"文档的"库"面板，在其中选择"伞"库文件，如图 10-104 所示。

图 10-103 选择"10.4.6（2）"选项

图 10-104 选择"伞"库文件

步骤 05 单击鼠标右键，在弹出的快捷菜单中选择"复制"选项，如图 10-105 所示。

步骤 06 切换至"10.4.6（1）.fla"文档的"库"面板中，在下方空白位置上，单击鼠标右键，在弹出的快捷菜单中选择"粘贴"选项，如图 10-106 所示。

图 10-105 选择"复制"选项

图 10-106 选择"粘贴"选项

步骤 07 执行操作后，即可将"10.4.6（2）.fla"文档中的库文件调用到"10.4.6（1）.fla"文档中，如图 10-107 所示。

步骤 08 在"库"面板中，选择"伞"图形元件，将其拖曳至舞台中，并调整图形的位置，效果如图 10-108 所示。

图 10-107 调用其他文档中的库文件

图 10-108 将库项目拖曳至舞台中

10.4.7 重命名库元件

在 Flash CC 工作界面的"库"面板中，可以重命名项目，但需要注意的是，更改导入文件的库项目名称并不会更改该文件的名称。

在"库"面板中，选择需要重命名的库文件，如图 10-109 所示。单击鼠标右键，在弹出的快捷菜单中选择"重命名"选项，如图 10-110 所示。

图 10-109 选择需要重命名的库文件

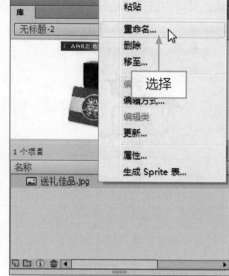

图 10-110 选择"重命名"选项

用户还可以单击"库"面板右上角的面板属性按钮 ，在弹出的列表框中选择"重命名"选项，如图 10-111 所示。执行操作后，此时库名称呈可编辑状态，重新输入库文件的新名称，按【Enter】键确认，即可完成库文件的重命名操作，效果如图 10-112 所示。

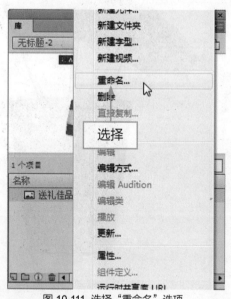

图 10-111 选择"重命名"选项

图 10-112 重新输入新名称

10.4.8 创建库文件夹

在 Flash CC 工作界面中，用户可以在"库"面板中新建库文件夹，并可以为新建的文件夹重新命名，还可以将已有的库文件移至新建的文件夹中。

在"库"面板底部，单击"新建文件夹"按钮，如图 10-113 所示。还可以单击"库"面板右上角的面板菜单按钮 ，在弹出的列表框中选择"新建文件夹"选项，如图 10-114 所示。

图 10-113 单击"新建文件夹"按钮　　　　图 10-114 选择"新建文件夹"选项

执行操作后，即可在"库"面板中新建一个文件夹，选择一种合适的输入法，设置文件夹的名称，如图 10-115 所示。将其他素材文件移至新建的文件夹中，完成库项目的管理操作，如图 10-116 所示。

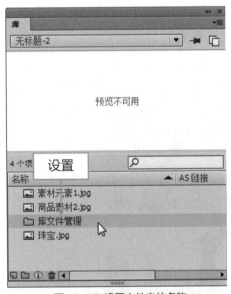

图 10-115 设置文件夹的名称

图 10-116 将库文件移至文件夹中

制作网页动画特效

11

学习提示

在前面的章节中，读者已经对 Flash 的一些基本功能有了一定的了解，而 Flash 最主要的功能是制作动画，动画是对象的尺寸、位置、颜色以及形状随时间发生变化的过程。本章主要向读者介绍制作逐帧动画、渐变动画、补间动画、引导动画以及遮罩动画的操作方法。

本章重点导航

- 导入 JPG 逐帧动画
- 导入 GIF 逐帧动画
- 制作网页逐帧动画
- 制作位移动画
- 制作旋转动画
- 制作形状渐变动画

- 制作颜色渐变动画
- 制作单个引导动画
- 制作多个引导动画
- 制作遮罩层动画
- 制作被遮罩层动画

11.1 制作网页逐帧动画

在 Flash CC 工作界面中，逐帧动画是常见的动画形式，它对制作者的绘画和动画制作能力都有较高的要求，它最适合于每一帧中都有改变的动画，而并非简单的在舞台上移动、淡入淡出、色彩变化或旋转。本节主要向读者介绍制作逐帧动画的操作方法。

11.1.1 导入 JPG 逐帧动画

用户在运用 Flash CC 制作动画的过程中，可以根据需要导入 JPG 格式的图像来制作逐帧动画。下面向读者介绍导入 JPG 格式逐帧动画的操作方法。

素材文件	光盘 \ 素材 \ 第 11 章 \11.1.1(a).jpg、11.1.1(b).jpg
效果文件	光盘 \ 效果 \ 第 11 章 \11.1.1.fla
视频文件	光盘 \ 视频 \ 第 11 章 \11.1.1 导入 JPG 逐帧动画 .mp4

步骤 **01** 单击"文件"|"新建"命令，新建一个空白的 Flash 文档，单击"文件"|"导入"|"导入到库"命令，如图 11-1 所示。

步骤 **02** 弹出"导入到库"对话框，在其中选择需要导入的图片，如图 11-2 所示。

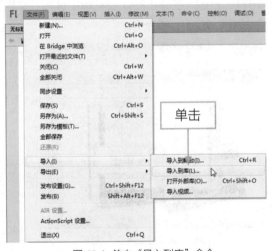

图 11-1 单击"导入到库"命令

图 11-2 选择需要导入的图片

专家指点

动画是通过迅速且连续地呈现一系列图像（形）来获得的，由于这些图像在相邻的帧之间有较小的变化（包括方向、位置、形状等变化），所以会形成动态效果。实际上，在舞台上看到的第一帧是静止的画面，只有在播放过程中以一定速度沿各帧移动时，才能从舞台上看到动画效果。

步骤 **03** 单击"打开"按钮，即可将选择的素材导入到"库"面板中，在"时间轴"面板的"图层 1"图层中，选择第 1 帧，如图 11-3 所示。

步骤 **04** 在"库"面板中，选择"11.1.1(a).jpg"位图图像，如图 11-4 所示。

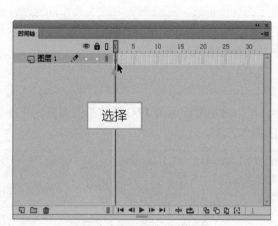

图 11-3 选择第 1 帧

图 11-4 选择相应的位图图像

步骤 05 单击鼠标左键并拖曳至舞台中的适当位置，制作第 1 帧动画，如图 11-5 所示。

步骤 06 在 在舞台区灰色背景空白位置上，单击鼠标右键，在弹出的快捷菜单中选择"文档"选项，弹出"文档设置"对话框，单击"匹配内容"按钮，如图 11-6 所示。

图 11-5 制作第 1 帧动画

图 11-6 单击"匹配内容"按钮

步骤 07 单击"确定"按钮，设置舞台区尺寸，在"时间轴"面板的"图层 1"图层中，选择第 2 帧，按【F7】键，插入空白关键帧，如图 11-7 所示。

步骤 08 在"库"面板中，选择"11.1.1(b).jpg"位图图像，如图 11-8 所示。

步骤 09 在选择的位图上，单击鼠标左键并拖曳至舞台中的适当位置，制作第 2 帧动画，如图 11-9 所示。

步骤 10 此时，"时间轴"面板的"图层 1"中，第 1 帧和第 2 帧都变成了关键帧，表示该帧中含有动画内容，如图 11-10 所示。

步骤 11 完成 JPG 逐帧动画的导入和制作后，单击"控制"|"测试"命令，测试制作的JPG 逐帧动画效果，如图 11-11 所示。

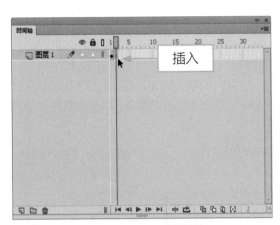

图 11-7 插入空白关键帧

图 11-8 选择相应的位图图像

图 11-9 制作第 2 帧动画

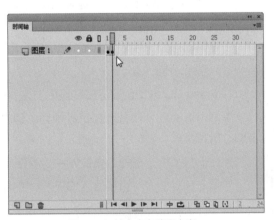

图 11-10 帧中含有动画内容

图 11-11 测试制作的逐帧动画效果

专家指点

用户在学习逐帧动画的制作前，先了解关于逐帧动画的基础知识，包括逐帧动画的特点和制作方法等。

1. 初识逐帧动画

制作逐帧动画的方法非常简单，只需要一帧一帧地绘制就可以了，关键在于动作设计及节奏的掌握。因为在逐帧动画中，每一帧的内容都不一样，所以制作时是非常烦琐的，而且最终输出的文件也很大。但它也有自己的优势，它具有非常大的灵活性，几乎可以表现任何想表现的内容，很适合表演细腻的动画，如动画片中的人物走动、转身，以及做各种动作等。

2. 逐帧动画特点

制作逐帧动画时需要在动画的每一帧中创建不同的内容。当动画播放时，Flash 就会一帧一帧地显示每帧中的内容。逐帧动画有如下特点：

＊ 逐帧动画中的每一帧都是关键帧，每个帧的内容都需要手动编辑，工作量很大，但它的优势也很明显，因为它和电影播放模式非常相似，很适合于表演很细腻的动画，如人物或动物急剧转身等效果。

＊ 逐帧动画由许多单个关键帧组合而成，每个关键帧均可独立编辑，且相邻关键帧中的对象变化不大。

＊ 逐帧动画的文件较大，不利于编辑。

3. 逐帧动画的制作方法

在 Flash CC 中，创建逐帧动画的方法有 4 种，分别如下：

＊ 导入静态图片：分别在每帧中导入静态图片，建立逐帧动画，静态图片的格式可以是 JPG、PNG 等。

＊ 绘制矢量图：在每个关键帧中，直接用 Flash 的绘图工具绘制出每一帧中的图形。

＊ 导入序列图像：直接导入 GIF 格式的序列图像，该格式的图像中包含有多个帧，导入到 Flash 中以后，将会把动画中的每一帧自动分配到每一个关键帧中。

＊ 导入 SWF 格式的动画：直接导入已经制作完成的 SWF 格式的动画，也一样可以创建逐帧动画，或者可以导入第三方软件（如 SWISH、SWIFT 3D 等）产生的动画序列。

11.1.2 导入 GIF 逐帧动画

在 Flash CC 工作界面中，导入 GIF 格式的图像与导入同一序列的 JPG 格式的图像类似，不同的是，如果将 GIF 格式的图像直接导入到舞台，则在舞台上直接生成动画；而将 GIF 格式的图像导入到"库"面板中，此时系统会自动生成一个由 GIF 格式转化的影片剪辑动画。下面向读者介绍导入 GIF 逐帧动画的操作方法。

素材文件	光盘 \ 素材 \ 第 11 章 \11.1.2.fla、11.1.2.gif	
效果文件	光盘 \ 效果 \ 第 11 章 \11.1.2.fla	
视频文件	光盘 \ 视频 \ 第 11 章 \11.1.2 导入 GIF 逐帧动画 .mp4	

步骤 01 单击"文件"|"打开"命令，打开一个素材文件，如图 11-12 所示。

步骤 02 在"时间轴"面板中，单击面板底部的"新建图层"按钮，如图 11-13 所示。

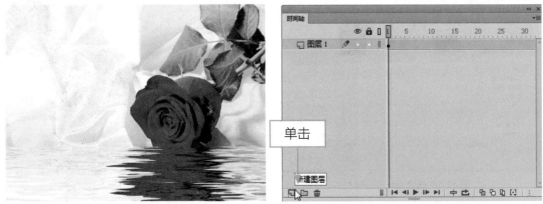

图 11-12 打开一个素材文件　　　　　　　图 11-13 单击"新建图层"按钮

步骤 03 执行操作后，即可在"时间轴"面板中新建一个图层，选择"图层 2"图层的第 1 帧，如图 11-14 所示。

步骤 04 在菜单栏中，单击"文件"|"导入"|"导入到舞台"命令，如图 11-15 所示。

图 11-14 选择"图层 2"第 1 帧

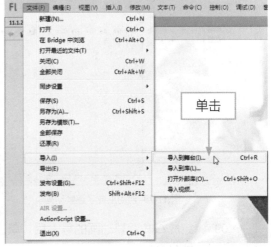

图 11-15 单击"导入到舞台"命令

步骤 05 执行操作后，弹出"导入"对话框，在其中选择需要导入的 gif 动画素材，如图 11-16 所示。

步骤 06 步骤 06 单击"打开"按钮，即可将选择的动画素材导入到舞台中，清除相应的关键帧，并调整图像位置，如图 11-17 所示。

步骤 07 此时，导入的 GIF 素材在"时间轴"面板中自动生成了多个关键帧逐帧动画，如图 11-18 所示。

步骤 08 在"库"面板中，可以查看导入的 GIF 逐帧元素，如图 11-19 所示。

图 11-16 选择 gif 动画素材

图 11-17 将动画素材导入到舞台中

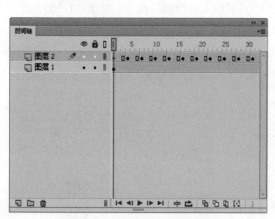

图 11-18 自动生成了逐帧动画

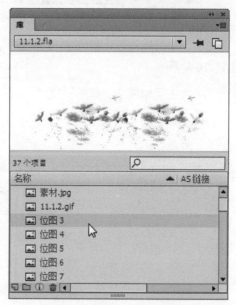

图 11-19 查看导入的 GIF 逐帧元素

步骤 09 完成 GIF 逐帧动画的导入后，单击"控制"|"测试"命令，测试制作的 GIF 逐帧动画效果，如图 11-20 所示。

图 11-20 测试制作的 GIF 逐帧动画效果

专家指点

下面向用户简单介绍制作逐帧动画过程中应注意的技巧。

1. 预先绘制草图

如果逐帧动画中的对象动作变化较多，且动作变化幅度较大（如人物快速转身等），则在制作此类动画时为了确保动作的流畅和连贯，通常应在正式制作之前绘制各关键帧动作的草图，在草图中大致确定各关键帧中图形的形状、位置、大小以及各关键帧之间因为动作变化，而需要产生变化的图形部分。在修改并最终确认草图内容后，即可参照草图对逐帧动画进行制作。

2. 修改关键帧中的图形

如果逐帧动画各关键帧中需要变化的内容不多，且变化的幅度较小，则可以选择最基本的关键帧中的图形，将其复制到其他关键帧中，然后使用选择工具和部分选取工具，并结合绘图工具对这些关键帧中的图形进行调整和修改。

制作逐帧动画时，关键帧的数量可以自行设定，各个关键帧的内容也可任意改变，只要两个相邻的关键帧上的内容连续性合理即可。

11.1.3 制作网页逐帧动画

在 Flash CC 工作界面中制作逐帧动画的过程中，运用一定的制作技巧可以快速地提高制作效率，也能使制作的逐帧动画的质量得到大幅度的提高。

	素材文件	光盘 \ 素材 \ 第 11 章 \11.1.3.fla
	效果文件	光盘 \ 效果 \ 第 11 章 \11.1.3.fla
	视频文件	光盘 \ 视频 \ 第 11 章 \11.1.3 制作网页逐帧动画 .mp4

步骤 **01** 单击"文件"|"打开"命令，打开一个素材文件，如图 11-21 所示。

步骤 **02** 选择"图层 2"图层的第 1 帧，选取文本工具，在"属性"面板中，设置文本的字体、字号以及颜色等相应属性，如图 11-22 所示。

图 11-21 打开一个素材文件

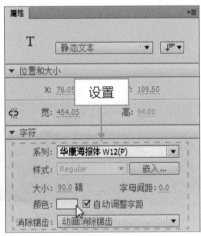

图 11-22 设置文本相应属性

步骤 **03** 在舞台中创建文本框，并在其中输入相应的文本内容，如图 11-23 所示。

步骤 **04** 选取工具箱中的任意变形工具，适当旋转文本的角度，如图 11-24 所示。

图 11-23 输入相应的文本内容

图 11-24 适当旋转文本的角度

步骤 **05** 在"时间轴"面板的"图层 2"图层中，选择第 10 帧，如图 11-25 所示。

步骤 **06** 在按【F6】键，插入关键帧，如图 11-26 所示。

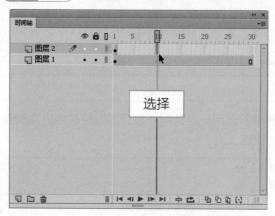

图 11-25 选择第 10 帧

图 11-26 插入关键帧

步骤 **07** 选取工具箱中的文本工具，在舞台中创建一个文本对象，如图 11-27 所示。

步骤 **08** 在"时间轴"面板的"图层 2"图层中，选择第 20 帧，如图 11-28 所示。

图 11-27 创建一个文本对象

图 11-28 选择第 20 帧

步骤 **09** 插入关键帧，选取工具箱中的文本工具，在舞台中创建一个文本对象，如图 11-29 所示。

步骤 10 用与上同样的方法，在"图层 2"图层的第 30 帧插入关键帧，创建一个文本对象，并适当旋转，如图 11-30 所示。

图 11-29 创建一个文本对象

图 11-30 适当旋转文本的角度

步骤 11 此时逐帧动画制作完成，在"时间轴"面板中可以查看制作的关键帧，如图 11-31 所示。

步骤 12 在菜单栏中，单击"文件" | "保存"命令，如图 11-32 所示。

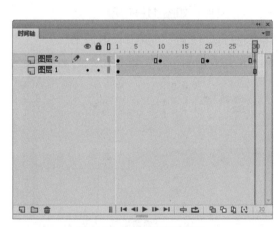

图 11-31 查看制作的关键帧

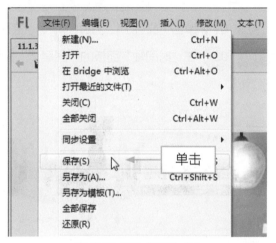

图 11-32 单击"保存"命令

步骤 13 单击"控制" | "测试"命令，测试制作的逐帧动画效果，如图 11-33 所示。

图 11-33 测试制作的逐帧动画效果

11.2 制作网页补间动画

动作补间动画就是在两个关键帧之间为某个对象建立一种运动补间关系的动画。在 Flash 动画的制作过程中，常需要制作图片的若隐若现、移动、缩放和旋转等效果，这主要通过动作补间动画来实现。本节主要向读者介绍制作动作补间动画的操作方法。

11.2.1 制作位移动画

在 Flash CC 工作界面中，位移动画特效主要通过移动图形对象的位置而创建的补间动画效果。下面向读者介绍制作位移动画的操作方法。

	素材文件	光盘 \ 素材 \ 第 11 章 \11.2.1.fla
	效果文件	光盘 \ 效果 \ 第 11 章 \11.2.1.fla
	视频文件	光盘 \ 视频 \ 第 11 章 \11.2.1 制作位移动画 .mp4

步骤 01 单击"文件"|"打开"命令，打开一个素材文件，如图 11-34 所示。

步骤 02 在"时间轴"面板的"图层 2"图层中，选择第 15 帧，如图 11-35 所示。

图 11-34 打开一个素材文件

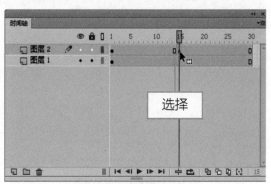

图 11-35 选择第 15 帧

步骤 03 此时，第 15 帧所对应的舞台图形会被选中，如图 11-36 所示。

步骤 04 运用移动工具，调整图形的位置，如图 11-37 所示。

图 11-36 舞台图形被选中

图 11-37 调整图形的位置

步骤 05 在"图层 2"图层的第 1 帧至第 15 帧中的任意一帧上单击鼠标右键，在弹出的快捷菜单中选择"创建传统补间"选项，如图 11-38 所示。

步骤 06 执行操作后，即可在"图层 2"图层中创建传统补间位移动画，如图 11-39 所示。

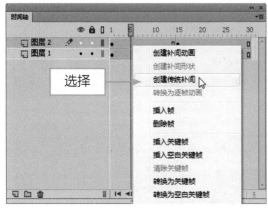

图 11-38 选择"创建传统补间"选项

图 11-39 创建传统补间位移动画

步骤 07 在菜单栏中，单击"控制"|"测试"命令，测试制作的位移动画效果，如图 11-40 所示。

图 11-40 测试制作的位移动画效果

11.2.2 制作旋转动画

在 Flash CC 工作界面中，旋转动画就是某物体围绕着一个中心轴旋转，如风车的转动、电风扇的转动等，使画面由静态变为动态。下面向读者介绍创建旋转动画的操作方法。

素材文件	光盘 \ 素材 \ 第 11 章 \11.2.2.fla
效果文件	光盘 \ 效果 \ 第 11 章 \11.2.2.fla
视频文件	光盘 \ 视频 \ 第 11 章 \11.2.2 制作旋转动画 .mp4

步骤 01 单击"文件"|"打开"命令，打开一个素材文件，如图 11-41 所示。

步骤 02 选择"风车 2"图层中的第 50 帧，按【F6】键插入关键帧，如图 11-42 所示。

步骤 03 选择"风车 2"图层中的第 1 帧至第 50 帧之间的任意一帧，单击鼠标右键，在弹出的快捷菜单中选择"创建传统补间"选项，如图 11-43 所示。

步骤 04 执行操作后，即可创建传统补间动画，如图 11-44 所示。

步骤 05 在"属性"面板"补间"选项区中的"旋转"列表框中，选择"顺时针"选项，如图 11-45 所示。

步骤 06 用相同的方法为"风车 1"和"风车 3"图层创建补间动作，如图 11-46 所示。

图 11-41 打开一个素材文件

图 11-42 插入关键帧

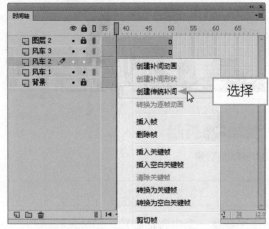

图 11-43 选择"创建传统补间"选项

图 11-44 创建传统补间

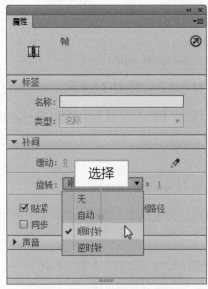

图 11-45 选择"顺时针"选项

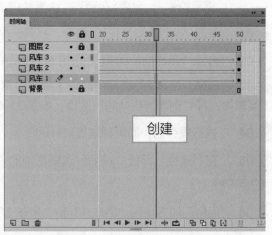

图 11-46 创建其他旋转补间动作

步骤　07　按【Ctrl + Enter】组合键测试动画，效果如图 11-47 所示。

图 11-47　测试制作的旋转动画效果

11.3　制作网页渐变动画

渐变动画包括形状渐变动画和动作渐变动画。形状渐变是基于所选择的两个关键帧中的矢量图形存在的形状、色彩和大小等差异而创建的动画效果，在两个关键帧之间以逐渐变形的图形显示。动作渐变动画是指在两个关键帧之间为某个对象建立一种运动补间关系的动画。本节主要向读者介绍制作渐变动画的操作方法。

11.3.1　制作形状渐变动画

在 Flash CC 工作界面中，形状渐变动画又称形状补间动画，是指在 Flash 的"时间轴"面板的一个关键帧中绘制一个形状，然后在另一个关键帧中更改该形状或绘制一个形状，Flash 会根据两者之间的形状来创建动画。下面向读者介绍创建形状渐变动画的操作方法。

素材文件	光盘 \ 素材 \ 第 11 章 \11.3.1.fla
效果文件	光盘 \ 效果 \ 第 11 章 \11.3.1.fla
视频文件	光盘 \ 视频 \ 第 11 章 \11.3.1　制作形状渐变动画 .mp4

步骤　01　单击"文件"|"打开"命令，打开一个素材文件，如图 11-48 所示。

步骤　02　在"时间轴"面板的"图层 2"图层中，选择第 1 帧，如图 11-49 所示。

步骤　03　在"库"面板中，选择"元件 1"图形元件，如图 11-50 所示。

步骤　04　在选择的图形元件上，单击鼠标左键并将其拖曳至舞台中的适当位置，添加元件实例，如图 11-51 所示。

步骤　05　按【Ctrl + B】组合键，将图形元件进行分离操作，如图 11-52 所示。

步骤　06　在"时间轴"面板的"图层 2"图层中，选择第 15 帧，如图 11-53 所示。

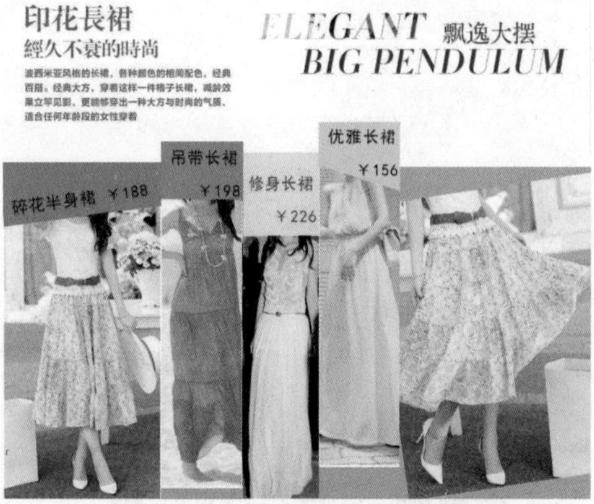

图 11-48 打开一个素材文件

图 11-49 选择第 1 帧

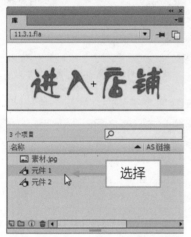

图 11-50 选择"元件 1"图形元件

图 11-51 添加元件实例

图 11-52 进行分离操作

图 11-53 选择第 15 帧

步骤 07 按【F7】键，在第 15 帧插入空白关键帧，如图 11-54 所示。

步骤 08 在"库"面板中，选择"元件 2"图形元件，如图 11-55 所示。

图 11-54 插入空白关键帧

图 11-55 选择"元件 2"图形元件

步骤 09 单击鼠标左键并将其拖曳至舞台中的适当位置，添加元件实例，如图 11-56 所示。

步骤 10 按【Ctrl + B】组合键，将图形元件进行分离操作，如图 11-57 所示。

图 11-56 添加元件实例

图 11-57 进行分离操作

步骤 11 在"图层 2"图层的第 30 帧插入普通帧，在第 1 帧至第 15 帧中的任意一帧上单击鼠标右键，在弹出的快捷菜单中选择"创建补间形状"选项，如图 11-58 所示。

步骤 12 执行操作后，即可创建补间形状，如图 11-59 所示。

图 11-58 选择"创建补间形状"选项

图 11-59 创建补间形状

步骤 13 单击"控制"|"测试"命令，测试制作的形状渐变动画效果，如图 11-60 所示。

图 11-60 测试制作的形状渐变动画效果

11.3.2 制作颜色渐变动画

在 Flash CC 工作界面中，颜色渐变运用元件特有的色彩调节方式调整颜色、亮度或透明度等，用户制作颜色渐变动画可得到色彩丰富的动画效果。

素材文件	光盘 \ 素材 \ 第 11 章 \11.3.2.fla
效果文件	光盘 \ 效果 \ 第 11 章 \11.3.2.fla
视频文件	光盘 \ 视频 \ 第 11 章 \11.3.2 制作颜色渐变动画 .mp4

步骤 01 单击"文件"|"打开"命令，打开一个素材文件，如图 11-61 所示。

步骤 02 在"时间轴"面板的"图层 2"图层中，选择第 25 帧，如图 11-62 所示。

图 11-61 打开一个素材文件

图 11-62 选择第 25 帧

步骤 03 按【F6】键，在第 25 帧处插入关键帧，如图 11-63 所示。

步骤 04 在舞台中，选择相应的元件，如图 11-64 所示。

步骤 05 在"属性"面板的"色彩效果"选项区中，单击"样式"右侧的下三角按钮，在弹出的列表框中选择"色调"选项，如图 11-65 所示。

步骤 06 在"色调"下方，设置相应颜色参数，如图 11-66 所示。

图 11-63 插入关键帧

图 11-64 选择相应的元件

图 11-65 选择"色调"选项

图 11-66 设置相应颜色参数

步骤 07 执行操作后,即可更改第 25 帧对应的舞台元件色调,如图 11-67 所示。

步骤 08 在"图层 2"图层的第 10 帧上,单击鼠标右键,在弹出的快捷菜单中选择"创建传统补间"选项,如图 11-68 所示。

图 11-67 更改舞台元件色调

图 11-68 选择"创建传统补间"选项

步骤 **09** 执行操作后，即可创建传统补间动画，如图 11-69 所示。

步骤 **10** 在菜单栏中，单击"控制"菜单，在弹出的菜单列表中单击"测试"命令，如图 11-70 所示。

图 11-69 创建传统补间动画

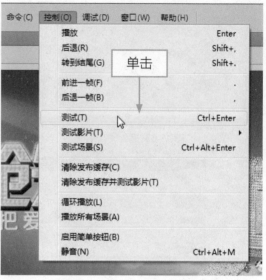

图 11-70 单击"测试"命令

步骤 **11** 执行操作后，测试制作的颜色渐变动画效果，如图 11-71 所示。

图 11-71 测试制作的颜色渐变动画效果

11.4 制作网页引导动画

在 Flash CC 工作界面中，制作运动引导动画可以使对象沿着指定的路径进行运动，在一个运动引导层下可以建立一个或多个被引导层。本节主要向读者介绍制作网页引导动画的操作方法。

11.4.1 制作单个引导动画

在 Flash CC 工作界面中，用户可以根据需要制作沿轨迹运动的单个运动引导动画。下面向读者介绍创建单个引导动画的操作方法。

素材文件	光盘 \ 素材 \ 第 11 章 \11.4.1.fla
效果文件	光盘 \ 效果 \ 第 11 章 \11.4.1.fla
视频文件	光盘 \ 视频 \ 第 11 章 \11.4.1 制作单个引导动画 .mp4

步骤 01 单击"文件"|"打开"命令，打开一个素材文件，如图 11-72 所示。

步骤 02 在"时间轴"面板中，选择"蝴蝶"图层，如图 11-73 所示。

图 11-72 打开一个素材文件

图 11-73 选择"蝴蝶"图层

步骤 03 在"蝴蝶"图层上，单击鼠标右键，在弹出的快捷菜单中选择"添加传统运动引导层"选项，如图 11-74 所示。

步骤 04 执行操作后，即可为"蝴蝶"图层添加引导层，如图 11-75 所示。

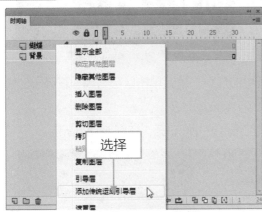

图 11-74 选择相应的选项

图 11-75 为"蝴蝶"图层添加引导层

步骤 05 选择"引导层"图层的第 1 帧，选取工具箱中的钢笔工具，在舞台中绘制一条路径，如图 11-76 所示。

步骤 06 选取工具箱中的选择工具，将舞台中的"蝴蝶"图形元件拖曳至绘制路径的开始位置，如图 11-77 所示。

步骤 07 在"蝴蝶"图层的第 30 帧，按【F6】键，添加关键帧，如图 11-78 所示。

步骤 **08** 选择舞台中的图形元件实例，将其拖曳至绘制的路径结束位置，如图 11-79 所示。

图 11-76 在舞台中绘制一条路径

图 11-77 拖曳至绘制路径的开始位置

图 11-78 添加关键帧

图 11-79 拖曳至结束位置

步骤 **09** 在"蝴蝶"图层的第 1 帧至第 30 帧中的任意一帧上单击鼠标右键，在弹出的快捷菜单中选择"创建传统补间"选项，如图 11-80 所示。

步骤 **10** 执行操作后，即可在"蝴蝶"图层中创建传统补间动画，如图 11-81 所示。

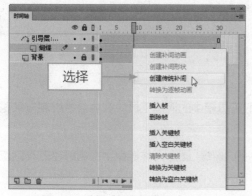

图 11-80 选择"创建传统补间"选项

图 11-81 创建传统补间动画

步骤 11 按【Ctrl + Enter】组合键测试动画，效果如图 11-82 所示。

图 11-82 测试制作的单个引导动画

11.4.2 制作多个引导动画

运用 Flash CC 制作动画的过程中，除了可以制作单个运动引导动画，还能制作多个引导动画。下面向读者详细介绍制作多个引导动画的操作方法。

素材文件	光盘 \ 素材 \ 第 11 章 \11.4.2.fla
效果文件	光盘 \ 效果 \ 第 11 章 \11.4.2.fla
视频文件	光盘 \ 视频 \ 第 11 章 \11.4.2 制作多个引导动画 .mp4

步骤 01 单击"文件" | "打开"命令，打开一个素材文件，如图 11-83 所示。

步骤 02 在"时间轴"面板中，选择"红色"图层，单击鼠标右键，在弹出的快捷菜单中选择"添加传统运动引导层"选项，添加运动引导层，如图 11-84 所示。

图 11-83 打开素材文件

图 11-84 添加运动引导层

步骤 03 选取工具箱中的钢笔工具，在舞台中绘制一条路径，如图 11-85 所示。

步骤 04 在"红色"图层的第25帧上，单击鼠标右键，在弹出的快捷菜单中选择"插入关键帧"选项，插入一个关键帧，如图11-86所示。

图 11-85 绘制路径

图 11-86 在第25帧插入关键帧

步骤 05 选择"红色"图层的第1帧，选取工具箱中的选择工具，将舞台中的"红色"图形元件拖曳至绘制路径的开始位置，如图11-87所示。

步骤 06 选择"红色"图层的第25帧，将舞台中的"红色"图形元件拖曳至绘制路径的结束位置，如图11-88所示。

图 11-87 拖曳元件至开始位置

图 11-88 拖曳元件至结束位置

步骤 07 在"红色"图层的第1帧至第25帧的任意一帧上创建传统补间动画，如图11-89所示。

步骤 08 在"属性"面板的"补间"选项区中，选中"调整到路径"复选框，如图11-90所示。

步骤 09 在"蓝色"图层的第6帧插入关键帧，将"库"面板中的"蓝色"拖曳至舞台中，并调整图形的大小，此时"时间轴"面板如图11-91所示。

步骤 10 在"蓝色"图层的第32帧按"F6"键插入关键帧，第33帧按"F7"键插入空白关键帧，如图11-92所示。

步骤 11 选择"蓝色"图层，单击鼠标左键并拖曳至"红色"图层上方，此时出现一条黑色的线条，如图11-93所示。

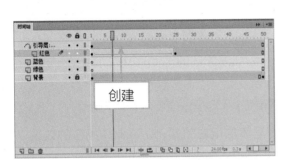

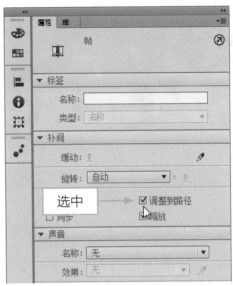

图 11-89 创建传统补间动画　　　　　　图 11-90 选中相应复选框

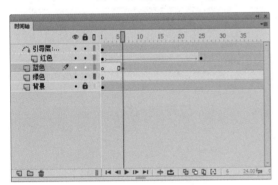

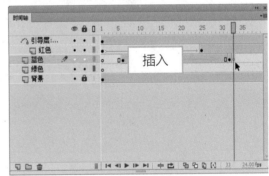

图 11-91 "时间轴"面板　　　　　　　　图 11-92 插入相应的帧

步骤 12　释放鼠标左键，即可将"蓝色"图层移至"红色"图层的上方，如图 11-94 所示。

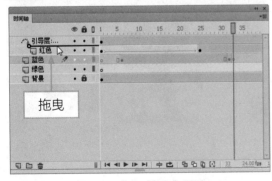

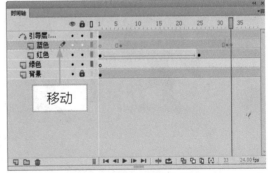

图 11-93 拖曳"蓝色"图层　　　　　　　图 11-94 移动"蓝色"图层

步骤 13　选择"蓝色"图层的第 6 帧，将舞台中相应实例移至路径的开始位置，如图 11-95 所示。

步骤 14　选择"蓝色"图层的第 32 帧，将舞台中相应的实例移至路径的结束位置，如图 11-96 所示。

图 11-95 移动实例至开始位置

图 11-96 移动实例至结束位置

步骤 15 在"蓝色"图层的关键帧之间创建传统补间动画，如图 11-97 所示。

步骤 16 使用同样的方法，为"绿色"图层添加相应的实例，并制作相应的效果，如图 11-98 所示。

图 11-97 创建传统补间动画

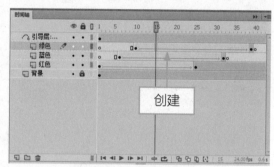

图 11-98 制作"绿色"图层

步骤 17 单击"控制"|"测试"命令，测试制作的多个引导动画，效果如图 11-99 所示。

图 11-99 测试制作的多个引导动画效果

11.5 制作网页遮罩动画

在 Flash CC 工作界面中，遮罩层和被遮罩层是相互关联的图层，遮罩层可以将图层遮住，在遮罩层中对象的位置显示被遮罩层中的内容。在 Flash CC 中，不仅可以创建遮罩层动画，还可以创建被遮罩层动画。本节主要向读者介绍制作遮罩动画的操作方法。

11.5.1 制作遮罩层动画

在 Flash CC 工作界面中，遮罩动画是指设置相应图形为遮罩对象，通过运动的方式显示遮罩对象下的图像效果。下面向读者介绍制作遮罩层动画的操作方法。

素材文件	光盘 \ 素材 \ 第 11 章 \11.5.1.fla	
效果文件	光盘 \ 效果 \ 第 11 章 \11.5.1.fla	
视频文件	光盘 \ 视频 \ 第 11 章 \11.5.1 制作遮罩层动画 .mp4	

步骤 01 单击"文件"|"打开"命令，打开一个素材文件，如图 11-100 所示。

步骤 02 此时"时间轴"面板如图 11-101 所示。

图 11-100 打开一个素材文件

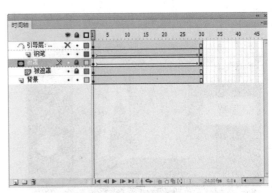

图 11-101 "时间轴"面板

步骤 03 单击"遮罩"图层右侧的"锁定或解除锁定所有图层"图标，解锁"遮罩"图层，如图 11-102 所示。

步骤 04 在"遮罩"图层的第 8 帧，按【F6】键，插入关键帧，如图 11-103 所示。

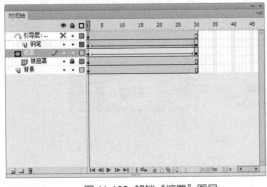

图 11-102 解锁"遮罩"图层

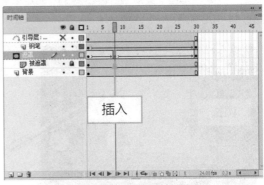

图 11-103 插入关键帧

步骤 05 选取任意变形工具，适当调整舞台中图形对象的形状，如图 11-104 所示。

步骤 06 在"遮罩"图层的第 15 帧，按【F6】键，插入关键帧，如图 11-105 所示。

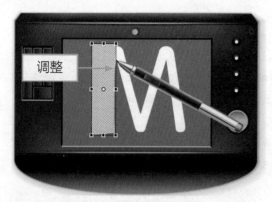

图 11-104 调整图形对象的形状

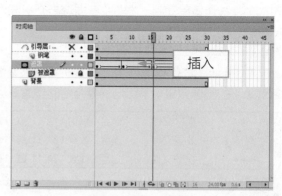

图 11-105 插入关键帧

步骤 07 选取任意变形工具，适当调整舞台中图形对象的形状，如图 11-106 所示。

步骤 08 在"遮罩"图层的第 23 帧，按【F6】键，插入关键帧，如图 11-107 所示。

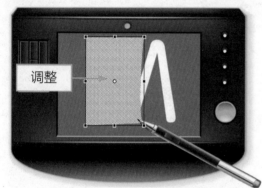

图 11-106 调整图形对象的形状

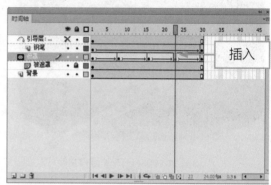

图 11-107 插入关键帧

步骤 09 选取任意变形工具，适当调整舞台中图形对象的形状，如图 11-108 所示。

步骤 10 单击"遮罩"图层右侧的"锁定或解除锁定所有图层"的圆点图标，锁定"遮罩"图层，如图 11-109 所示。

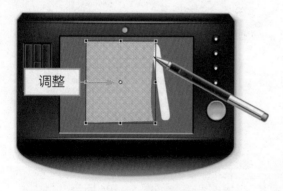

图 11-108 调整图形对象的形状

图 11-109 锁定"遮罩"图层

步骤 11 按【Ctrl + Enter】组合键，测试创建的遮罩层动画，效果如图 11-110 所示。

图 11-110　测试创建的遮罩层动画效果

专家指点

　　在 Flash CC 工作界面中制作遮罩动画时，初学者很难弄懂，到底要将哪个图层设置为遮罩层，哪个图层设置为被遮罩层，才会得到想要的效果。其实遮罩效果就是以遮罩层的轮廓显示被遮罩层的内容。

11.5.2　制作被遮罩层动画

　　在 Flash CC 工作界面中，用户除了可以创建遮罩层动画，还可以创建被遮罩层动画。下面向读者详细介绍创建被遮罩层动画的操作方法。

素材文件	光盘 \ 素材 \ 第 11 章 \11.5.2.fla
效果文件	光盘 \ 效果 \ 第 11 章 \11.5.2.fla
视频文件	光盘 \ 视频 \ 第 11 章 \11.5.2 制作被遮罩层动画 .mp4

步骤 **01**　单击"文件"|"打开"命令，打开一个素材文件，如图 11-111 所示。

步骤 **02**　在"时间轴"面板中解锁"图层 1"图层，如图 11-112 所示。

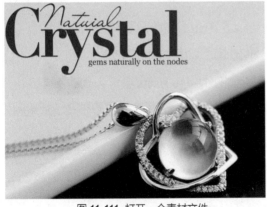

图 11-111　打开一个素材文件

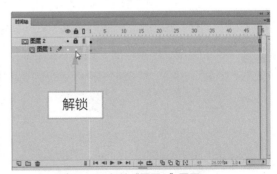

图 11-112　解锁"图层 1"图层

步骤 **03**　在"图层 1"图层的第 15 帧、第 30 帧和第 45 帧插入关键帧，如图 11-113 所示。

步骤 **04**　选择"图层 1"图层的第 15 帧，在工具箱中选取任意变形工具，移动位图图像的位置，如图 11-114 所示。

图 11-113 插入关键帧

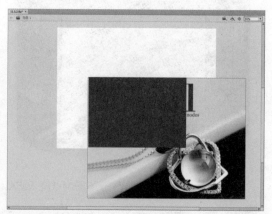

图 11-114 移动位图图像位置

步骤 05 选择"图层 1"图层的第 30 帧，在工具箱中选取任意变形工具，调整位图图像的位置，如图 11-115 所示。

步骤 06 选择"图层 1"图层的第 45 帧，在工具箱中选取任意变形工具，调整位图图像的大小和位置，如图 11-116 所示。

图 11-115 调整位图图像位置

图 11-116 调整位图图像大小和位置

步骤 07 在"图层 1"图层的关键帧之间创建补间动画，如图 11-117 所示。

步骤 08 完成上述操作后，锁定"图层 1"图层，如图 11-118 所示。

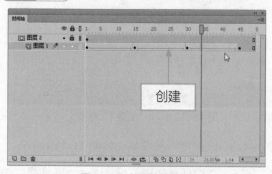

图 11-117 创建补间动画

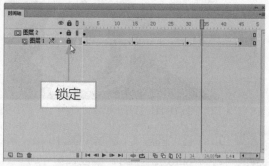

图 11-118 锁定"图层 1"图层

步骤 **09** 单击"控制"|"测试"命令，测试制作的被遮罩层动画，效果如图 11-119 所示。

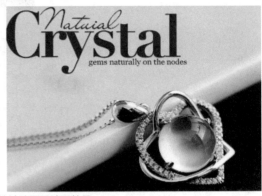

图 11-119 测试制作的被遮罩层动画效果

Photoshop CC 快速入门

12

学习提示

　　Photoshop CC 是一款专门用于处理网页图像的软件。在绘图方面结合了位图以及矢量图处理的特点，它不仅具备复杂的图像处理功能，并且还能轻松地把图像输出到 Flash、Dreamweaver 以及第三方的应用程序中。本章主要向读者介绍 Photoshop CC 软件的基础知识和基本操作。

本章重点导航

- 启动 Photoshop CC
- 退出 Photoshop CC
- 新建图像文件
- 打开图像文件
- 保存图像文件
- 关闭图像文件
- 置入图像文件
- 导出图像文件

- 最大化与最小化窗口
- 调整窗口的大小
- 使用网格
- 使用标尺
- 使用参考线
- 调整画布尺寸
- 调整图像尺寸
- 调整图像分辨率

采用德国镜面抛光技术

德国镜面抛光技术，无凸起、无起泡、其误差小于0.3mm，360°打磨出舒适的佩戴感，非常闪耀，质感高档；

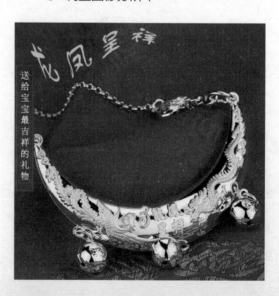

12.1 启动与退出 Photoshop CC

用户使用软件的第一步，就是要掌握这个软件的打开方法，本节主要向读者介绍启动与退出 Photoshop CC 软件的操作方法。

12.1.1 启动 Photoshop CC

由于 Photoshop CC 程序需要较大的运行内存，所以 Photoshop CC 的启动时间较长，在启动的过程中需要用户耐心等待。首先拖曳鼠标至桌面上的 Photoshop CC 快捷方式图标上，双击鼠标左键，即可启动 Photoshop CC 程序，如图 12-1 所示。程序启动后，即可进入 Photoshop CC 工作界面，如图 12-2 所示。

图 12-1 启动 Photoshop CC 程序

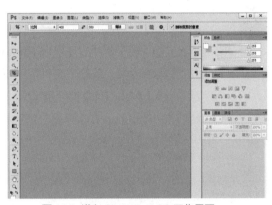

图 12-2 进入 Photoshop CC 工作界面

专家指点

用户还可以通过以下 3 种方法启动 Photoshop CC 应用软件。

* 命令：单击"开始"|"所有程序" | Adobe Photoshop CC 命令。

* 选项：拖曳鼠标至桌面上的 Photoshop CC 快捷方式图标上，单击鼠标右键，在弹出的快捷菜单中选择"打开"选项。

* 双击：双击计算计中已经存盘的任意一个 PSD 格式的 Photoshop 文件。

12.1.2 退出 Photoshop CC

在图像处理完成后，或者在使用完 Photoshop CC 软件后，就需要关闭 Photoshop CC 程序，以保证电脑运行速度。

单击 Photoshop CC 窗口右上角的"关闭"按钮，如图 12-3 所示。若在工作界面中进行了部分操作，之前也未保存，在退出该软件时，弹出信息提示对话框，如图 12-4 所示，单击"是"按钮，将保存文件；单击"否"按钮，将不保存文件；单击"取消"按钮，将不退出 Photoshop CC 程序。

图 12-3 单击"关闭"按钮　　　　　　　图 12-4 弹出信息提示对话框

 专家指点

用户还可以通过以下 3 种方法退出 Photoshop CC 应用软件。

* 命令：在菜单栏中，单击"文件"|"退出"命令，如图 12-5 所示。

* 快捷键：按【Alt + F4】组合键。

* 选项：在 Photoshop CC 界面左侧的程序图标上，单击鼠标左键，在弹出的列表框中选择"关闭"选项，如图 12-6 所示。

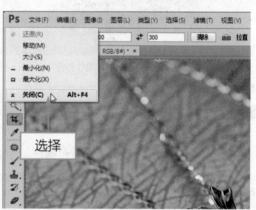

图 12-5 单击"退出"命令　　　　　　图 12-6 选择"关闭"选项

12.2　网页图像文件的基本操作

　　Photoshop CC 作为一款图像处理软件，绘图和图像处理是它的看家本领。在使用 Photoshop CC 开始创作之前，需要先了解此软件的一些常用操作，如新建文件、打开文件、保存文件和关闭文件等。熟练掌握各种基本操作，才可以更好、更快地设计作品。

12.2.1　新建图像文件

　　在 Photoshop 面板中，用户若想要绘制或编辑图像，首先需要新建一个空白文件，然后才可以继续进行下面的工作。

在菜单栏中单击"文件"|"新建"命令，如图 12-7 所示。在弹出"新建"对话框中，设置预设为"默认 Photoshop 大小"，如图 12-8 所示。

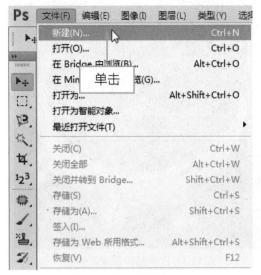

图 12-7 单击"新建"命令

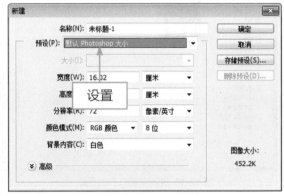

图 12-8 设置参数

执行上述操作后，单击"确定"按钮，即可新建一个空白的图像文件，如图 12-9 所示。

图 12-9 新建一个空白的图像文件

专家指点

在 Photoshop CC 软件中，除了运用"新建"命令新建图像文件外，用户还可以按【Ctrl + N】组合键新建图像文件。

12.2.2 打开图像文件

在 Photoshop CC 中经常需要打开一个或多个图像文件进行编辑和修改，它可以打开多种文件格式，也可以同时打开多个文件。

单击"文件"|"打开"命令，在弹出"打开"对话框中，选择需要打开的图像文件，如图

12-10 所示。单击"打开"按钮，即可打开选择的图像文件，如图 12-11 所示。

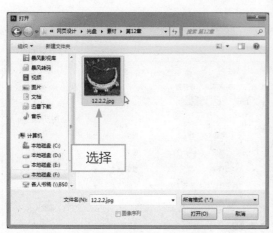

图 12-10 选择需要打开的图像　　　　图 12-11 打开选择的图像文件

 专家指点

在 Photoshop CC 中打开图像文件时，用户还可以进行以下快捷操作。

* 如果用户要打开一组连续的文件，可以在选择第一个文件后，按住【Shift】键的同时再选择最后一个要打开的文件，然后再单击"打开"按钮。

* 如果要打开一组不连续的文件，可以在选择第一个图像文件后，按住【Ctrl】键的同时，选择其他的图像文件，然后再单击"打开"按钮。

另外，用户按【Ctrl + O】组合键，也可以弹出"打开"对话框。

12.2.3　保存图像文件

如果需要将处理好的图像文件保存，只要单击"文件"|"存储"命令，如图 12-12 所示，在弹出的"另存为"对话框中，设置文件的保存选项，如图 12-13 所示，单击"保存"按钮，即可将文件进行保存。

 专家指点

Photoshop CC 所支持的图像格式有 20 几种，因此它可以作为一个转换图像格式的工具来使用。在其他软件中导入图像，可能会受到图像格式的限制而不能导入，此时用户可以使用 Photoshop CC 将图像格式转为软件所支持的格式。

另外，用户在 Photoshop CC 工作界面中，按【Ctrl + S】组合键或者【Shift + Ctrl + S】组合键，也可以对网页图像进行保存操作。

图 12-12 单击"存储"命令

图 12-13 设置文件的保存选项

12.2.4 关闭图像文件

在运用 Photoshop 软件的过程中，当新建或打开许多文件时，就需要对不再使用的图像文件进行关闭操作，对文件进行有序管理。

在 Photoshop CC 中新建一个空白文档，单击"文件"|"关闭"命令，如图 12-14 所示。执行操作后，即可关闭当前工作的图像文件，如图 12-15 所示。

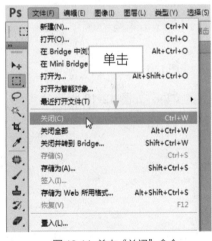

图 12-14 单击"关闭"命令

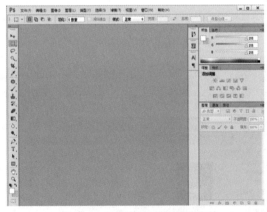

图 12-15 关闭当前工作的图像文件

专家指点

除了运用上述方法关闭图像文件外，还有以下 4 种常用的方法。

* 快捷键 1：按【Ctrl + W】组合键，关闭当前文件。

* 快捷键 2：按【Alt + Ctrl + W】组合键，关闭所有文件。

* 快捷键 3：按【Ctrl + Q】组合键，关闭当前文件并退出 Photoshop。

* 按钮：单击图像文件标题栏上的"关闭"按钮 。

12.2.5 置入图像文件

在 Photoshop 中置入图像文件，是指将所选择的文件置入到当前编辑窗口中，然后在 Photoshop 中进行编辑。Photoshop CC 所支持的格式都能通过"置入"命令将指定的图像文件置于当前编辑的文件中。下面向读者介绍置入图像文件的操作方法。

素材文件	光盘 \ 素材 \ 第 12 章 \12.2.5(1).jpg、12.2.5(2).jpg
效果文件	光盘 \ 效果 \ 第 12 章 \12.2.5.psd
视频文件	光盘 \ 视频 \ 第 12 章 \12.2.5 置入图像文件 .mp4

步骤 01 单击"文件"|"打开"命令，打开一幅素材图像，如图 12-16 所示。

步骤 02 在菜单栏中，单击"文件"|"置入"命令，如图 12-17 所示。

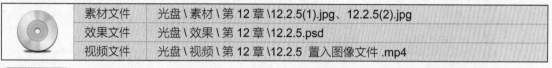

图 12-16 打开素材图像　　　　　　　　图 12-17 单击"置入"命令

步骤 03 弹出"置入"对话框，在其中选择需要置入的文件，如图 12-18 所示。

步骤 04 单击"置入"按钮，即可置入图像文件，如图 12-19 所示。

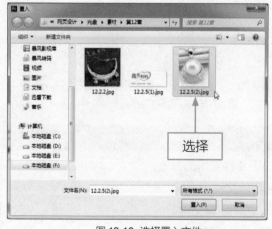

图 12-18 选择置入文件　　　　　　　　图 12-19 置入图像文件

步骤 05 将鼠标指针移动至置入文件上，单击鼠标左键并拖动鼠标，将置入文件移动至合适位置，按【Enter】键确认，得到最终效果如图 12-20 所示。

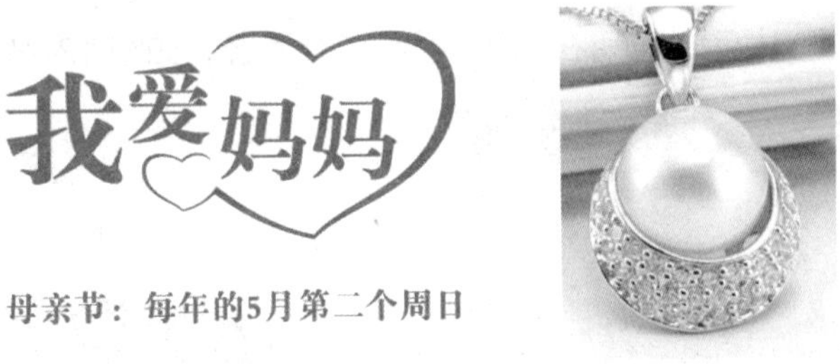

图 12-20 最终效果

专家指点

在 Photoshop 中可以对视频帧、注释和 WIA 等内容进行编辑，当新建或打开图像文件后，单击“文件”|“导入”命令，可将内容导入到图像中。导入文件是因为一些特殊格式无法直接打开，Photoshop 软件无法识别，在导入的过程中软件自动把它转换为可识别格式，打开的就是软件可以直接识别的文件格式，Photoshop 直接保存会默认存储为 PSD 格式文件，另存为或导出就可以根据需求存储为特殊格式。

12.2.6 导出图像文件

在 Photoshop 中创建或编辑的图像可以导出到 Zoomify、Illustrator 和视频设备中，以满足用户的不同需求。如果在 Photoshop 中创建了路径，需要进一步处理，可以将路径导出为 AI 格式，在 Illustrator 中可以继续对路径进行编辑。下面向读者介绍导出图像文件的操作方法。

	素材文件	光盘 \ 素材 \ 第 12 章 \12.2.6.psd
	效果文件	光盘 \ 效果 \ 第 12 章 \12.2.6.ai
	视频文件	光盘 \ 视频 \ 第 12 章 \12.2.6 导出图像文件 .mp4

步骤 01 单击“文件”|“打开”命令，打开一幅素材图像，如图 12-21 所示。

步骤 02 在菜单栏中，单击“窗口”|“路径”命令，如图 12-22 所示。

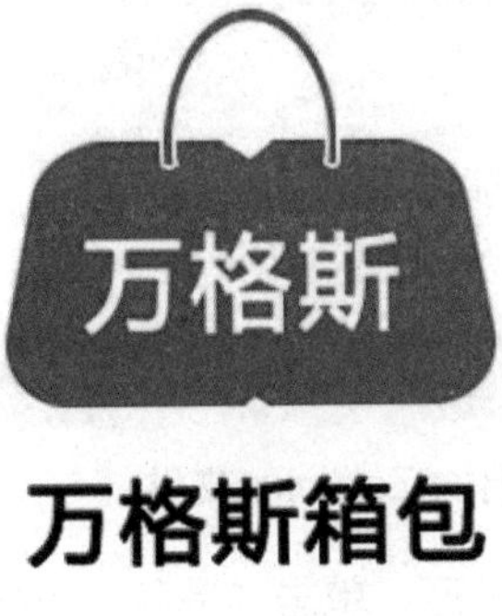

图 12-21 打开素材图像

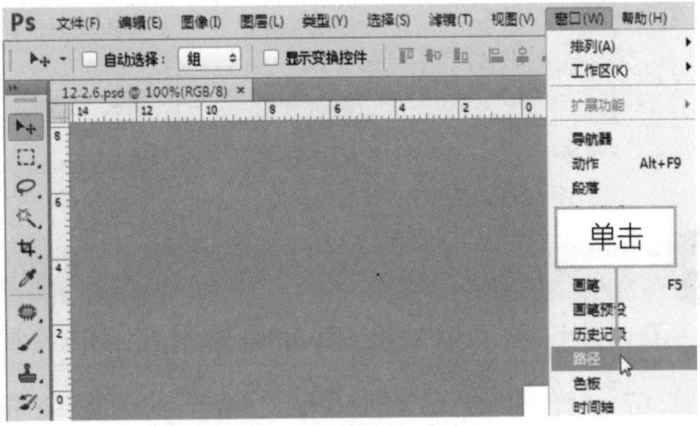

图 12-22 单击“路径”命令

步骤 03 展开"路径"面板，在其中选择"工作路径"选项，如图 12-23 所示。

步骤 04 执行上述操作后，即可在图像中显示工作路径，如图 12-24 所示。

图 12-23 选择"工作路径"选项 　　　　　　　　　　　图 12-24 路径效果

步骤 05 单击"文件"|"导出"|"路径到 Illustrator"命令，如图 12-25 所示。

步骤 06 弹出"导出路径到文件"对话框，保持默认设置，单击"确定"按钮，如图 12-26 所示。

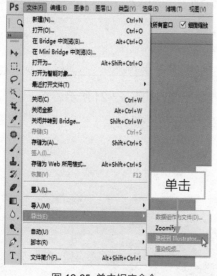

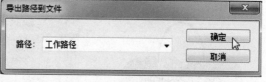

图 12-25 单击相应命令 　　　　　　　　　　　　图 12-26 单击"确定"按钮

专家指点

在"导出"子菜单中单击 Zoomify 命令，也可以将素材导出为 Zoomify 文件。

步骤 07 弹出"选择存储路径的文件名"对话框，设置保存路径，单击"保存"按钮，如图 12-27 所示，即可完成导出文件的操作。

图 12-27 单击"保存"按钮

12.3 Photoshop CC 窗口基本操作

在 Photoshop CC 软件界面中，用户可以同时打开多个图像文件，其中当前图像编辑窗口将会显示在最前面。用户还可以根据工作需要最大化窗口显示、调整窗口大小、改变窗口排列方式或者在窗口之间进行面板的移动组合操作，让工作环境变得更加简洁。下面详细介绍 Photoshop CC 窗口的基本方法。

12.3.1 最大化与最小化窗口

在 Photoshop CC 中，用户单击标题栏上的"最大化" ▬ 和"最小化" ▣ 按钮，就可以将图像的窗口最大化或最小化。

将鼠标指针移动至图像编辑窗口的标题栏上，单击鼠标左键的同时并向下拖曳，如图 12-28 所示。将鼠标移至图像编辑窗口标题栏上的"最大化"按钮上，单击鼠标左键，即可最大化窗口，如图 12-29 所示。

图 12-28 单击鼠标左键并向下拖曳

图 12-29 最大化窗口显示画面

将鼠标移至图像编辑窗口标题栏上的"最小化"按钮上，单击鼠标左键，即可最小化窗口，如图 12-30 所示。

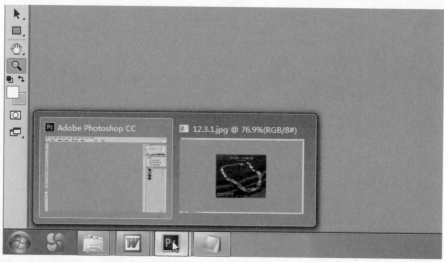

图 12-30 最小化窗口

12.3.2 还原窗口的大小

在 Photoshop CC 中，当图像编辑窗口处于最大化或者是最小化的状态时，用户可以单击标题栏右侧的"恢复"按钮来恢复窗口。下面详细介绍了还原窗口的操作方法，以供读者学习和参考。

将鼠标移至图像编辑窗口的标题栏上，单击"恢复"按钮 ，即可恢复图像，如图 12-31 所示。将鼠标移至图像编辑窗口的标题栏上，单击鼠标左键的同时并拖曳到工具属性栏的下方，当呈现蓝色虚框时释放鼠标左键，即可还原窗口，如图 12-32 所示。

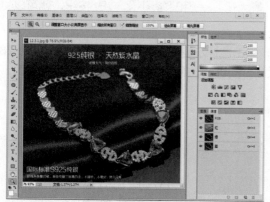

图 12-31 恢复图像

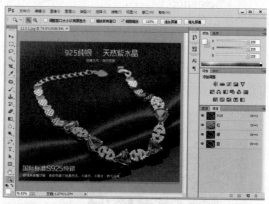

图 12-32 还原窗口

12.3.3 调整窗口的大小

在 Photoshop CC 中，如果用户在处理图像的过程中，需要把图像放在合适的位置，这时就要调整图像编辑窗口的大小和位置。

将鼠标移动至图像编辑窗口标题栏上，如图 12-33 所示。单击鼠标左键的同时并拖曳至合适位置，即可移动窗口的位置，如图 12-34 所示。

图 12-33 移动至图像编辑窗口标题栏上

图 12-34 移动窗口的位置

将鼠标指针移至图像编辑窗口边框线上，当鼠标呈现 ↕ 形状时，单击鼠标左键的同时并拖曳，即可改变窗口大小，如图 12-35 所示。将鼠标指针移至图像窗口的右下角上，当鼠标呈现 形状时，单击鼠标左键的同时并拖曳，即可等比例缩放窗口，如图 12-36 所示。

图 12-35 改变窗口大小

图 12-36 等比例缩放窗口

专家指点

在 Photoshop CC 工作界面中，当用户打开的素材窗口过多时，此时熟练掌握窗口的调整操作，可以提高用户处理图像的效率。

12.3.4 排列窗口的顺序

当打开多个图像文件时，每次只能显示一个图像编辑窗口内的图像。若用户需要对多个窗口中的内容进行比较，则可将各窗口以水平平铺、浮动、层叠和选项卡等方式进行排列。

单击"窗口"|"排列"|"平铺"命令，如图 12-37 所示。执行操作后，即可平铺窗口中的图像，如图 12-38 所示。

单击"窗口"|"排列"|"在窗口中浮动"命令，如图 12-39 所示。执行操作后，即可使当前编辑窗口浮动排列，如图 12-40 所示。

单击"窗口"|"排列"|"使所有内容在窗口中浮动"命令，如图 12-41 所示。执行操作后，即可使所有窗口都浮动排列，如图 12-42 所示。

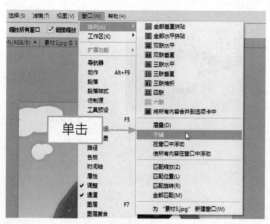

图 12-37 单击"平铺"命令

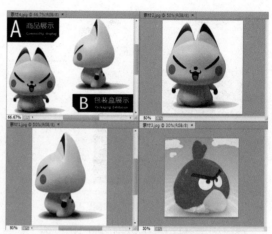

图 12-38 平铺窗口中的图像

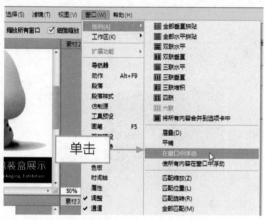

图 12-39 单击"在窗口中浮动"命令

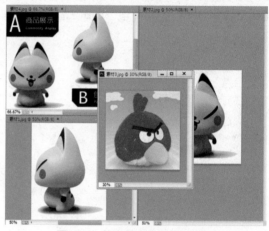

图 12-40 使当前编辑窗口浮动排列

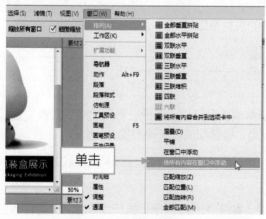

图 12-41 单击相应命令

图 12-42 使所有窗口都浮动排列

单击"窗口"|"排列"|"将所有内容合并到选项卡中"命令，如图 12-43 所示。执行操作后，即可以选项卡的方式排列图像窗口，如图 12-44 所示。

图 12-43 单击相应命令

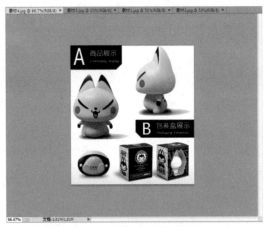

图 12-44 以选项卡的方式排列

专家指点

当用户需要对窗口进行适当的布置时，可以将鼠标指针移至图像窗口的标题栏上，单击鼠标左键的同时并拖曳，即可将图像窗口拖动到屏幕任意位置。

12.3.5 移动功能面板

在 Photoshop CC 软件中，为了使图像编辑窗口显示更有利于操作，面板可随意移动至任意位置。将鼠标移动至 "颜色" 面板的上方，如图 12-45 所示。单击鼠标左键的同时并拖曳至合适位置后，释放鼠标左键，即可移动 "颜色" 面板，如图 12-46 所示。

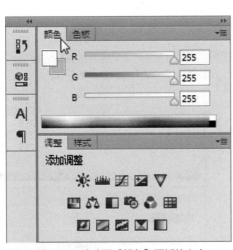

图 12-45 移动至 "颜色" 面板的上方

图 12-46 移动 "颜色" 面板的位置

12.3.6 组合功能面板

组合面板可以将两个或者多个面板组合在一起，当一个面板拖曳到另一个面板的标题栏上出现蓝色虚框时释放鼠标，即可将其与目标面板组合。

将鼠标移至面板上方的灰色区域内，单击鼠标左键的同时并拖曳，如图 12-47 所示。当面板呈半透明状态，鼠标所在处出现蓝色虚框时，如图 12-48 所示，释放鼠标左键，即可组合面板。

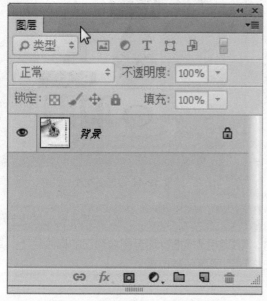

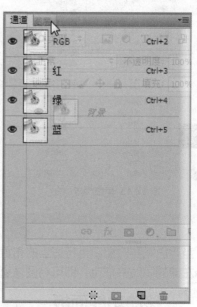

图 12-47 将鼠标移至上方的灰色区域　　　　图 12-48 鼠标所在处出现蓝色虚框

12.3.7 隐藏功能面板

在 Photoshop CC 中，为了最大限度的利用图像编辑窗口，用户可以隐藏面板。下面介绍隐藏面板的操作方法。

将鼠标移至"色板"面板上方的灰色区域内，单击鼠标右键，弹出快捷菜单，选择"关闭"选项，如图 12-49 所示。执行操作后，即可隐藏"色板"控制面板，如图 12-50 所示。

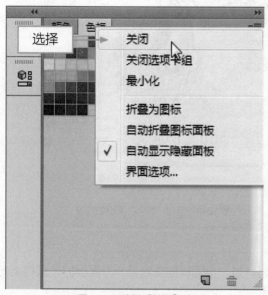

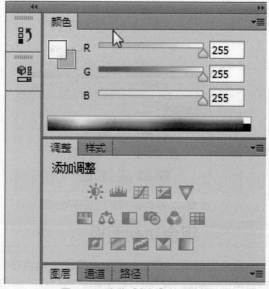

图 12-49 选择"关闭"选项　　　　图 12-50 隐藏"色板"控制面板

12.4 使用网页图像辅助工具

在处理网页图像的过程中，使用辅助工具可以大大提高工作效率，在 Photoshop CC 中，辅助工具主要包括网格、标尺以及参考线等。

12.4.1 使用网格

网格是由多条水平和垂直的线条组成的，在绘制图像或对齐窗口中的任意对象时，都可以使用网格来进行辅助操作，且用户可以根据需要，显示网格或隐藏网格。

在菜单栏中，单击"视图"｜"显示"｜"网格"命令，如图 12-51 所示。

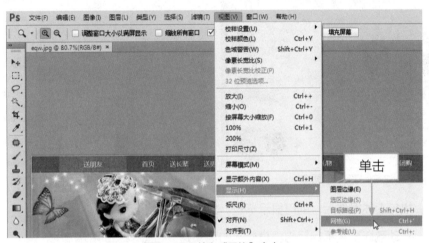

图 12-51 单击"网格"命令

执行"网格"命令后，即可在图像上显示网格，效果如图 12-52 所示。

图 12-52 在图像上显示网格

专家指点

除了运用上述方法可以显示网格外，用户还可以按【Ctrl +'】组合键，在图像编辑窗口中显示或隐藏网格。

12.4.2 使用标尺

应用标尺可以确定图像窗口中图像的大小和位置，显示标尺后，不论放大或缩小图像，标尺的测量数据始终以图像尺寸为准。

	素材文件	光盘\素材\第 12 章\12.4.2.jpg
	效果文件	无
	视频文件	光盘\视频\第 12 章\12.4.2 使用标尺 .mp4

步骤 01 单击"文件"|"打开"命令，打开一幅素材图像，如图 12-53 所示。

步骤 02 在菜单栏中，单击"视图"|"标尺"命令，如图 12-54 所示。

图 12-53 打开素材图像

图 12-54 单击"标尺"命令

步骤 03 执行上述操作后，即可显示标尺，如图 12-55 所示。

步骤 04 移动鼠标至水平标尺与垂直标尺的相交处，如图 12-56 所示。

图 12-55 显示标尺

图 12-56 移动鼠标至水平标尺与垂直标尺的相交处

步骤 05 单击鼠标左键并拖曳，至图像编辑窗口中的合适位置后释放鼠标左键，如图 12-57 所示。

步骤 06 执行操作后，即可更改标尺原点位置，如图 12-58 所示。

图 12-57 拖曳鼠标至合适位置

图 12-58 更改标尺原点位置

专家指点

除了运用上述方法可以显示标尺外，用户还可以按【Ctrl + R】组合键，在图像编辑窗口中隐藏或显示标尺。

12.4.3 使用参考线

参考线主要用于协助对象的对齐和定位操作，它是浮在整个图像上而不能被打印的直线。参考线与网格一样，也可以用于对齐对象，但是它比网格更方便，用户可以将参考线创建在图像的任意位置上。

素材文件	光盘 \ 素材 \ 第 12 章 \12.4.3.jpg
效果文件	无
视频文件	光盘 \ 视频 \ 第 12 章 \12.4.3 使用参考线 .mp4

步骤 01 单击"文件"|"打开"命令，打开一幅素材图像，如图 12-59 所示。

步骤 02 在菜单栏中单击"视图"|"标尺"命令，如图 12-60 所示，即可显示标尺。

图 12-59 打开素材图像

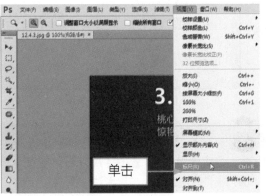

图 12-60 单击"标尺"命令

步骤 **03** 移动鼠标至水平标尺上单击鼠标左键的同时，向下拖曳鼠标至图像编辑窗口中的合适位置，释放鼠标左键，即可创建水平参考线，如图 12-61 所示。

步骤 **04** 单击"视图"|"新建参考线"命令，如图 12-62 所示。

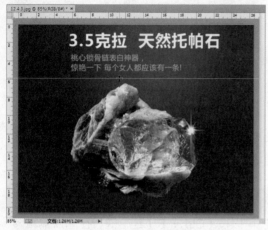

图 12-61 创建水平参考线

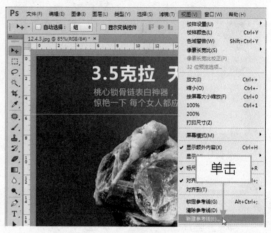

图 12-62 单击"新建参考线"命令

专家指点

在 Photoshop CC 中，单击"视图"|"清除参考线"命令，可以删除所有的参考线。若用户只需删除某一条参考线，可选择移动工具，然后将参考线拖曳至编辑窗口以外即可。

步骤 **05** 执行上述操作后，即可弹出"新建参考线"对话框，选中"垂直"单选按钮，设置"位置"为 5 厘米，如图 12-63 所示。

步骤 **06** 单击"确定"按钮，即可创建垂直参考线，如图 12-64 所示。

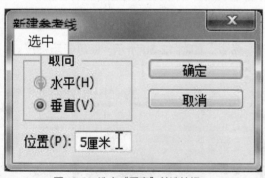

图 12-63 选中"垂直"单选按钮

图 12-64 创建垂直参考线

专家指点

拖曳参考线时，按住【Alt】键就能在垂直和水平参考线之间进行切换。在菜单栏单击"编辑"|"首选项"|"参考线、网格和切片"命令，即可弹出"首选项"对话框，在"参考线"选项区中，单击"颜色"右侧的下拉按钮，在下拉列表框中选择相应颜色，单击"确定"按钮，即可更改参考线颜色。

12.5 调整网页图像的尺寸

图像大小与图像像素、分辨率、实际打印尺寸之间有着密切的关系，它决定存储文件所需的硬盘空间大小和图像文件的清晰度。因此，调整图像的尺寸及分辨率也决定着整幅画面的大小。本节主要向读者介绍调整网页图像尺寸的操作方法。

12.5.1 调整画布尺寸

画布指的是实际打印的工作区域，图像画布尺寸的大小是指当前图像周围工作空间的大小，改变画布大小会影响图像最终的输出效果。

素材文件	光盘 \ 素材 \ 第 12 章 \12.5.1.jpg
效果文件	光盘 \ 效果 \ 第 12 章 \12.5.1.jpg
视频文件	光盘 \ 视频 \ 第 12 章 \12.5.1 调整画布尺寸 .mp4

步骤 01 单击"文件"|"打开"命令，打开一幅素材图像，此时图像编辑窗口中的图像显示如图 12-65 所示。

步骤 02 在菜单栏中，单击"图像" | "画布大小"命令，如图 12-66 所示。

图 12-65 打开素材图像

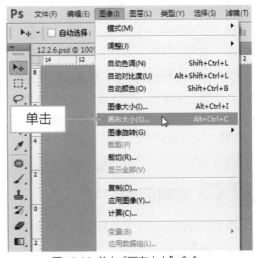

图 12-66 单击"画布大小"命令

专家指点

除了运用上述方法可以执行"画布大小"命令外，用户还可以按【Alt + Ctrl + C】组合键，快速弹出"画布大小"对话框。

步骤 03 弹出"画布大小"对话框，设置"宽度"为 3 厘米、"画布扩展颜色"为"灰色"，如图 12-67 所示。

步骤 04 执行上述操作后，单击"确定"按钮，即可完成调整画布大小的操作，如图 12-68 所示。

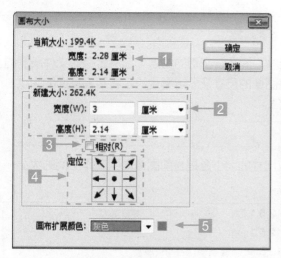

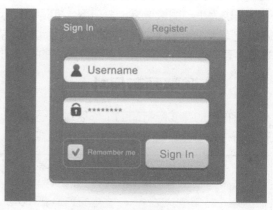

图 12-67 "画布大小"对话框

图 12-68 调整画布大小

在"画布大小"对话框中，各选项含义如下。

1 当前大小：显示的是当前画布的大小。

2 新建大小：用于设置画布的大小。

3 相对：选中该复选框后，在"宽度"和"高度"选项后面将出现"锁链"图标，表示改变其中某一选项设置时，另一选项会按比例同时发生变化。

4 定位：是用来修改图像像素的大小。在 Photoshop 中是"重新取样"。当减少像素数量时就会从图像中删除一些信息；当增加像素的数量或增加像素取样时，则会添加新的像素。在"图像大小"对话框最下面的下拉列表中可以选择一种插值方法来确定添加或删除像素的方式，如"两次立方"、"邻近"、"两次线性"等。

5 画布扩展颜色：在"画布扩展颜色"下拉列表中可以选择填充更改画布大小后画布的颜色。

12.5.2 调整图像尺寸

在 Photoshop CC 工作界面中，图像尺寸越大，所占的空间也越大。如果用户需要更改图像的尺寸，会直接影响图像的显示效果。下面向读者介绍调整图像尺寸的操作方法。

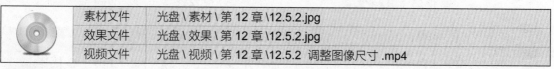

素材文件	光盘 \ 素材 \ 第 12 章 \12.5.2.jpg
效果文件	光盘 \ 效果 \ 第 12 章 \12.5.2.jpg
视频文件	光盘 \ 视频 \ 第 12 章 \12.5.2 调整图像尺寸 .mp4

步骤 **01** 单击"文件"|"打开"命令，打开一幅素材图像，此时图像编辑窗口中的图像显示如图 12-69 所示。

步骤 **02** 在菜单栏中，单击"图像"|"图像大小"命令，如图 12-70 所示。

专家指点

除了运用上述方法可以执行"图像大小"命令外，用户还可以按【Alt + Ctrl + I】组合键，快速弹出"图像大小"对话框。

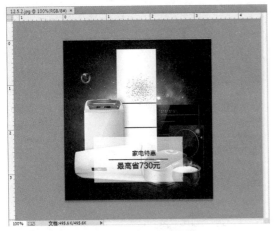

图 12-69 打开素材图像

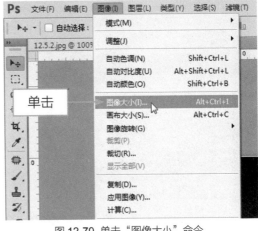

图 12-70 单击"图像大小"命令

步骤 03 弹出"图像大小"对话框，在其中设置"宽度"为 800 像素，如图 12-71 所示。

步骤 04 单击"确定"按钮，即可调整图像大小，如图 12-72 所示。

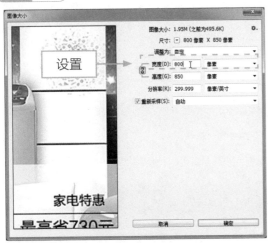

图 12-71 设置图像大小

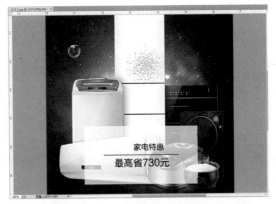

图 12-72 调整图像大小

12.5.3 调整图像分辨率

分辨率指的是单位长度上像素的数目，通常用"像素 / 英寸"或"像素 / 厘米"表示。图像的分辨率是指位图图像在每英寸上所包含的像素数量，单位是 dpi（dotsperinch）。分辨率越高，文件就越大，图像也就越清晰，处理速度就会相应变慢；反之，分辨率越低，图像就越模糊，处理速度就会相应变快。

在 Photoshop 中，图像的品质取决于分辨率的大小，当分辨率数值越大时，图像就越清晰；反之，就越模糊。

在菜单栏中，单击"图像"|"图像大小"命令，弹出"图像大小"对话框，在"文档大小"选项区域中，可以设置"分辨率"的参数值，设置完成后，单击"确定"按钮，即可调整图像分辨率。如图 12-73 所示为调整图像分辨率与尺寸后的前后对比效果。

图 12-73 调整图像分辨率与尺寸后的前后对比效果

13 处理与修饰网页图像

学习提示

　　Photoshop CC 处理与修饰图像的功能是不可小觑的，它提供了丰富多样的润色与修饰图像的工具。正确、合理地运用各种工具修饰图像，才能制作出完美的网页图像效果。本章主要向读者介绍网页图像的裁剪、变换、修复、修饰以及擦除等内容。

本章重点导航

- 运用裁剪工具裁剪图像
- 精确裁剪图像素材
- 水平翻转画布
- 垂直翻转画布
- 斜切网页图像
- 扭曲网页图像
- 变形网页图像
- 使用污点修复画笔工具

- 使用修复画笔工具
- 使用修补工具
- 使用仿制图章工具
- 使用图案图章工具
- 使用减淡工具
- 使用加深工具
- 使用橡皮擦工具
- 使用背景橡皮擦工具

13.1 裁剪网页图像

当图像扫描到计算机中，有时图像中会多出一些不需要的部分，就需要对图像进行裁切操作；遇到需要将倾斜的图像修剪整齐，或将图像边缘多余的部分裁去，可以使用裁切工具。本节主要向读者介绍裁剪图像的操作方法。

13.1.1 运用裁剪工具裁剪图像

裁剪工具是应用非常灵活的截取图像的工具，既可以通过设置裁剪工具属性栏中的参数来裁剪图像，也可以通过手动自由控制裁剪区域来裁剪图像的大小。选取工具箱中的裁剪工具，如图13-1所示。执行操作后，即可在网页图像上调出裁剪控制框，如图13-2所示。

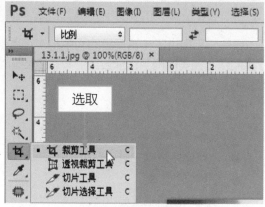

图 13-1 选取裁剪工具

图 13-2 调出裁剪控制框

移动鼠标至图像左侧中间的控制柄上，当鼠标指针呈 形状时，单击鼠标左键并拖曳，并控制裁剪区域大小，如图13-3所示。按【Enter】键确认，即可完成图像的裁剪，效果如图13-4所示。

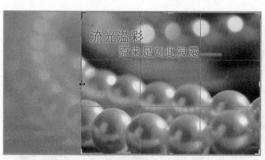

图 13-3 移动鼠标至控制柄上

图 13-4 完成图像的裁剪操作

专家指点

在变换控制框中，可以对裁剪区域进行适当调整。将鼠标指针移动至控制框四周的 8 个控制点上，当指针呈双向箭头 ↔ 形状时，单击鼠标左键的同时并拖曳，即可放大或缩小裁剪区域；将鼠标指针移动至控制框外，当指针呈 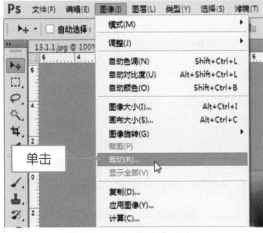 形状时，可对其裁剪区域进行旋转。

13.1.2 运用命令裁切图像

与"裁剪"命令裁剪图像不同的是，"裁切"命令不像"裁剪"命令那样要先创建选区，而是以对话框的形式来呈现的。下面向读者介绍通过"裁切"命令裁剪图像的操作方法。

在菜单栏中，单击"图像"｜"裁切"命令，如图 13-5 所示。执行操作后，即可弹出"裁切"对话框，在其中用户可以设置裁切的相关参数值，如图 13-6 所示，单击"确定"按钮，即可裁切图像。

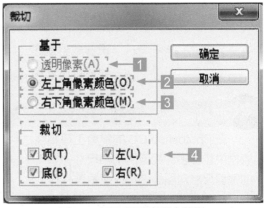

图 13-5 单击"裁切"命令　　　　　　图 13-6 设置裁切的相关参数值

在"裁切"对话框中，各选项含义如下。

1 透明像素：用于删除图像边缘的透明区域，留下包含非透明像素的最小图像。

2 左上角像素颜色：删除图像左上角像素颜色的区域。

3 右下角像素颜色：删除图像右上角像素颜色的区域。

4 裁切：设置要修正的图像区域。

专家指点

在 Photoshop CC 中，"裁切"命令与"剪切"命令的含义分别如下。

* "裁切"命令：该命令主要用来匹配图像画布的尺寸与图像中对象的最大尺寸。

* "剪切"命令：该命令主要用来修剪图像画布的尺寸，其依据是选择区的尺寸。

13.1.3 精确裁剪图像素材

精确裁剪图像可用于制作等分拼图。在裁剪工具属性栏上设置固定的"宽度"、"高度"和"分辨率"的参数，可以裁剪出固定大小的图像。

当用户选取工具箱中的裁剪工具时，其工具属性栏如图 13-7 所示。

图 13-7 裁剪工具属性栏

在裁剪工具的工具属性栏中，各选项的含义如下。

1 比例：用来输入图像裁剪比例，裁剪后图像的尺寸由输入的数值决定，与裁剪区域的大小没有关系。

2 设置裁剪框的长宽比：在其中可以设置裁剪框的长度和宽度参数值。

3 清除：清除设置的裁剪长度数值。

4 设置裁剪工具的叠加选项：可以对裁剪的图像进行叠加选项设置。

5 设置其他裁剪选项：设置裁剪模式或其他选项。

6 删除裁切像素：确定裁剪框以外的透明度像素数据是保留还是删除。

专家指点

在 Photoshop CC 的裁剪工具属性栏中，单击"比例"右侧的下三角按钮，在弹出的列表框中包含多种裁剪比例和尺寸，如 1:1、4:5、5:7、2:3 等，用户可根据实际需要选择相应的裁剪尺寸对图像进行快速裁剪操作。

在 Photoshop CC 工作界面中，选取工具箱中的裁剪工具，即可调出裁剪控制框，如图 13-8 所示。在工具属性栏中设置自定义裁剪比例为 4×3，如图 13-9 所示。

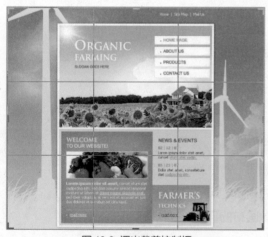

图 13-8 调出裁剪控制框

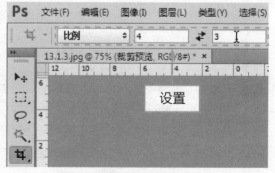

图 13-9 设置自定义裁剪比例

适当调整裁剪框的大小，然后将鼠标指针移至裁剪控制框内，单击鼠标左键的同时并拖曳图像至合适位置，如图 13-10 所示。按【Enter】键确认裁剪，即可按固定大小裁剪图像，效果如图 13-11 所示。

图 13-10 拖曳图像至合适位置

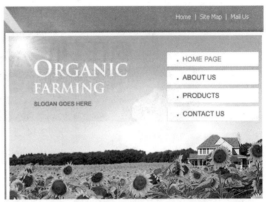

图 13-11 按固定大小裁剪图像效果

13.2 变换网页图像

如果网页中的图像角度不正、方向反向或者图像不能完全显示，可以通过 Photoshop 中的变换功能来旋转图像或画布，以修正图像画面效果。本节主要向读者介绍变换网页图像的操作方法。

13.2.1 水平翻转画布

在 Photoshop CC 中，当用户打开的图像出现了水平方向的颠倒、倾斜时，就可以对图像进行水平翻转操作。

在 Photoshop CC 工作界面中，处理需要水平翻转画布的图像时，如图 13-12 所示。单击菜单栏上的"图像"｜"图像旋转"｜"水平翻转画布"命令，如图 13-13 所示。

图 13-12 需水平翻转的图像

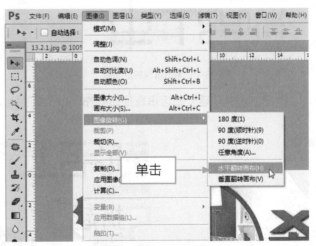

图 13-13 单击"水平翻转画布"命令

执行上述操作后，即可水平翻转画布，效果如图 13-14 所示。

图 13-14 水平翻转画布的效果

13.2.2 垂直翻转画布

在 Photoshop CC 中，如果用户打开的图像出现了垂直方向的颠倒、倾斜时，就需要对图像进行垂直翻转操作。

在 Photoshop CC 工作界面中，处理需要垂直翻转画布的图像素材时，如图 13-15 所示。单击菜单栏上的"图像"|"图像旋转"|"垂直翻转画布"命令，如图 13-16 所示。

图 13-15 需垂直翻转的图像

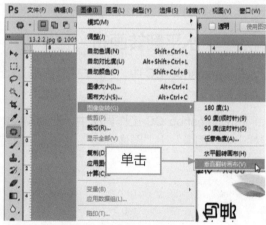

图 13-16 单击"垂直翻转画布"命令

执行上述操作后，即可垂直翻转画布，效果如图 13-17 所示。

图 13-17 垂直翻转画布的效果

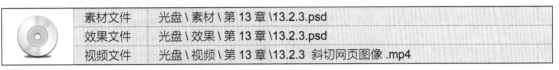

13.2.3 斜切网页图像

在 Photoshop CC 中，用户可以运用"自由变换"命令斜切图像，制作出逼真的倒影效果。
下面详细介绍了斜切图像的操作方法。

	素材文件	光盘\素材\第 13 章\13.2.3.psd
	效果文件	光盘\效果\第 13 章\13.2.3.psd
	视频文件	光盘\视频\第 13 章\13.2.3 斜切网页图像 .mp4

步骤 01 单击"文件"|"打开"命令，打开一幅素材图像，如图 13-18 所示。

步骤 02 展开"图层"面板，选择"图层 2"图层，如图 13-19 所示。

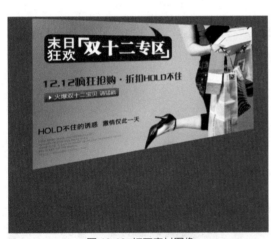

图 13-18 打开素材图像

图 13-19 选择"图层 2"图层

步骤 03 单击"编辑"|"变换"|"垂直翻转"命令，如图 13-20 所示。

步骤 04 选取移动工具，移动图像至合适位置，如图 13-21 所示。

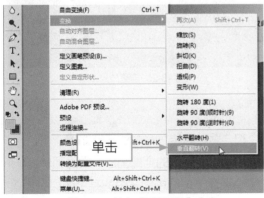

图 13-20 单击"垂直翻转"命令

图 13-21 移动图像至合适位置

步骤 05 单击"编辑"|"变换"|"斜切"命令，如图 13-22 所示，即可调出变换控制框。

步骤 06 将鼠标指针移至变换控制框右侧上方的控制柄上，指针呈白色三角 ▷ 形状时，单击鼠标左键并向上拖曳，如图 13-23 所示。

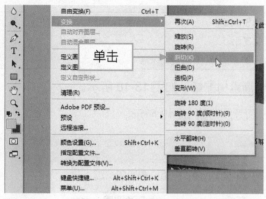
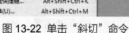

图 13-22 单击"斜切"命令

图 13-23 拖曳鼠标

步骤 07 按【Enter】键确认，设置"图层 2"的"不透明度"为 30%，如图 13-24 所示。

步骤 08 执行上述操作后，得到最终效果如图 13-25 所示。

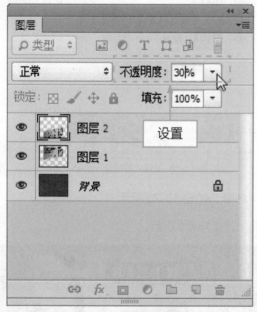

图 13-24 设置不透明度

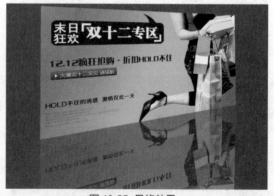

图 13-25 最终效果

专家指点

在 Photoshop CC 中，"垂直翻转画布"命令和"垂直翻转"命令的区别如下。

* 垂直翻转画布：执行该操作后，可将整个画布（即画布中的全部图层）垂直翻转。

* 垂直翻转：执行该操作后，可将画布中的某个图像（即选中画布中的某个图层）垂直翻转。

13.2.4　扭曲网页图像

在 Photoshop CC 中，用户可以根据需要对某一些图像进行扭曲操作，以达到所需要的效果。与斜切不同的是，执行扭曲操作时，控制点可以随意拖动，不受调整边框方向的限制，若在拖曳鼠标的同时按住【Alt】键，则可以制作出对称扭曲效果，而斜切则会受到调整边框的限制。下面向读者介绍扭曲网页图像的操作方法。

在"图层"面板中，选择需要扭曲的图像所在的图层，如图 13-26 所示。在菜单栏中单击"编辑"|"变换"|"扭曲"命令，如图 13-27 所示。

图 13-26　选择图像所在的图层

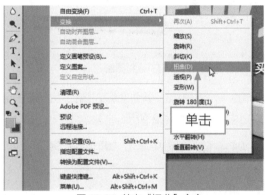

图 13-27　单击"扭曲"命令

执行上述操作后，即可调出图像素材的变换控制框，如图 13-28 所示。移动鼠标至变换控制框四周的控制柄上，当鼠标指针呈三角形状时，单击鼠标左键并拖曳至合适位置，即可扭曲图像，效果如图 13-29 所示。

图 13-28　调出图像素材的变换控制框

图 13-29　扭曲图像的效果

13.2.5　变形网页图像

执行"变形"命令时，图像上会出现变形网格和锚点，拖曳锚点或调整锚点的方向线可以对图像进行更加自由和灵活的变形处理。

素材文件	光盘 \ 素材 \ 第 13 章 \13.2.5(1).jpg、13.2.5(2).jpg
效果文件	光盘 \ 效果 \ 第 13 章 \13.2.5.psd
视频文件	光盘 \ 视频 \ 第 13 章 \13.2.5 变形网页图像 .mp4

步骤 01 单击"文件"|"打开"命令，打开两幅素材图像，如图 13-30 所示。

步骤 02 切换至"13.2.5(2)"图像编辑窗口，选取工具箱中的移动工具，如图 13-31 所示。

图 13-30 打开素材图像

图 13-31 选取移动工具

步骤 03 将鼠标移至图像编辑窗口中，单击鼠标左键的同时并将其拖曳至"13.2.5(1)"图像编辑窗口中，如图 13-32 所示。

步骤 04 在菜单栏中单击"编辑"|"变换"|"缩放"命令，如图 13-33 所示。

图 13-32 移动素材图像

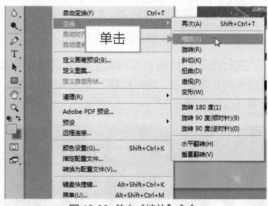

图 13-33 单击"缩放"命令

步骤 05 执行上述操作后，即可调出变换控制框，将鼠标移至变换控制框的控制柄上，缩放大小并调整至合适位置，如图 13-34 所示。

步骤 06 在变换控制框中单击鼠标右键，弹出快捷菜单，选择"变形"选项，如图 13-35 所示。

专家指点

除了上述方法可以执行变形操作外，还可以按【Ctrl + T】组合键，调出变化控制框，然后单击鼠标右键，在弹出的快捷菜单中选择"变形"选项，执行变形操作。

图 13-34 缩放并调整图像

图 13-35 选择"变形"选项调整控制柄

步骤 07 执行上述操作后，即可显示变形网格，如图 13-36 所示。

步骤 08 通过拖曳的方式，调整 4 个角上的控制柄，如图 13-37 所示。

图 13-36 显示变形网格

图 13-37 调整控制柄

步骤 09 拖曳其他控制柄，调整至合适位置，按【Enter】键确认，即可变形图像，效果如图 13-38 所示。

图 13-38 变形图像的效果

13.3 修复网页图像

修复和修补工具组包括污点修复画笔工具、修复画笔工具、修补工具、仿制图章工具和图案图章工具等。合理地运用各种修复工具，可以将有污点或瑕疵的图像修复好，使图像的效果更加自然、真实、美观。

13.3.1 使用污点修复画笔工具

污点修复画笔工具可以自动进行像素的取样，只需在图像中有杂色或污渍的地方单击鼠标左键即可。选取工具箱中的污点修复画笔工具，其工具属性栏如图 13-39 所示。

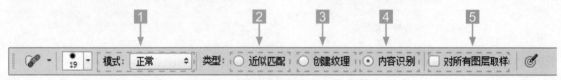

图 13-39 污点修复画笔工具的工具属性栏

在污点修复画笔工具属性栏中，各主要选项含义如下。

1 模式：在该列表框中可以设置修复图像与目标图像之间的混合方式。

2 近似匹配：选中该单选按钮修复图像时，将根据当前图像周围的像素来修复瑕疵。

3 创建纹理：选中该单选按钮后，在修复图像时，将根据当前图像周围的纹理自动创建一个相似的纹理，从而在修复瑕疵的同时保证不改变原图像的纹理。

4 内容识别：选中该单选按钮修复图像时，将根据图像内容识别像素并自动填充。

5 对所有图层取样：选中该复选框，可以从所有的可见图层中提取数据。

在 Photoshop CC 中处理有污点的网页图像时，如图 13-40 所示。先选取工具箱中的污点修复画笔工具，如图 13-41 所示。

图 13-40 处理有污点的图像

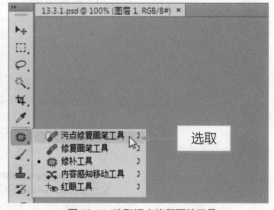

图 13-41 选取污点修复画笔工具

移动鼠标至图像编辑窗口中，在相应位置上单击鼠标左键并拖曳涂抹，鼠标涂抹过的区域呈黑色显示，如图 13-42 所示。释放鼠标左键，即可修复图像，效果如图 13-43 所示。

图 13-42 单击并拖曳涂抹　　　　　　　　　　　　图 13-43 修复图像的效果

13.3.2 使用修复画笔工具

修复画笔工具在修饰小部分图像时会经常用到。在使用修复画笔工具时，应先取样，然后将选取的图像填充到要修复的目标区域，使修复的区域和周围的图像相融合，还可以将所选择的图案应用到要修复的图像区域中。

在 Photoshop CC 中处理有污点的网页图像时，如图 13-44 所示。先选取工具箱中的修复画笔工具，如图 13-45 所示。

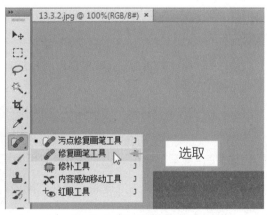

图 13-44 处理有污点的网页图像　　　　　　　　　图 13-45 选取修复画笔工具

移动鼠标指针至图像编辑窗口中的白色背景区域，按住【Alt】键的同时，单击鼠标左键进行取样，如图 13-46 所示。释放【Alt】键确认取样，在左侧相应位置单击鼠标左键并拖曳，即可修复图像，效果如图 13-47 所示。

图 13-46 单击鼠标左键进行取样　　　　　　　　　图 13-47 修复图像的效果

专家指点

　　污点修复画笔工具与修复画笔工具不同的地方在于，当用户使用污点修复画笔工具时，不需要定义原点，只需要确定需要修复的图像位置，调整好画笔大小，移动鼠标就会在确定需要修复的位置自动匹配，在实际应用时比较实用；而修复画笔工具需要先定义原点进行取样，才能修复图像。

13.3.3　使用修补工具

　　修补工具可以使用其它区域的色块或图案来修补选中的区域。使用修补工具修复图像，可以将图像的纹理、亮度和层次进行保留。

　　选取工具箱中的修补工具 ，其工具属性栏如图 13-48 所示。

图 13-48　修补工具的工具属性栏

　　在修补工具属性栏中，各主要选项含义如下。

　　1 源：选中“源”单选按钮，拖动选区并释放鼠标后，选区内的图像将被选区释放时所在的区域所代替。

　　2 目标：选中“目标”单选按钮，拖动选区并释放鼠标后，释放选区时的图像区域将被原选区的图像所代替。

　　3 透明：选中“透明”单选按钮，被修饰的图像区域内的图像效果呈半透明状态。

　　4 使用图案：在未选中“透明”单选按钮的状态下，在修补工具属性栏中选择一种图案，然后单击“使用图案”按钮，选区内将被应用为所选图案。

　　在 Photoshop CC 中处理需要修补的网页图像时，如图 13-49 所示。先选取工具箱中的修补工具，如图 13-50 所示。

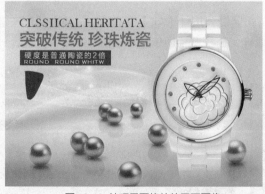

图 13-49　处理需要修补的网页图像

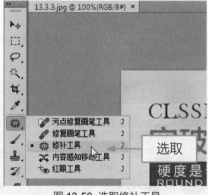

图 13-50　选取修补工具

移动鼠标指针至图像编辑窗口中,在需要修补的位置单击鼠标左键并拖曳,创建一个选区,如图 13-51 所示。移动鼠标指针至选区内,单击鼠标左键并拖曳选区至图像颜色相近的区域,如图 13-52 所示。

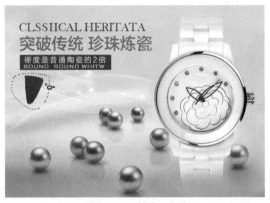

图 13-51 创建一个选区

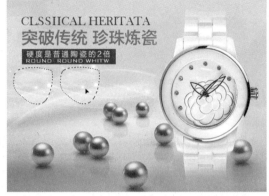

图 13-52 拖曳选区至其他位置

释放鼠标左键,即可修补图像,如图 13-53 所示。按【Ctrl + D】组合键,取消选区,效果如图 13-54 所示。

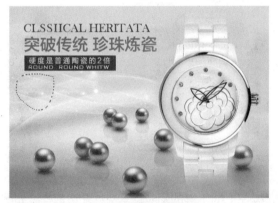

图 13-53 修补图像的效果

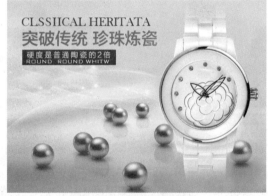

图 13-54 取消选区的效果

专家指点

使用修补工具可以用其他区域或图案中的像素来修复选中的区域,与修复画笔工具相同,修补工具会将样本像素的纹理、光照和阴影与源像素进行匹配,还可以使用修补工具来仿制图像的隔离区域。

13.3.4 使用仿制图章工具

在 Photoshop CC 中,仿制图章工具可以从图像中取样,然后将样本应用到其他图像或同一图像的其他部分。

选取仿制图章工具后,其工具属性栏如图 13-55 所示。

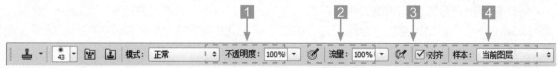

图 13-55 仿制图章工具属性栏

在仿制图章工具属性栏中，各主要选项含义如下。

1 不透明度：用于设置应用仿制图章工具时的不透明度。

2 流量：用于设置扩散速度。

3 对齐：可以在使用仿制图章工具时应用对齐功能，对图像进行规则复制。

4 样本：在此下拉列表中，可以选择定义源图像时所取的图层范围，其中包括了"当前图层"、"当前和下方图层"及"所有图层"3 个选项。

在 Photoshop CC 中处理需要修复的网页图像时，如图 13-56 所示。先选取工具箱中的仿制图章工具，如图 13-57 所示。

图 13-56 处理需要修复的网页图像

图 13-57 选取仿制图章工具

移动鼠标指针至图像编辑窗口中的合适位置，按住【Alt】键的同时单击鼠标左键取样，如图 13-58 所示。释放【Alt】键，在合适位置单击鼠标左键并拖曳，进行涂抹，即可将取样点的图像复制涂抹在位置上，如图 13-59 所示。

图 13-58 单击鼠标左键取样

图 13-59 修复图像后的效果

13.3.5 使用图案图章工具

图案图章工具 ▣ 可以用定义好的图案来复制图像，它能在目标图像上连续绘制出选定区域的图像。与仿制图章工具不同的是，图案图章工具只对当前图层起作用。下面向读者介绍使用图案图章工具的操作方法。

在 Photoshop CC 中处理需要使用图案图章工具的网页图像时，如图 13-60 所示。先确定需要定义为图案的素材，在菜单栏中单击"编辑"|"定义图案"命令，弹出"图案名称"对话框，设置相应的名称信息，如图 13-61 所示，单击"确定"按钮。

图 13-60 处理相关网页图像

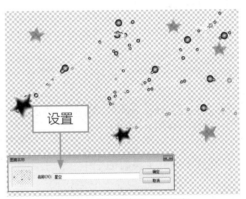

图 13-61 设置相应的名称信息

切换至需要使用图案图章工具的图像编辑窗口，选取工具箱中的图案图章工具，在工具属性栏中选中"对齐"复选框，单击"点按可打开'图案'拾色器"按钮，在弹出的列表框中选择刚定义的图案类型，如图 13-62 所示。移动鼠标指针至图像编辑窗口中，单击鼠标左键并拖曳，即可复制图像，效果如图 13-63 所示。

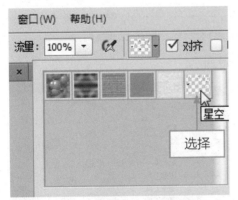

图 13-62 选择刚定义的图案类型

图 13-63 复制图像的效果

专家指点

使用仿制图案图章工具时，先自定义一个图案，用矩形选框工具选定图案中的一个范围之后，单击"编辑"|"定义图案"命令，这时该命令呈灰色，即处于隐藏状态，这种情况下定义图案实现不了。这可能是在操作时设置了"羽化"值，这就需要在选取矩形选框工具后，在工具属性栏中不要设置"羽化"即可。

13.4 调色网页图像

调色工具包括减淡工具 🔍、加深工具 ◎ 和海绵工具 ● 3 种，减淡工具和加深工具用于调节图像特定区域的传统工具，使图像区域变亮或变暗，海绵工具可以精确更改选取图像的色彩饱和度。本节主要向读者介绍运用调色工具处理网页图像的操作方法。

13.4.1 使用减淡工具

在 Photoshop CC 中，减淡工具可以加亮图像的局部，通过提高图像选区的亮度来校正曝光，此工具常用于修饰人物照片与静物照片。

选取减淡工具后，其工具属性栏如图 13-64 所示。

图 13-64 减淡工具的工具属性栏

在减淡工具的工具属性栏中，各主要选项含义如下。

1 "范围"：该列表框中包含暗调、中间调、高光 3 个选项。

2 "曝光度"：在该文本框中设置值越高，减淡工具的使用效果就越明显。

3 "保护色调"：如果希望操作后图像的色调不发生变化，选中该复选框即可。

素材文件	光盘 \ 素材 \ 第 13 章 \13.4.1.jpg	
效果文件	光盘 \ 效果 \ 第 13 章 \13.4.1.jpg	
视频文件	光盘 \ 视频 \ 第 13 章 \13.4.1 使用减淡工具 .mp4	

步骤 **01** 单击"文件"|"打开"命令，打开一幅素材图像，如图 13-65 所示。

步骤 **02** 在工具箱中，选取减淡工具，如图 13-66 所示。

图 13-65 打开素材图像

图 13-66 选取减淡工具

步骤 03 在工具属性栏中设置"大小"为 65 像素、"曝光度"为 100%，如图 13-67 所示。

步骤 04 移动鼠标至图像编辑窗口中涂抹，即可减淡图像颜色，如图 13-68 所示。

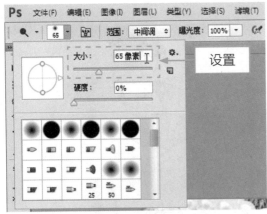

图 13-67 设置大小

图 13-68 减淡图像颜色

13.4.2 使用加深工具

在 Photoshop CC 中，加深工具 ⬚ 与减淡工具 ⬚ 恰恰相反，可使图像中被操作的区域变暗，其工具属性栏及操作方法与减淡工具相同。

素材文件	光盘 \ 素材 \ 第 13 章 \13.4.2.jpg
效果文件	光盘 \ 效果 \ 第 13 章 \13.4.2.jpg
视频文件	光盘 \ 视频 \ 第 13 章 \13.4.2 使用加深工具 .mp4

步骤 01 单击"文件"|"打开"命令，打开一幅素材图像，如图 13-69 所示。

步骤 02 选取工具箱中的加深工具，在工具属性栏中的"范围"列表框中选择"中间调"选项，在工具属性栏中设置"大小"为 50 像素，如图 13-70 所示。

图 13-69 打开素材图像

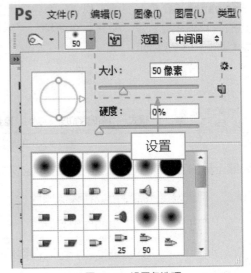

图 13-70 设置各选项

步骤 03 在工具属性栏中设置"曝光度"为 50%，如图 13-71 所示。

步骤 04 移动鼠标至图像编辑窗口中，单击鼠标左键并拖动，在图像上涂抹，即可加深图像颜色，如图 13-72 所示。

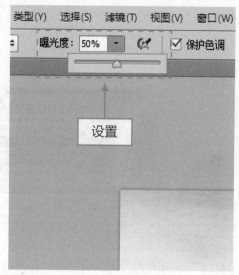

图 13-71 设置曝光度

图 13-72 加深图像颜色

专家指点

在 Photoshop CC 中，如果用户只是对图像进行简单的颜色加深操作，此时使用加深工具处理图像是非常方便、快捷的。但如果用户对图像画面的色感要求较高，此时建议用户使用专业的调色命令处理网页图像的色调。

13.4.3 使用海绵工具

在 Photoshop CC 中，海绵工具 为色彩饱和度调整工具，使用海绵工具可以精确地更改选区图像的色彩饱和度。其"模式"有两种："饱和"与"降低饱和度"。选取海绵工具后，其工具属性栏如图 13-73 所示。

图 13-73 海绵工具属性栏

在海绵工具的工具属性栏中，各主要选项含义如下。

1 模式：用于设置添加颜色或者降低颜色。

2 流量：用于设置海绵工具的作用强度。

3 自然饱和度：选中该复选框后，可以得到最自然的加色或减色效果。

选取工具箱中的海绵工具，在工具属性栏中设置工具的相关属性，然后移动鼠标至图像编辑窗口中，单击鼠标左键并拖曳，进行涂抹，即可使用海绵工具调整图像。如图 13-74 所示为使用海绵工具调整网页图像色调后的前后对比效果。

图 13-74 使用海绵工具调整网页图像色调的效果

13.5 擦除网页图像

擦除图像的工具包括橡皮擦工具 ✐、背景橡皮擦工具 ✐、魔术橡皮擦工具 ✐ 3 种，使用橡皮擦和魔术橡皮擦工具可以将图像区域擦除为透明或用背景色填充；使用背景橡皮擦工具可以将图层擦除为透明的图层。本节主要向读者介绍使用工具擦除网页图像画面的方法。

13.5.1 使用橡皮擦工具

在 Photoshop CC 中，橡皮擦工具 ✐ 可以擦除图像。如果处理的是"背景"图层或锁定了透明区域的图层，涂抹区域会显示为背景色；处理其他图层时，可以擦除涂抹区域的像素。选取橡皮擦工具后，其工具属性栏如图 13-75 所示。

图 13-75 橡皮擦工具属性栏

在橡皮擦工具的工具属性栏中，各主要选项含义如下。

1 模式：可以选择橡皮擦的种类。选择"画笔"选项，可以创建柔边擦除效果；选择"铅笔"选项，可以创建硬边擦除效果；选择"块"选项，擦除的效果为块状。

2 不透明度：设置工具的擦除强度。100% 的不透明度可以完全擦除像素，较低的不透明度将部分擦除像素。

3 流量：用来控制工具的涂抹速度。

4 喷枪工具：选取工具属性栏中的喷枪工具，将以喷枪工具的作图模式进行擦除。

5 抹到历史记录：选中该复选框后，橡皮擦工具就具有了历史记录画笔的功能。

在 Photoshop CC 中处理需要擦除的网页图像时，如图 13-76 所示。先选取工具箱中的橡皮擦工具，如图 13-77 所示。

图 13-76 处理需要擦除的网页图像　　　　　　　　　图 13-77 选取橡皮擦工具

在工具箱底部单击背景色色块，弹出"拾色器（背景色）"对话框，设置背景色为粉红色（RGB参数值为 250、41、96），如图 13-78 所示。移动鼠标指针至图像编辑窗口左上角位置，单击鼠标左键涂抹，即可擦除图像，擦除区域以背景色填充，效果如图 13-79 所示。

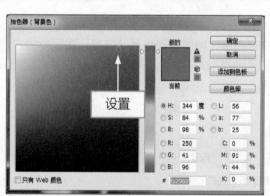

图 13-78 设置背景色为粉红色　　　　　　　　　图 13-79 擦除图像的效果

13.5.2　使用背景橡皮擦工具

在 Photoshop CC 中，使用背景橡皮擦工具可以擦除图像的背景区域，并将其涂抹成透明的区域，在涂抹背景图像的同时保留对象的边缘，是非常重要的抠图工具。

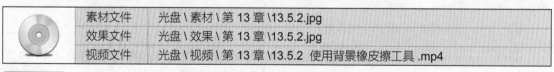

	素材文件	光盘 \ 素材 \ 第 13 章 \13.5.2.jpg
	效果文件	光盘 \ 效果 \ 第 13 章 \13.5.2.jpg
	视频文件	光盘 \ 视频 \ 第 13 章 \13.5.2 使用背景橡皮擦工具 .mp4

步骤 01　单击"文件"|"打开"命令，打开一幅素材图像，如图 13-80 所示。

步骤 02　选取工具箱中的背景橡皮擦工具，如图 13-81 所示。

图 13-80 打开素材图像

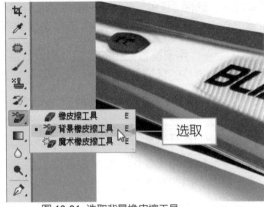

图 13-81 选取背景橡皮擦工具

步骤 03 在工具属性栏中设置"大小"为 100 像素,如图 13-82 所示。

步骤 04 移动鼠标指针至图像编辑窗口中,单击鼠标左键并拖曳进行涂抹,即可擦除背景区域,如图 13-83 所示。

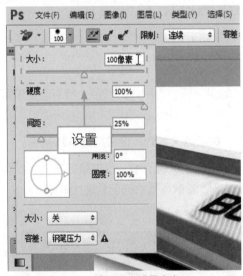

图 13-82 设置大小

图 13-83 擦除背景区域

选取背景橡皮擦工具后,其工具属性栏如图 13-84 所示。

图 13-84 背景橡皮擦工具属性栏

在背景橡皮擦工具的工具属性栏中,各主要选项含义如下。

1 取样:用来设置取样方式。

2 限制:定义擦除时的限制模式。选择"不连续"选项,可以擦除出现在光标下任何位置的样本颜色；选择"连续"选项，只擦除包含样本颜色并且互相连接的区域；选择"查找边缘"选项，可擦除包含样板颜色的连续区域，同时更好地保留性状边缘的锐化程度。

3 容差：用来设置颜色的容差范围。低容差仅限于擦除与样本颜色非常相似的区域，高容差可擦除范围更广的区域。

4 保护前景色：选中该复选框后，可以防止擦除与前景色匹配的区域。

13.5.3 使用魔术橡皮擦工具

在 Photoshop CC 中，魔术橡皮擦工具是对图像中相同或相近的颜色进行擦除操作，被擦除后的区域均以透明方式显示。

选取魔术橡皮擦工具后，其工具属性栏如图 13-85 所示。

图 13-85 魔术橡皮擦工具属性栏

在魔术橡皮擦工具的工具属性栏中，各主要选项含义如下。

1 消除锯齿：选中该复选框，可以使擦除边缘平滑。

2 连续：选中该复选框后，擦除仅与单击处相邻的且在容差范围内的颜色；若不选中该复选框，则擦除图像中所有符合容差范围内的颜色。

3 不透明度：设置所要擦除图像区域的不透明度，数值越大，则图像被擦除得越彻底。

选取工具箱中的魔术橡皮擦工具，移动鼠标指针至图像编辑窗口中，单击鼠标左键，即可将背景区域擦除。如图 13-86 所示为使用魔术橡皮擦工具擦除图像背景后的前后对比效果。

图 13-86 使用魔术橡皮擦工具擦除图像背景的效果

14 调整网页图像色彩色调

学习提示

　　Photoshop CC 拥有多种强大的颜色调整功能，使用"曲线"、"色阶"等命令可以轻松调整图像的色相、饱和度、对比度和亮度，修正有色彩不平衡、曝光不足或过度等缺陷的图像。本章主要介绍网页图像色彩和色调的调整方法，学完本章以后可以调出丰富多彩的网页图像效果。

本章重点导航

- 使用"填充"命令填充颜色
- 使用吸管工具填充颜色
- 使用油漆桶工具填充颜色
- 使用渐变工具填充颜色
- 使用"自动色调"命令调整图像色调
- 使用"自动对比度"命令调整图像对比度
- 使用"自动颜色"命令调整图像颜色
- 使用"色阶"命令调整图像色阶

- 使用"亮度/对比度"命令调整图像亮度
- 使用"曲线"命令调整图像色调
- 使用"曝光度"命令调整图像曝光度
- 使用"色彩平衡"命令调整图像色彩
- 使用"替换颜色"命令替换图像颜色
- 使用"可选颜色"命令更改图像颜色
- 使用"黑白"命令制作图像黑白特效
- 使用"阈值"命令制作图像黑白特效

14.1 填充网页图像的颜色

在编辑图像的过程中，通常会根据整幅图像的设计效果，对每一个图像元素填充不同颜色。本节主要向读者介绍使用"填充"命令、吸管工具、油漆桶工具和渐变工具填充网页图像的操作方法。

14.1.1 使用"填充"命令填充颜色

在 Photoshop CC 中，用户可以运用"填充"命令对选区或图像填充颜色，使制作的网页图像色彩更加丰富、画面更加美观。

素材文件	光盘 \ 素材 \ 第 14 章 \14.1.1.jpg
效果文件	光盘 \ 效果 \ 第 14 章 \14.1.1.jpg
视频文件	光盘 \ 视频 \ 第 14 章 \14.1.1 使用"填充"命令填充颜色 .mp4

步骤 01 单击"文件"|"打开"命令，打开一幅素材图像，在工具箱中选取魔棒工具，在图像编辑窗口中创建一个选区，如图 14-1 所示。

步骤 02 单击前景色色块，弹出"拾色器（前景色）"对话框，设置 RGB 参数值分别为 255、240、155，如图 14-2 所示，单击"确定"按钮。

图 14-1 创建一个选区

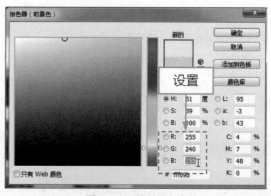

图 14-2 设置前景色参数

步骤 03 在菜单栏中，单击"编辑"菜单，在弹出的菜单列表中单击"填充"命令，如图 14-3 所示。

步骤 04 弹出"填充"对话框，单击"使用"右侧的下拉按钮，在弹出的列表框中选择"前景色"选项，如图 14-4 所示。

 专家指点

在 Photoshop CC 中，按【Shift + F5】组合键，也可以弹出"填充"对话框。

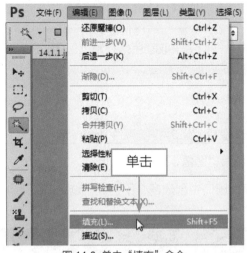

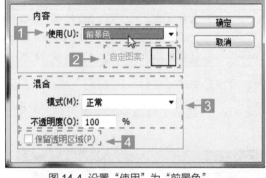

图 14-3 单击"填充"命令　　　　图 14-4 设置"使用"为"前景色"

在"填充"对话框中，各主要选项的含义如下。

1 使用：在该列表框中可以选择 7 种不同的填充类型，包括"前景色"、"背景色"和"颜色"等。

2 自定图案：选择"使用"列表框中的"图案"选项，"自定图案"选项将呈可用状态，单击其右侧的下拉按钮，在弹出的图案面板中选择一种图案，进行图案填充。

3 混合：用于设置填充模式和不透明度。

4 保留透明区域：对图层进行颜色填充时，可以保留透明的部分不填充颜色，该复选框只有对透明的图层进行填充时才有效。

步骤 05　在对话框中设置完成后，单击"确定"按钮，即可运用"填充"命令填充颜色，如图 14-5 所示。

步骤 06　按【Ctrl + D】组合键，取消选区，效果如图 14-6 所示。

图 14-5 填充前景色　　　　图 14-6 取消选区查看效果

14.1.2 使用吸管工具填充颜色

在 Photoshop CC 软件中处理图像时，如果需要从图像中获取颜色修补附近区域，就需要用到吸管工具。下面向读者介绍运用吸管工具填充图像颜色的操作方法。

	素材文件	光盘 \ 素材 \ 第 14 章 \14.1.2.jpg
	效果文件	光盘 \ 效果 \ 第 14 章 \14.1.2.jpg
	视频文件	光盘 \ 视频 \ 第 14 章 \14.1.2 使用吸管工具填充颜色 .mp4

步骤 01 单击"文件"|"打开"命令，打开一幅素材图像，如图 14-7 所示。

步骤 02 选取工具箱中的魔棒工具，在图像编辑窗口中创建多个不连续的选区，如图 14-8 所示。

图 14-7 打开素材图像

图 14-8 创建选区

步骤 03 选取工具箱中的吸管工具，移动鼠标指针至图像编辑窗口中的淡黄色区域，单击鼠标左键即可吸取颜色，如图 14-9 所示。

步骤 04 执行上述操作后，前景色自动变为淡黄色，按【Alt + Delete】组合键，即可为选区内填充颜色，按【Ctrl + D】组合键取消选区，效果如图 14-10 所示。

图 14-9 单击鼠标左键吸取颜色

图 14-10 填充选区的效果

14.1.3 使用油漆桶工具填充颜色

在 Photoshop CC 软件中使用油漆桶工具，可以快速、便捷地为图像填充颜色，填充颜色以前景色为准。

选取工具箱中的魔棒工具，移动鼠标指针至图像编辑窗口中的合适位置，单击鼠标左键，创建选区，如图 14-11 所示。单击工具箱下方的"设置前景色"色块，弹出"拾色器（前景色）"对话框，设置前景色为浅绿色（RGB 参数值分别为 207、255、210），如图 14-12 所示，单击"确定"按钮。

图 14-11 在图像中创建选区

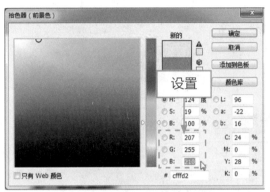

图 14-12 设置前景色为浅绿色

在工具箱中，选取油漆桶工具，如图 14-13 所示。移动鼠标指针至选区中，多次单击鼠标左键，即可为选区填充颜色，按【Ctrl + D】组合键，取消选区，效果如图 14-14 所示。

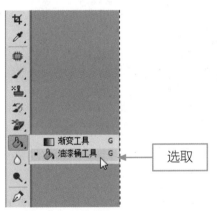

图 14-13 选取油漆桶工具

图 14-14 填充选区的画面效果

14.1.4 使用渐变工具填充颜色

在 Photoshop CC 中，运用渐变工具 ■ 可以对所选定的图像进行多种颜色的混合填充，从而增强图像的视觉效果。

素材文件	光盘 \ 素材 \ 第 14 章 \14.1.4.jpg
效果文件	光盘 \ 效果 \ 第 14 章 \14.1.4.jpg
视频文件	光盘 \ 视频 \ 第 14 章 \14.1.4 使用渐变工具填充颜色 .mp4

步骤 01 单击"文件"|"打开"命令，打开一幅素材图像，如图 14-15 所示。

步骤 02 设置前景色为绿色（RGB 为 150、255、180），背景色为白色，如图 14-16 所示。

图 14-15 打开素材图像

图 14-16 设置颜色

步骤 03 在工具箱中，选取渐变工具 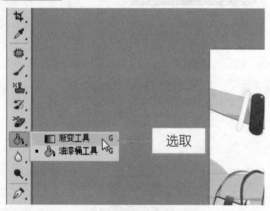，如图 14-17 所示。

步骤 04 在工具属性栏中，单击"点按可编辑渐变"色块，如图 14-18 所示。

图 14-17 选取渐变工具

图 14-18 单击"点按可编辑渐变"色块

步骤 05 弹出"渐变编辑器"对话框，设置"预设"为"前景色到背景色渐变"，如图 14-19 所示。

步骤 06 在下方设置右侧的第 2 个色调的颜色为绿色（RGB 为 6、168、52），如图 14-20 所示。

步骤 07 单击"确定"按钮，运用魔棒工具在图像中的适当位置创建选区，然后切换至渐变工具，将鼠标指针移至图像中的选区内，从上往下拖曳鼠标，即可为图像填充渐变色，如图 14-21 所示。

步骤 08 按【Ctrl + D】组合键，取消选区，效果如图 14-22 所示。

图 14-19 填充颜色 "渐变编辑器"对话框

图 14-20 填充渐变颜色

图 14-21 为图像填充渐变色

图 14-22 取消选区后的效果

14.2 校正网页图像色彩 / 色调

在 Photoshop CC 中,用户可以通过"自动色调"、"自动对比度"以及"自动颜色"命令来自动调整图像的色彩与色调。

14.2.1 使用"自动色调"命令调整图像色调

在 Photoshop CC 中,"自动色调"命令是根据图像整体颜色的明暗程度进行自动调整,使得亮部与暗部的颜色按一定的比例分布。

单击"文件"|"打开"命令,打开一幅素材图像,如图 14-23 所示。在菜单栏中,单击"图像"|"自动色调"命令,即可自动调整图像明暗,效果如图 14-24 所示。

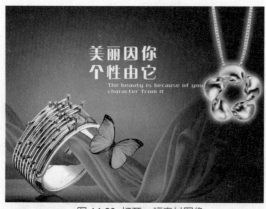

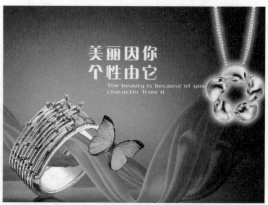

图 14-23 打开一幅素材图像　　　　　　　　图 14-24 自动调整图像明暗效果

专家指点

除了运用"自动色调"命令调整图像色彩明暗外，还可以按【Shift + Ctrl + L】组合键，调整图像明暗。

14.2.2　使用"自动对比度"命令调整图像对比度

在 Photoshop CC 中，"自动对比度"命令会自动将图像最深的颜色加强为黑色，最亮的部分加强为白色，以增强图像的对比度，此命令对于连续调的图像效果相当明显，而对于单色或颜色不丰富的图像几乎不产生作用。

在图像编辑窗口中处理需要调整对比度的图像时，如图 14-25 所示。在菜单栏中，单击"图像"|"自动对比度"命令，即可调整图像对比度，效果如图 14-26 所示。

图 14-25 处理需要调整对比度的图像　　　　图 14-26 调整图像对比度的效果

专家指点

除了运用"自动对比度"命令调整图像的对比度外，还可以按【Alt + Shift + Ctrl + L】组合键，调整图像的对比度效果。

14.2.3 使用"自动颜色"命令调整图像颜色

使用"自动颜色"命令，可以自动识别图像中的实际阴影、中间调和高光，从而自动校正图像的颜色。

在图像编辑窗口中处理需要调整颜色的图像时，如图 14-27 所示。在菜单栏中，单击"图像"|"自动颜色"命令，即可调整图像的颜色，效果如图 14-28 所示。

图 14-27 处理需要调整颜色的图像

图 14-28 调整图像颜色的效果

专家指点

除了运用上述命令可以自动调整图像颜色外，按【Shift + Ctrl + B】组合键，也可以自动校正图像颜色。

14.3 简单调整网页图像色彩

在 Photoshop CC 中，熟练掌握各种调色方法，可以调整出丰富多彩的图像效果。调整图像色彩主要可以通过"色阶"、"亮度 / 对比度"、"曲线"以及"曝光度"等命令来实现。本节主要向读者介绍简单调整网页图像色彩的操作方法。

14.3.1 使用"色阶"命令调整图像色阶

"色阶"命令是将每个通道中最亮和最暗的像素定义为白色和黑色，按比例重新分配中间像素值，从而校正图像的色调范围和色彩平衡。

素材文件	光盘 \ 素材 \ 第 14 章 \14.3.1.jpg	
效果文件	光盘 \ 效果 \ 第 14 章 \14.3.1.jpg	
视频文件	光盘 \ 视频 \ 第 14 章 \14.3.1 使用"色阶"命令调整图像色阶 .mp4	

步骤 01 单击"文件"|"打开"命令，打开一幅素材图像，如图 14-29 所示。

步骤 02 在菜单栏中，单击"图像"|"调整"|"色阶"命令，如图 14-30 所示。

图 14-29 打开素材图像

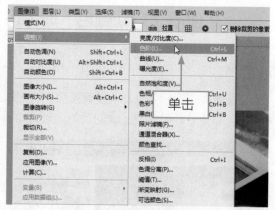

图 14-30 单击"色阶"命令

步骤 03 弹出"色阶"对话框，设置"输入色阶"为 3、1.45、221，如图 14-31 所示。

步骤 04 单击"确定"按钮，即可调整图像亮度，效果如图 14-32 所示。

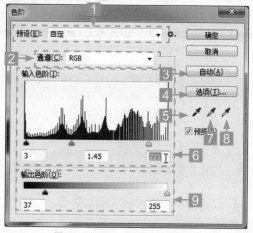

图 14-31 弹出"色阶"对话框

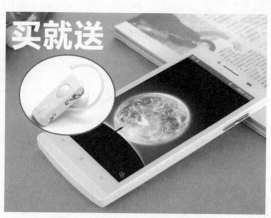

图 14-32 调整图像亮度的效果

在"色阶"对话框中，各主要选项含义如下。

1 预设：单击"预设选项"按钮 ，在弹出的列表框中，选择"存储预设"选项，可以将当前的调整参数保存为一个预设的文件。

2 通道：可以选择一个通道进行调整，调整通道会影响图像的颜色。

3 自动：单击该按钮，可以应用自动颜色校正，Photoshop 会以 0.5% 的比例自动调整图像色阶，使图像的亮度分布更加均匀。

4 选项：单击该按钮，可以打开"自动颜色校正选项"对话框，在该对话框中可以设置黑色像素和白色像素的比例。

5 在图像中取样以设置白场：使用该工具在图像中单击，可以将单击点的像素调整为白色，原图中比该点亮度值高的像素也都会变为白色。

6 输入色阶：用来调整图像的阴影、中间调和高光区域。

7 在图像中取样以设置灰场：使用该工具在图像中单击，可以根据单击点像素的亮度来调整其他中间色调的平均亮度，通常用来校正色偏。

8 在图像中取样以设置黑场：使用该工具在图像中单击，可以将单击点的像素调整为黑色，原图中比该点暗的像素也变为黑色。

9 输出色阶：可以限制图像的亮度范围，从而降低对比度，使图像呈现褪色效果。

14.3.2 使用"亮度/对比度"命令调整图像亮度

"亮度/对比度"命令主要对图像每个像素的亮度和对比度进行调整，此调整方式方便、快捷，但不适合用于较为复杂的图像。

素材文件	光盘\素材\第 14 章\14.3.2.jpg
效果文件	光盘\效果\第 14 章\14.3.2.jpg
视频文件	光盘\视频\第 14 章\14.3.2 使用"亮度/对比度"命令调整图像亮度.mp4

步骤 01　单击"文件"|"打开"命令，打开一幅素材图像，如图 14-33 所示。

步骤 02　在菜单栏中，单击"图像"|"调整"|"亮度/对比度"命令，如图 14-34 所示。

图 14-33 打开素材图像

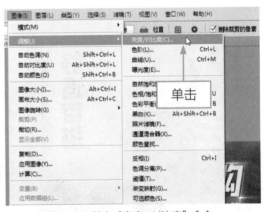

图 14-34 单击"亮度/对比度"命令

步骤 03　弹出"亮度/对比度"对话框，在其中设置"亮度"为 50、"对比度"为 40，如图 14-35 所示。

步骤 04　单击"确定"按钮，即可调整图像亮度和对比度，效果如图 14-36 所示。

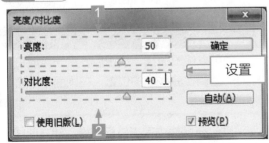

图 14-35 弹出"亮度/对比度"对话框

图 14-36 调整图像亮度和对比度的效果

在"亮度/对比度"对话框中，各主要选项含义如下。

1 亮度：用于调整图像的亮度。该值为正时增加图像亮度，为负时降低亮度。

2 对比度：用于调整图像的对比度。正值时增加图像对比度，负值时降低对比度。

 专家指点

> 使用"亮度/对比度"命令可以对图像的色调范围进行简单的调整，其与"曲线"和"色阶"命令不同，它对图像中的每个像素均进行同样的调整，而对单个通道不起作用。建议不要用于高端输出，以免引起图像中细节的丢失。

14.3.3　使用"曲线"命令调整图像色调

　　"曲线"命令调节曲线的方式，可以对图像的亮调、中间调和暗调进行适当调整，而且只对某一范围的图像进行色调的调整。

素材文件	光盘 \ 素材 \ 第 14 章 \14.3.3.jpg
效果文件	光盘 \ 效果 \ 第 14 章 \14.3.3.jpg
视频文件	光盘 \ 视频 \ 第 14 章 \14.3.3 使用"曲线"命令调整图像色调 .mp4

步骤 01　单击"文件"|"打开"命令，打开一幅素材图像，如图 14-37 所示。

步骤 02　选择"背景"图层，单击"图像"|"调整"|"曲线"命令，如图 14-38 所示。

图 14-37　打开素材图像

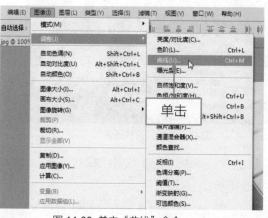

图 14-38　单击"曲线"命令

 专家指点

> 在"曲线"对话框中，单击"在图像上单击并拖动可以修改曲线"按钮后，将光标放在图像上，曲线上会出现一个圆形图形，它代表光标处的色调在曲线上的位置，在画面中单击并拖动鼠标可以添加控制点并调整相应的色调。

步骤 03　执行上述操作后，即可弹出"曲线"对话框，在网格中单击鼠标左键，建立曲线编辑点，设置"输出"为76、"输入"为34，如图 14-39 所示。

步骤 04　单击"确定"按钮，即可调整图像色调，效果如图 14-40 所示。

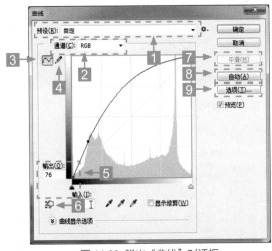

图 14-39 弹出"曲线"对话框

图 14-40 调整图像色调的效果

在"曲线"对话框中,各主要选项含义如下。

1 预设:包含了 Photoshop 提供的各种预设调整文件,可以用于调整图像。

2 通道:在其列表框中可以选择要调整的通道,调整通道会改变图像的颜色。

3 编辑点以修改曲线:该按钮为选中状态,此时在曲线中单击可以添加新的控制点,拖动控制点改变曲线形状即可调整图像。

4 通过绘制来修改曲线:单击该按钮后,可以绘制手绘效果的自由曲线。

5 输出 / 输入:"输入"色阶显示了图像调整前的像素值,"输出"色阶显示了调整后的像素值。

6 在图像上单击并拖动可以修改曲线:单击该按钮后,将光标放在图像上,曲线上会出现一个圆形图形,它代表光标处的色调在曲线上的位置,在画面中单击并拖动鼠标可以添加控制点并调整相应的色调。

7 平滑:使用铅笔绘制曲线后,单击该按钮,可以对曲线进行平滑处理。

8 自动:单击该按钮,可以对图像应用"自动颜色"、"自动对比度"或"自动色调"校正。具体校正内容取决于"自动颜色校正选项"对话框中的设置。

9 选项:单击该按钮,可以打开"自动颜色校正选项"对话框。自动颜色校正选项用来控制由"色阶"和"曲线"中的"自动颜色"、"自动色调"、"自动对比度"和"自动"选项应用的色调和颜色校正。它允许指定"阴影"和"高光"剪切百分比,并为阴影、中间调和高光指定颜色值。

 专家指点

在 Photoshop CC 中,按【Ctrl + M】组合键,也可以弹出"曲线"对话框。

14.3.4 使用"曝光度"命令调整图像曝光度

有些图像因为曝光过度而导致图像偏白,或因为曝光不足而导致图像偏暗,可以使用"曝光度"命令调整图像的曝光度。

素材文件	光盘 \ 素材 \ 第 14 章 \14.3.4.jpg
效果文件	光盘 \ 效果 \ 第 14 章 \14.3.4.jpg
视频文件	光盘 \ 视频 \ 第 14 章 \14.3.4 使用"曝光度"命令调整图像曝光度 .mp4

步骤 01 单击"文件"|"打开"命令，打开一幅素材图像，如图 14-41 所示。

步骤 02 选择"背景"图层，在菜单栏中单击"图像"|"调整"|"曝光度"命令，如图 14-42 所示。

图 14-41 打开素材图像

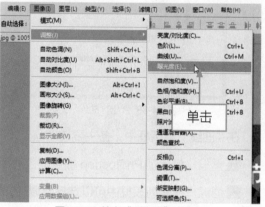

图 14-42 单击"曝光度"命令

步骤 03 执行上述操作后，弹出"曝光度"对话框，在其中设置"曝光度"为 1.85，如图 14-43 所示。

步骤 04 单击"确定"按钮，即可调整图像曝光度，效果如图 14-44 所示。

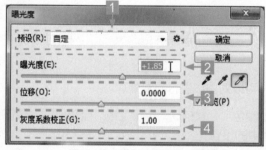

图 14-43 弹出"曝光度"对话框

图 14-44 调整图像曝光度效果

在"曝光度"对话框中，各主要选项含义如下。

1 预设：可以选择一个预设的曝光度调整文件。

2 曝光度：调整色调范围的高光端，对极限阴影的影响很轻微。

3 位移：使阴影和中间调变暗，对高光的影响很轻微。

4 系数校正：使用简单乘方函数可以调整图像灰度系数，负值会被视为它们的相应正值。

专家指点

在 Photoshop CC 中，单击"图像"菜单，在弹出的菜单列表中依次按键盘上的【J】、

【E】键，也可以执行"曝光度"命令。

14.4　高级调整网页图像色调

　　网页图像的色调主要通过"色彩平衡"、"色相／饱和度"和"替换颜色"等命令进行操作，下面将分别介绍使用各命令进行色调调整的方法。

14.4.1　使用"自然饱和度"命令调整图像饱和度

　　在 Photoshop CC 中，"自然饱和度"命令可以调整整幅图像或单个颜色分量的饱和度和亮度值。

	素材文件	光盘 \ 素材 \ 第 14 章 \14.4.1.jpg
	效果文件	光盘 \ 效果 \ 第 14 章 \14.4.1.jpg
	视频文件	光盘 \ 视频 \ 第 14 章 \14.4.1 使用"自然饱和度"命令调整图像饱和度 .mp4

步骤 01　单击"文件" |"打开"命令，打开一幅素材图像，如图 14-45 所示。

步骤 02　在菜单栏中单击"图像" |"调整" |"自然饱和度"命令，如图 14-46 所示。

图 14-45 打开素材图像

图 14-46 单击"自然饱和度"命令

 专家指点

　　在 Photoshop CC 中，单击"图像"菜单，在弹出的菜单列表中依次按键盘上的【J】、【V】键，也可以执行"自然饱和度"命令。

步骤 03　执行上述操作后，即可弹出"自然饱和度"对话框，设置"自然饱和度"为91、"饱和度"为20，如图 14-47 所示。

步骤 04　单击"确定"按钮，即可调整图像的饱和度，效果如图 14-48 所示。

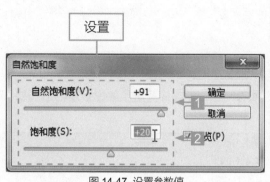

设置

图 14-47 设置参数值

图 14-48 调整图像的饱和度效果

在"自然饱和度"对话框中，各主要选项含义如下。

1 自然饱和度：在颜色接近最大饱和度时，最大限度地减少修剪，可以防止过度饱和。

2 饱和度：用于调整所有颜色，而不考虑当前的饱和度。

14.4.2 使用"色相/饱和度"命令调整图像色相

"色相/饱和度"命令可以调整整幅图像或单个颜色分量的色相、饱和度和亮度值，还可以同步调整图像中所有的颜色。

素材文件	光盘 \ 素材 \ 第 14 章 \14.4.2.jpg
效果文件	光盘 \ 效果 \ 第 14 章 \14.4.2.jpg
视频文件	光盘 \ 视频 \ 第 14 章 \14.4.2 使用"色相 / 饱和度"命令调整图像色相 .mp4

步骤 01 单击"文件"|"打开"命令，打开一幅素材图像，如图 14-49 所示。

步骤 02 在菜单栏中单击"图像"|"调整"|"色相 / 饱和度"命令，如图 14-50 所示。

图 14-49 打开素材图像

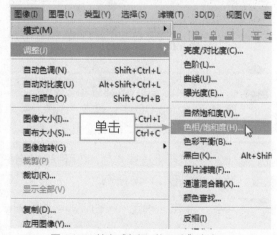

图 14-50 单击"色相 / 饱和度"命令

步骤 03 执行上述操作后，即可弹出"色相/饱和度"对话框，设置"色相"为 -11、"饱和度"为 32，如图 14-51 所示。

步骤 04 单击"确定"按钮，即可调整图像色相，效果如图 14-52 所示。

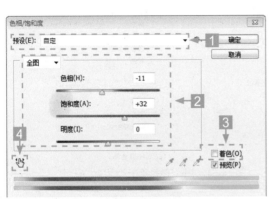

图 14-51 设置各参数

图 14-52 调整图像色相效果

在"色相/饱和度"对话框中，各主要选项含义如下。

1 预设：在"预设"列表框中提供了 8 种色相/饱和度预设。

2 通道：在"通道"列表框中可以选择全图、红色、黄色、绿色、青色、蓝色和洋红通道，进行色相、饱和度和明度的参数调整。

3 着色：选中该复选框后，图像会整体偏向于单一的红色调。

4 在图像上单击并拖动可修改饱和度：使用该工具在图像上单击设置取样点以后，向右拖曳鼠标可以增加图像的饱和度；向左拖曳鼠标可以降低图像的饱和度。

专家指点

在 Photoshop CC 中，用户按【Ctrl + U】组合键，或者在"图像"菜单下，依次按键盘上的【J】、【H】键，也可以弹出"色相/饱和度"对话框。

14.4.3 使用"色彩平衡"命令调整图像色彩

"色彩平衡"命令主要是通过增加或减少处于高光、中间调及阴影区域中的特定颜色，改变图像的整体色调。

	素材文件	光盘\素材\第 14 章\14.4.3.jpg
	效果文件	光盘\效果\第 14 章\14.4.3.jpg
	视频文件	光盘\视频\第 14 章\14.4.3 使用"色彩平衡"命令调整图像色彩 .mp4

步骤 01 单击"文件"|"打开"命令，打开一幅素材图像，如图 14-53 所示。

步骤 02 选择"背景"图层，单击"图像"|"调整"|"色彩平衡"命令，如图 14-54 所示。

图 14-53 打开素材图像

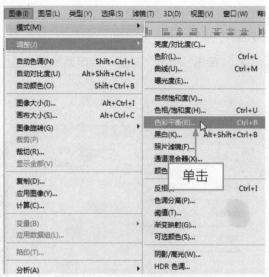

图 14-54 单击"色彩平衡"命令

专家指点

在 Photoshop CC 中，用户按【Ctrl + B】组合键，或者在"图像"菜单下，依次按键盘上的【J】、【B】键，也可以弹出"色彩平衡"对话框。

步骤 03　执行上述操作后，即可弹出"色彩平衡"对话框，设置"色阶"为 15、-100、-100，如图 14-55 所示。

步骤 04　单击"确定"按钮，即可调整图像偏色，效果如图 14-56 所示。

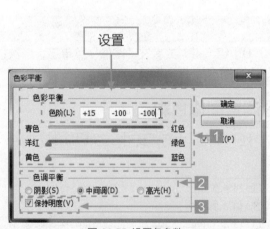

图 14-55 设置各参数

图 14-56 调整偏色后的图像效果

在"色彩平衡"对话框中，各主要选项含义如下。

1 色彩平衡：分别显示了青色和红色、洋红和绿色、黄色和蓝色这 3 对互补的颜色，每一对颜色中间的滑块用于控制各主要色彩的增减。

2 色调平衡：分别选中该区域中的 3 个单选按钮，可以调整图像颜色的最暗度、中间调和最亮度。

3 保持明度：选中该复选框后，当调整色彩参数时，图像像素的亮度值不会变，只有颜色值会发生变化。

14.4.4 使用"替换颜色"命令替换图像颜色

在 Photoshop CC 中，使用"替换颜色"命令能够基于特定颜色通过在图像中创建蒙版来调整色相、饱和度和明度值。

	素材文件	光盘 \ 素材 \ 第 14 章 \14.4.4.jpg
	效果文件	光盘 \ 效果 \ 第 14 章 \14.4.4.jpg
	视频文件	光盘 \ 视频 \ 第 14 章 \14.4.4 使用"替换颜色"命令替换图像颜色 .mp4

步骤 01 单击"文件"|"打开"命令，打开一幅素材图像，如图 14-57 所示。

步骤 02 在菜单栏中单击"图像"|"调整"|"替换颜色"命令，如图 14-58 所示。

图 14-57 打开素材图像

图 14-58 单击"替换颜色"命令

专家指点

在 Photoshop CC 中，用户在"图像"菜单下，依次按键盘上的【J】、【R】键，也可以弹出"替换颜色"对话框。

步骤 03 执行上述操作后，即可弹出"替换颜色"对话框，单击"添加到取样"按钮，在黑色矩形框中适当位置重复单击，即可选中颜色相近的区域，在"替换"选项区中，设置"色相"为 121、"饱和度"为 31，如图 14-59 所示。

步骤 04 单击"确定"按钮，即可替换图像颜色，如图 14-60 所示。

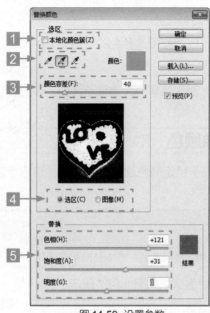

图 14-59 设置参数

图 14-60 替换图像色调

在"替换颜色"对话框中，各主要选项含义如下。

1 本地化颜色簇：该复选框主要用来在图像上选择多种颜色。

2 吸管：单击"吸管工具"按钮 ▓ 后，在图像上单击鼠标左键可以选中单击点处的颜色，同时在"选区"缩略图中也会显示出选中的颜色区域；单击"添加到取样"按钮 后，在图像上单击鼠标左键，可以将单击点处的颜色添加到选中的颜色中；单击"从取样中减去"按钮 ，在图像上单击鼠标左键，可以将单击点处的颜色从选定的颜色中减去。

3 颜色容差：该选项用来控制选中颜色的范围，数值越大，选中的颜色范围越广。

4 选区 / 图像：选择"选区"选项，可以以蒙版的方式进行显示，其中白色表示选中的颜色，黑色表示未选中的颜色，灰色表示只选中了部分颜色；选择"图像"选项，则只会显示图像。

5 色相 / 饱和度 / 明度：这 3 个选项与"色相 / 饱和度"命令的 3 个选项相同，可以调整选定颜色的色相、饱和度和明度。

14.4.5 使用"可选颜色"命令更改图像颜色

"可选颜色"命令主要用来校正图像的色彩不平衡和调整图像的色彩，它可以在高档扫描仪和分色程序中使用，并有选择性地修改主要颜色的印刷数量，不会影响到其他主要颜色。下面向读者介绍使用"可选颜色"命令更改图像颜色的操作方法。

素材文件	光盘 \ 素材 \ 第 14 章 \14.4.5.jpg
效果文件	光盘 \ 效果 \ 第 14 章 \14.4.5.jpg
视频文件	光盘 \ 视频 \ 第 14 章 \14.4.5 使用"可选颜色"命令更改图像颜色 .mp4

步骤 **01** 单击"文件"|"打开"命令，打开一幅素材图像，如图 14-61 所示。

步骤 **02** 在菜单栏中单击"图像"|"调整"|"可选颜色"命令，如图 14-62 所示。

图 14-61 打开素材图像

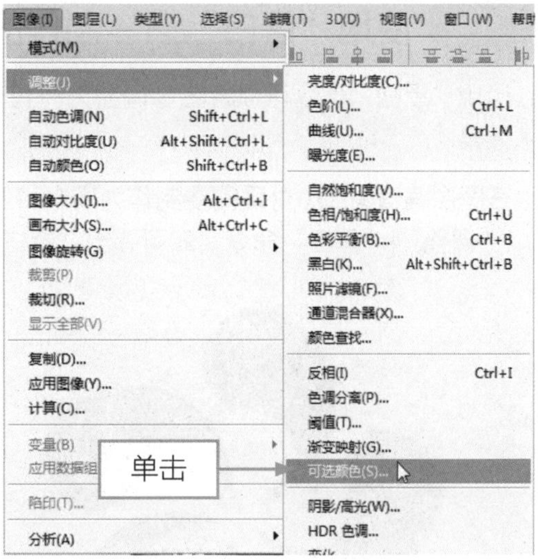

图 14-62 单击"可选颜色"命令

步骤 03 执行上述操作后,即可弹出"可选颜色"对话框,设置"黄色"为 -100%、"黑色"为 40%,如图 14-63 所示。

步骤 04 单击"确定"按钮,即可校正图像颜色平衡,效果如图 14-64 所示。

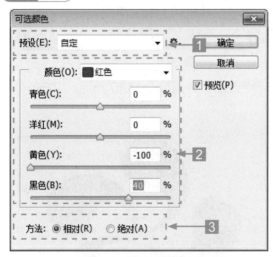

图 14-63 设置参数值

图 14-64 校正图像颜色平衡效果

在"可选颜色"对话框中,各主要选项含义如下。

1 预设:可以使用系统预设的参数对图像进行调整。

2 颜色:可以选择要改变的颜色,然后通过下方的"青色"、"洋红"、"黄色"、"黑色"滑块对选择的颜色进行调整。

3 方法:该选项区中包括"相对"和"绝对"两个单选按钮,选中"相对"单选按钮,表示设置的颜色为相对于原颜色的改变量,即在原颜色的基础上增加或减少某种印刷色的含量;选中"绝对"单选按钮,则直接将原颜色校正为设置的颜色。

14.4.6 使用"黑白"命令制作图像黑白特效

　　运用"黑白"命令可以将图像调整为具有艺术感的黑白效果图像，也可以调整出不同单色的艺术效果。

　　在图像编辑窗口中处理需要制作为黑白特效的图像时，如图 14-65 所示。在菜单栏中，单击"图像"|"调整"|"黑白"命令，即可弹出"黑白"对话框，在其中设置各参数，如图 14-66 所示。

图 14-65　处理需要的图像

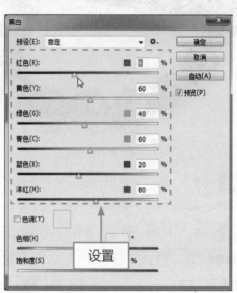

图 14-66　设置各参数

　　设置各参数后，单击"确定"按钮，即可制作单色图像，效果如图 14-67 所示。用户还可以制作出图像的其他单色效果，如图 14-68 所示。

图 14-67　制作单色图像效果

图 14-68　制作图像其他单色效果

14.4.7 使用"阈值"命令制作图像黑白特效

使用"阈值"命令可以将灰度或彩色图像转换为高对比度的黑白图像。指定某个色阶作为阈值，所有比阈值色阶亮的像素转换为白色，反之则转换为黑色。

在图像编辑窗口中处理需要制作为黑白特效的图像时，如图 14-69 所示。在菜单栏中单击"图像"|"调整"|"阈值"命令，如图 14-70 所示。

图 14-69 处理需要的图像

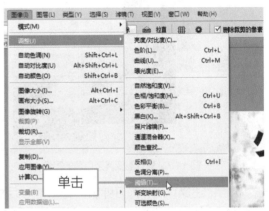

图 14-70 单击"阈值"命令

执行上述操作后，即可弹出"阈值"对话框，设置"阈值色阶"参数值为 185，如图 14-71 所示。单击"确定"按钮，即可制作黑白图像，效果如图 14-72 所示。

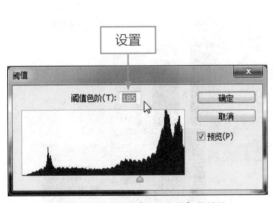

图 14-71 设置"阈值色阶"参数值

图 14-72 制作黑白图像效果

14.4.8 使用"变化"命令制作彩色图像

"变化"命令是一个简单直观的图像调整工具，在调整图像的颜色平衡、对比度以及饱和度的同时，能看到图像调整前和调整后的缩览图，使调整更为简单、明了。

在图像编辑窗口中处理需要制作为彩色的图像时，如图 14-73 所示。在菜单栏中单击"图像"|"调整"|"变化"命令，如图 14-74 所示。

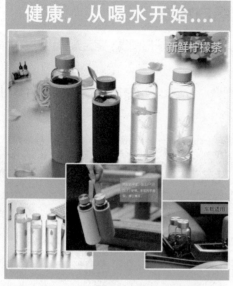

图 14-73 处理需要调整色调的图像

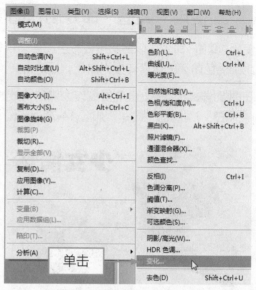

图 14-74 单击"变化"命令

执行上述操作后，即可弹出"变化"对话框，在"加深青色"缩略图上单击鼠标左键 3 次，如图 14-75 所示。单击"确定"按钮，即可使用"变化"命令制作彩色图像，其图像效果如图 14-76 所示。

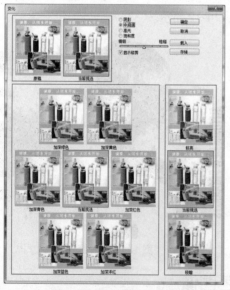

图 14-75 弹出"变化"对话框

图 14-76 制作彩色图像的效果

专家指点

"变化"命令对于调整色调均匀并且不需要精确调整色彩的图像非常有用，但是不能用于索引图像或 16 位通道图像。

15 创建网页选区与文本

学习提示

选区是指通过工具或者相应命令在图像上创建的选取范围。在网页设计中，文字的使用也是非常广泛的，通过对文字进行编排与设计，不但能够更加有效地表现设计主题，而且可以对网页起到美化作用。本章主要向读者介绍创建网页选区与文本的操作方法，希望读者熟练掌握。

本章重点导航

- 运用矩形选框工具创建矩形选区
- 运用椭圆选框工具创建椭圆选区
- 运用套索工具创建不规则选区
- 运用魔棒工具创建颜色选区
- 运用"色彩范围"命令自定选区
- 变换网页图像选区
- 剪切网页图像选区
- 边界网页图像选区

- 平滑网页图像选区
- 扩展网页图像选区
- 羽化网页图像选区
- 创建横排文字
- 创建直排文字
- 创建段落文字
- 创建横排选区文字
- 创建变形文字样式

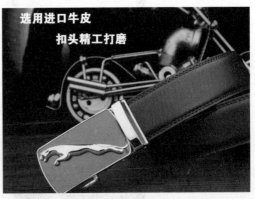

15.1 在网页图像中创建选区

用户在使用 Photoshop CC 进行网页图像处理时，为了使编辑的图像更加精确，经常需要在图像中创建选区或者对选区进行修改，使之更符合设计要求。本章主要向读者介绍在网页图像中创建选区的操作方法。

15.1.1 运用矩形选框工具创建矩形选区

在 Photoshop CC 中，矩形选框工具可以建立矩形选区，该工具是区域选择工具中最基本、最常用的工具。在工具箱中，选取矩形选框工具，如图 15-1 所示。在图像上单击鼠标左键并拖曳，即可创建一个矩形选区，如图 15-2 所示。

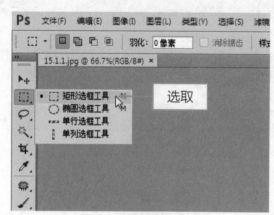

图 15-1 选取矩形选框工具　　图 15-2 创建一个矩形选区

设置背景色为白色，选取移动工具 ，拖曳选区内的图像至画面的中间，如图 15-3 所示。按【Ctrl + D】组合键，取消选区，效果如图 15-4 所示。

图 15-3 拖曳选区内的图像　　图 15-4 预览移动选区内图像的效果

专家指点

在 Photoshop CC 中，与创建矩形选框有关的技巧如下。

* 快捷键 1：按【M】键，可快速选取矩形选框工具。

* 快捷键 2：按【Shift】键，可创建正方形选区。

* 快捷键 3：按【Alt】键，可创建以起点为中心的矩形选区。

* 快捷键 4：按【Alt + Shift】组合键，可创建以起点为中心的正方形。

15.1.2 运用椭圆选框工具创建椭圆选区

在 Photoshop CC 中，用户运用椭圆选框工具可以创建椭圆选区或者是正圆选区。下面详细介绍创建椭圆选区的操作方法。

	素材文件	光盘 \ 素材 \ 第 15 章 \15.1.2.jpg
	效果文件	光盘 \ 效果 \ 第 15 章 \15.1.2.jpg
	视频文件	光盘 \ 视频 \ 第 15 章 \15.1.2 运用椭圆选框工具创建椭圆选区 .mp4

步骤 01　单击"文件"|"打开"命令，打开一幅素材图像，如图 15-5 所示。

步骤 02　选取工具箱中的椭圆选框工具 ◯，创建一个椭圆选区，如图 15-6 所示。

图 15-5 打开一幅素材图像

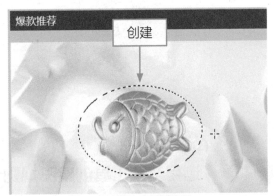

图 15-6 创建一个椭圆选区

专家指点

在 Photoshop CC 中，与创建椭圆选框有关的技巧如下。

* 快捷键 1：按【Shift + M】组合键，可快速选择椭圆选框工具。

* 快捷键 2：按【Shift】键，可创建正圆选区。

* 快捷键 3：按【Alt】键，可创建以起点为中心的椭圆选区。

* 快捷键 4：按【Alt + Shift】组合键，可创建以起点为中心的正圆选区。

步骤 03　在菜单栏中，单击"图像"|"调整"|"色相/饱和度"命令，如图 15-7 所示。

步骤 04　在弹出的"色相/饱和度"对话框中，设置"色相"为 -42、"饱和度"为 37，如图 15-8 所示。

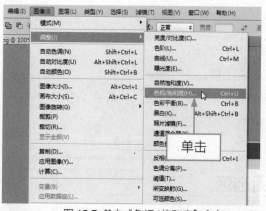

图 15-7 单击"色相/饱和度"命令

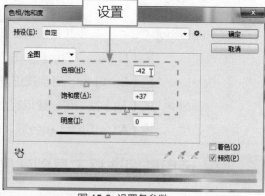

图 15-8 设置各参数

步骤 **05** 单击"确定"按钮，即可调整图像色相，如图 15-9 所示。

步骤 **06** 执行上述操作后，按【Ctrl + D】组合键，取消选区，效果如图 15-10 所示。

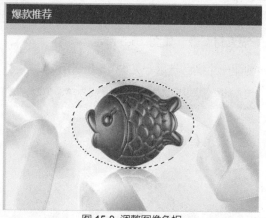

图 15-9 调整图像色相

图 15-10 取消选区的效果

15.1.3 运用套索工具创建不规则选区

在 Photoshop CC 中，创建不规则选区主要使用套索工具。套索工具的优点在于能简单方便地创建复杂形状的选区，因此成为 Photoshop 中最常用的创建选区工具。

在工具箱中，套索工具又可以分为 3 种不同的类别：套索工具、多边形套索工具以及磁性套索工具，下面分别进行简单介绍。

* 套索工具：使用该工具，在图像编辑窗口中按住鼠标左键并拖曳，便可以创建任意形状的选区，其通常用于创建不太精确的选区。

* 多边形套索工具：使用该工具，在图像编辑窗口中连续单击鼠标左键，便可以创建任意多边形的精确选区。

* 磁性套索工具：使用该工具，在图像编辑窗口中单击鼠标左键并移动鼠标，便可以快速选择与背景对比强烈并且边缘复杂的对象，它可以沿着图像的边缘自动生成选区。

素材文件	光盘 \ 素材 \ 第 15 章 \15.1.3.jpg
效果文件	光盘 \ 效果 \ 第 15 章 \15.1.3.jpg
视频文件	光盘 \ 视频 \ 第 15 章 \15.1.3 运用套索工具创建不规则选区 .mp4

步骤 01 单击"文件"|"打开"命令，打开一幅素材图像，如图 15-11 所示。

步骤 02 选取工具箱中的磁性套索工具 ，将鼠标移至图像编辑窗口中，单击鼠标左键的同时并拖曳，创建选区，效果如图 15-12 所示。

图 15-11 打开素材图像

图 15-12 创建选区

步骤 03 在菜单栏中，单击"图像"|"调整"|"色相 / 饱和度"命令，如图 15-13 所示。

步骤 04 弹出"色相 / 饱和度"对话框，设置"色相"为 128、"饱和度"为 10，如图 15-14 所示，单击"确定"按钮。

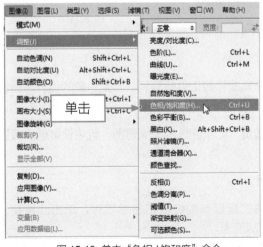

图 15-13 单击"色相 / 饱和度"命令

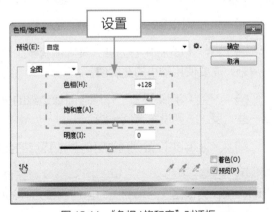

图 15-14 "色相 / 饱和度"对话框

步骤 05 执行上述操作后，即可调整图像的色相 / 饱和度，如图 15-15 所示。

步骤 **06** 按【Ctrl + D】组合键，取消选区，效果如图 15-16 所示。

图 15-15 图像效果 图 15-16 取消选区

专家指点

　　运用磁性套索工具自动创建边界选区时，按【Delete】键可以删除上一个节点和线段。若选择的边框没有贴近被选图像的边缘，可以在选区上单击鼠标左键，手动添加一个节点，然后将其调整至合适位置。

　　在 Photoshop CC 中，选取磁性套索工具后，其属性栏变化如图 15-17 所示。

图 15-17 磁性套索工具的属性栏

在磁性套索工具属性栏中，各主要选项含义如下。

1 羽化：可以用来设置选区的羽化范围。

2 宽度：以光标中心为准，其周围有多少个像素能够被工具检测到。如果对象的边界不是特别清晰，需要使用较小的宽度值。

3 对比度：用来设置工作感应图像边缘的灵敏度。如果图像的边缘清晰，可将该数值设置的高一些；反之，则设置得低一些。

4 频率：用来设置创建选区时生成锚点的数量。

5 使用绘图板压力以更改钢笔宽度：在计算机配置有数位板和压感笔时，单击此按钮，Photoshop 会根据压感笔的压力自动调整工具的检测范围。

15.1.4 运用魔棒工具创建颜色选区

　　当图像中色彩相邻像素的颜色相近时，用户可以运用魔棒工具或快速选择工具进行选取。下面以魔棒工具为例，介绍创建并应用颜色选区的方法。

素材文件	光盘 \ 素材 \ 第 15 章 \15.1.4(1).jpg、15.1.4(2).jpg
效果文件	光盘 \ 效果 \ 第 15 章 \15.1.4.psd
视频文件	光盘 \ 视频 \ 第 15 章 \15.1.4 运用魔棒工具创建颜色选区 .mp4

步骤 01 　单击"文件"|"打开"命令，打开两幅素材图像，如图 15-18 所示。

步骤 02 　在选取工具箱中的魔棒工具 🪄，将鼠标移至相应图像编辑窗口中的绿色区域，单击鼠标左键，创建颜色选区，如图 15-19 所示。

图 15-18 打开素材图像

图 15-19 选中绿色区域

步骤 03 　单击工具属性栏中的"新选区"按钮 🔲，移动选区至相应图像编辑窗口中的合适位置，如图 15-20 所示。

步骤 04 　选取移动工具，移动选区内的图像至相应图像编辑窗口中的合适位置，效果如图 15-21 所示。

图 15-20 拖曳选区

图 15-21 移动图像

专家指点

　　魔棒工具属性栏中的"容差"容差: 32　选项含义: 在其右侧的文本框中可以设置 0 ~ 255 之间的数值，其主要用于确定选择范围的容差，默认值为 32。设置的数值越小，选择的颜色范围越相近，选择的范围也就越小。

15.1.5 运用"色彩范围"命令自定选区

　　"色彩范围"是一个利用图像中的颜色变化关系来制作选择区域的命令，此命令根据选取色彩的相似程度，在图像中提取相似的色彩区域而生成选区。

素材文件	光盘 \ 素材 \ 第 15 章 \15.1.5.jpg
效果文件	光盘 \ 效果 \ 第 15 章 \15.1.5.jpg
视频文件	光盘 \ 视频 \ 第 15 章 \15.1.5 运用"色彩范围"命令自定选区 .mp4

步骤 01 　单击"文件"|"打开"命令，打开一幅素材图像，如图 15-22 所示。

步骤 02 　在菜单栏中，单击"选择"|"色彩范围"命令，如图 15-23 所示。

图 15-22 打开素材图像

图 15-23 单击"色彩范围"命令

专家指点

　　在 Photoshop CC 中，用户除了用上述方法可以弹出"色彩范围"对话框以外，还可以在"选择"菜单下按键盘上的【C】键，快速弹出"色彩范围"对话框。

步骤 03 　弹出"色彩范围"对话框，设置"颜色容差"为 200，选中"选择范围"单选按钮，如图 15-24 所示。

步骤 04 　单击"色彩范围"对话框中的"吸管工具"按钮 🖋，将鼠标移至上方背景图像处单击鼠标左键，即可选中图像中的部分背景区域，如图 15-25 所示，单击"确定"按钮。

图 15-24 选中"选择范围"单选按钮

图 15-25 选中部分图像

在"色彩范围"对话框中，各主要选项含义如下。

1 选择：用来设置选区的创建方式。选择"取样颜色"选项时，可将光标放在文档窗口中的图像上，或在"色彩范围"对话中预览图像上单击，对颜色进行取样。 为添加颜色取样， 为减去颜色取样。

2 本地化颜色簇：当选中该复选框后，拖动"范围"滑块可以控制要包含在蒙版中的颜色与取样的最大和最小距离。

3 颜色容差：是用来控制颜色的选择范围。该值越高，包含的颜色就越广。

4 选区预览图：选区预览图包含了两个选项，选中"选择范围"单选按钮时，预览区的图像中，呈白色的代表被选择的区域；选中"图像"单选按钮时，预览区会出现彩色的图像。

5 选区预览：设置文档的选区的预览方式。用户选择"无"选项，表示不在窗口中显示选区；用户选择"灰度"选项，可以按照选区在灰度通道中的外观来显示选区；选择"黑色杂边"选项，可在未选择的区域上覆盖一层黑色；选择"白色杂边"选项，可在未选择的区域上覆盖一层白色；选择"快速蒙版"选项，可以显示选区在快速蒙版状态下的效果，此时，未选择的区域会覆盖一层红色。

6 载入/存储：用户单击"存储"按钮，可将当前的设置保存为选区预设；单击"载入"按钮，可以载入存储的选区预设文件。

7 反相：可以反转选区。

步骤 **05** 执行上述操作后，即可选中图像编辑窗口中的部分背景图像，如图 15-26 所示。

步骤 **06** 在菜单栏中，单击"图像"|"调整"|"色相/饱和度"命令，如图 15-27 所示。

步骤 **07** 弹出"色相/饱和度"对话框，在其中设置"色相"为 36、"饱和度"为 96，如图 15-28 所示，单击"确定"按钮。

步骤 **08** 执行上述操作后，即可调整图像色调，按【Ctrl + D】组合键，取消选区，效果如

图 15-29 所示。

图 15-26 选中部分背景图像

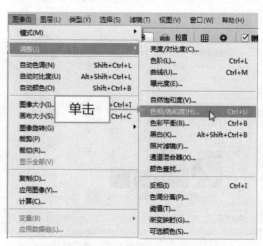

图 15-27 单击"色相/饱和度"命令

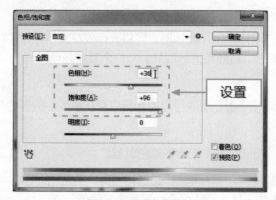

图 15-28 设置各参数

图 15-29 调整图像色调效果

专家指点

在 Photoshop CC 中，用户对于通过"色彩范围"命令创建的选区，既可以对其进行色调的调整，也可以对选区中的图像进行其他的操作，如删除、拷贝、移动等。

15.1.6 运用"全部"命令全选图像

在 Photoshop CC 中，用户在编辑图像时，若像素图像比较复杂或者需要对整幅图像进行调整，则可以通过"全部"命令对图像进行调整。

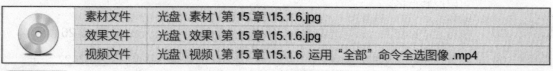

	素材文件	光盘\素材\第 15 章\15.1.6.jpg
	效果文件	光盘\效果\第 15 章\15.1.6.jpg
	视频文件	光盘\视频\第 15 章\15.1.6 运用"全部"命令全选图像 .mp4

步骤 **01** 单击"文件"|"打开"命令，打开一幅素材图像，如图 **15-30** 所示。

步骤 **02** 在工具箱中选取矩形选框工具 ▥，然后在图像编辑窗口中创建一个矩形选区，如图 **15-31** 所示。

图 15-30 打开素材图像

图 15-31 创建矩形选区

步骤 **03** 在菜单栏中，单击"图像"|"调整"|"反相"命令，如图 15-32 所示。

步骤 **04** 执行上述操作后，即可反相选区内的图像，如图 15-33 所示。

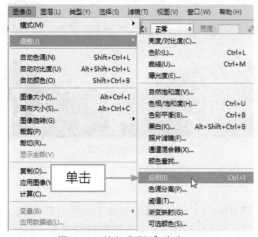

图 15-32 单击"反相"命令

图 15-33 反相选区

步骤 **05** 在菜单栏中，单击"选择"|"全部"命令，如图 15-34 所示。

步骤 **06** 执行上述操作后，即可选择全图，效果如图 15-35 所示。

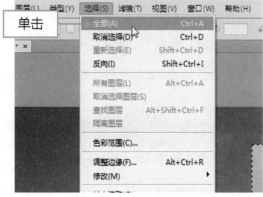

图 15-34 单击"全部"命令

图 15-35 选择全图

专家指点

在 Photoshop CC 中，除了上述方法可以执行"全部"命令以外，按【Ctrl + A】组合键，也可以快速执行"全部"命令。

步骤 **07** 在菜单栏中，单击"图像"|"调整"|"反相"命令，如图 15-36 所示。

步骤 **08** 执行上述操作后，即可反相图像，按【Ctrl + D】组合键，取消选区，效果如图 15-37 所示。

图 15-36 单击"反相"命令

图 15-37 反相图像效果

15.1.7 运用"扩大选取"命令扩大选区

在 Photoshop CC 中，用户使用"扩大选取"命令时，Photoshop 会基于魔棒工具属性栏中的"容差"值来决定选区的扩展范围。首先确定小块的选区，然后再执行此命令来选取相邻的像素。选择"扩大选取"命令时，Photoshop 会查找并选择与当前选区中的像素色相近的像素，从而扩大选择区域。但该命令只扩大到与原选区相连接的区域。

	素材文件	光盘 \ 素材 \ 第 15 章 \15.1.7(1).jpg、15.1.7(2).jpg
	效果文件	光盘 \ 效果 \ 第 15 章 \15.1.7.psd
	视频文件	光盘 \ 视频 \ 第 15 章 \15.1.7 运用"扩大选取"命令扩大选区 .mp4

步骤 **01** 单击"文件"|"打开"命令，打开两幅素材图像，如图 15-38 所示。

步骤 **02** 切换至"15.1.7（1）.jpg"图像编辑窗口，在工具箱中选取矩形选框工具，在图像编辑窗口中合适位置创建一个矩形选区，如图 15-39 所示。

专家指点

使用"扩大选取"命令可以将原选区扩大，所扩大的范围是与原选区相邻且颜色相近的区域，扩大的范围由魔棒工具属性栏中的容差值决定。

图 15-38 打开素材图像

图 15-39 创建选区

步骤 **03** 在菜单栏中，单击"选择"|"扩大选取"命令，如图 15-40 所示。

步骤 **04** 执行上述操作后，即可扩大选区范围，如图 15-41 所示。

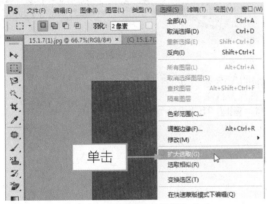

图 15-40 单击"扩大选取"命令

图 15-41 扩大选区

步骤 **05** 选取工具箱中的移动工具，移动鼠标至选区内，单击鼠标左键并拖曳至"15.1.7（2）.jpg"图像编辑窗口中，如图 15-42 所示。

步骤 **06** 执行上述操作后，调整图像至合适大小和位置，效果如图 15-43 所示。

图 15-42 移动图像

图 15-43 调整图像至适合位置

15.1.8 运用"选取相似"命令创建选区

在 Photoshop CC 中，"选取相似"命令是针对图像中所有颜色相近的像素，此命令在有大面积实色的情况下非常有用。

素材文件	光盘 \ 素材 \ 第 15 章 \15.1.8.jpg
效果文件	光盘 \ 效果 \ 第 15 章 \15.1.8.jpg
视频文件	光盘 \ 视频 \ 第 15 章 \15.1.8 运用"选取相似"命令创建选区 .mp4

步骤 01 单击"文件"|"打开"命令，打开一幅素材图像，如图 15-44 所示。

步骤 02 选取工具箱中的魔棒工具，在图像编辑窗口中创建一个选区，如图 15-45 所示。

图 15-44 打开素材图像

图 15-45 创建选区

步骤 03 在菜单栏中，单击"选择"|"选取相似"命令，如图 15-46 所示。

步骤 04 执行上述操作后，即可选取相似范围，如图 15-47 所示。

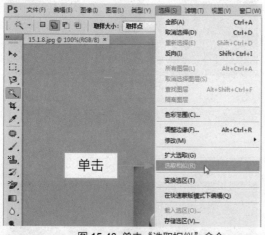

图 15-46 单击"选取相似"命令

图 15-47 选取相似范围

专家指点

"选取相似"命令是将图像中所有的与选区内像素颜色相近的像素都扩充到选区中，不适合用于对像素复杂的图像进行选取操作。

步骤 05 在菜单栏中，单击"图像"|"调整"|"色相 / 饱和度"命令，如图 15-48 所示。

步骤 06 执行上述操作后，即可弹出"色相 / 饱和度"对话框，在其中设置"色相"为 -180、"饱和度"为 17、"明度"为 -6，如图 15-49 所示，参数可根据用户实际需要进行设置。

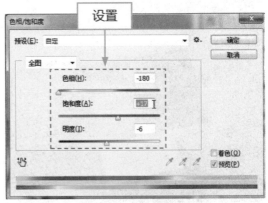

图 15-48 单击"色相/饱和度"命令　　　　图 15-49 设置各参数

步骤 07　单击"确定"按钮，即可调整图像色相，按【Ctrl + D】组合键，取消选区，效果如图 15-50 所示。

图 15-50 调整图像色相效果

15.2　变换与调整网页图像的选区

在 Photoshop CC 中，创建的选区还可以对其进行编辑与修改，以得到更丰富的图像效果。本节主要向读者介绍变换选区、剪切、平滑、扩展以及羽化选区的操作方法，希望读者熟练掌握本节内容。

15.2.1　变换网页图像选区

在 Photoshop CC 中，使用"变换选区"命令可以直接改变选区的形状，而不会对选区的内容进行更改。

选取工具箱中的矩形选框工具，移动鼠标至图像编辑窗口中，创建一个矩形选区，如图 15-51 所示。在菜单栏中，单击"选择"|"变换选区"命令，如图 15-52 所示。

图 15-51 创建一个矩形选区

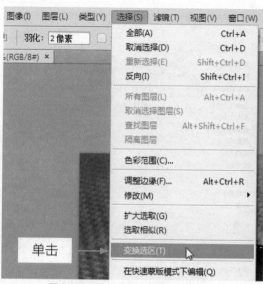

图 15-52 单击"变换选区"命令

执行上述操作后，即可调出变换控制框，如图 15-53 所示。在变换控制框内单击鼠标右键，在弹出的快捷菜单中选择"扭曲"选项，如图 15-54 所示。

图 15-53 调出变换控制框

图 15-54 选择"扭曲"选项

专家指点

在 Photoshop CC 中变换选区时，对于选区内的图像没有任何影响，当执行"变换"命令时，则会将选区内的图像一起变换。

另外，用户在创建选区后，为了防止操作失误而造成选区丢失，或者后面制作其他效果时还需要该选区，可以将选区存储起来。单击菜单栏中的"选择"|"存储选区"命令，弹出"存储选区"对话框，在弹出的对话框中设置选区的名称等选项，单击"确定"按钮后即可存储选区。

移动鼠标至变换控制框的控制柄上，单击鼠标左键并拖曳至合适位置，如图 15-55 所示。执行上述操作后，即可将矩形选区进行任意变换，在变换控制框中双击鼠标左键，确认变换操作，即可变换选区，效果如图 15-56 所示。

图 15-55 调整选区的形状

图 15-56 变换选区的效果

15.2.2 剪切网页图像选区

在 Photoshop CC 中，如果用户需要将网页图像中的全部或者部分图像区域进行移动操作，此时可以对选区进行剪切操作。

选取工具箱中的矩形选框工具，创建一个矩形选区，如图 **15-57** 所示。通过"变换"命令，对选区进行变换操作，如图 **15-58** 所示。

图 15-57 创建一个矩形选区

图 15-58 对选区进行变换操作

在菜单栏中，单击"编辑"|"剪切"命令，如图 **15-59** 所示。执行上述操作后，即可剪切选区内的图像，效果如图 **15-60** 所示。

专家指点

在 Photoshop CC 中，除了运用上述命令剪切选区内的图像外，按【Ctrl + X】组合键也可以剪切选区内的图像。

图 15-59 单击"剪切"命令

图 15-60 剪切选区内的图像效果

15.2.3 边界网页图像选区

　　使用"边界"命令可以得到具有一定羽化效果的选区，因此在进行填充或描边等操作后可得到柔边效果的图像。

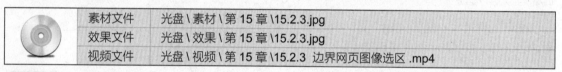

	素材文件	光盘 \ 素材 \ 第 15 章 \15.2.3.jpg
	效果文件	光盘 \ 效果 \ 第 15 章 \15.2.3.jpg
	视频文件	光盘 \ 视频 \ 第 15 章 \15.2.3 边界网页图像选区 .mp4

步骤 01 　单击"文件"|"打开"命令，打开一幅素材图像，如图 15-61 所示。

步骤 02 　选取工具箱中的椭圆选框工具，移动鼠标至图像编辑窗口中的合适位置，创建一个椭圆形选区，并调整其大小和位置，如图 15-62 所示。

图 15-61 打开素材图像

图 15-62 创建一个椭圆形选区

步骤 03 　在菜单栏中，单击"选择"|"修改"|"边界"命令，如图 15-63 所示。

步骤 04 　弹出"边界选区"对话框，设置"宽度"为 5 像素，如图 15-64 所示。

步骤 05 　单击"确定"按钮，即可将当前选区扩展 5 像素，如图 15-65 所示。

步骤 06 　在工具箱底部单击前景色色块，弹出"拾色器（前景色）"对话框，设置颜色为黄色（RGB 参数值分别为 255、255、0），如图 15-66 所示，单击"确定"按钮。

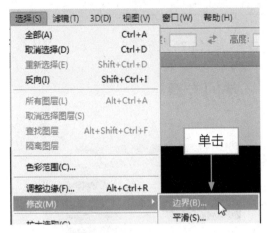

图 15-63 单击"边界"命令

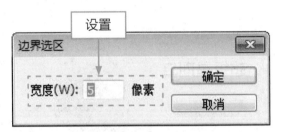

图 15-64 设置"宽度"为 5 像素

图 15-65 扩展选区

图 15-66 设置参数

步骤 **07** 在菜单栏中单击"编辑"|"填充"命令,如图 **15-67** 所示。

步骤 **08** 弹出"填充"对话框,设置"使用"为"前景色"选项,如图 **15-68** 所示。

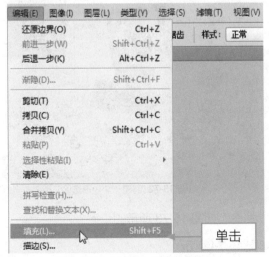

图 15-67 单击"填充"命令

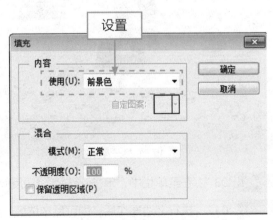

图 15-68 "填充"对话框

步骤 09 　单击"确定"按钮，即可给选区填充前景色，如图 15-69 所示。

步骤 10 　按【Ctrl ＋ D】组合键，取消选区，效果如图 15-70 所示。

图 15-69 填充前景色　　　　　　　　　　　　　　　　　图 15-70 取消选区

15.2.4 平滑网页图像选区

　　在 Photoshop CC 中，使用"平滑"命令修改选区时，可以平滑选区的尖角和去除锯齿，使选区边缘变得更加流畅和平滑。

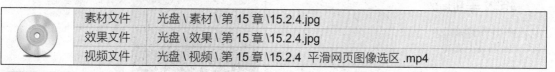

	素材文件	光盘 \ 素材 \ 第 15 章 \15.2.4.jpg
	效果文件	光盘 \ 效果 \ 第 15 章 \15.2.4.jpg
	视频文件	光盘 \ 视频 \ 第 15 章 \15.2.4 平滑网页图像选区 .mp4

步骤 01 　单击"文件"|"打开"命令，打开一幅素材图像，如图 15-71 所示。

步骤 02 　选取工具箱中的矩形选框工具，移动鼠标至图像编辑窗口中的合适位置，创建一个矩形选区，如图 15-72 所示。

图 15-71 打开素材图像　　　　　　　　　　　　　图 15-72 创建一个矩形选区

步骤 03 　在菜单栏中，单击"选择"|"反向"命令，如图 15-73 所示。

步骤 04 　执行上述操作后，即可反选选区，如图 15-74 所示。

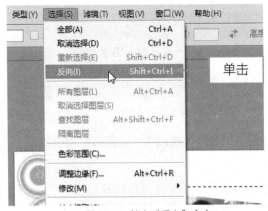

图 15-73 单击"反向"命令

图 15-74 反选选区

步骤 **05** 在菜单栏中,单击"选择"|"修改"|"平滑"命令,如图 15-75 所示。

步骤 **06** 弹出"平滑选区"对话框,设置"取样半径"为 20 像素,如图 15-76 所示。

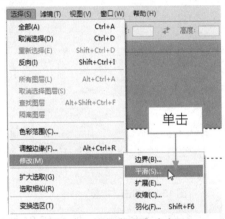

图 15-75 单击"平滑"命令

图 15-76 设置"取样半径"为 20 像素

步骤 **07** 单击"确定"按钮,即可平滑选区,如图 15-77 所示。

步骤 **08** 按【Delete】键删除选区内图像,并按【Ctrl + D】组合键,取消选区,效果如图 15-78 所示。

图 15-77 平滑选区

图 15-78 取消选区

专家指点

在 Photoshop CC 中，除了运用上述方法外，还可以按【Alt + S + M + S】组合键，弹出"平滑选区"对话框。

15.2.5 扩展网页图像选区

使用"扩展"命令可以扩大当前选区范围，设置"扩展量"值越大，选区被扩展得就越大，在此允许输入的数值范围为 1 ～ 100。

选取工具箱中的矩形选框工具，移动鼠标至图像编辑窗口中，单击鼠标左键，创建一个选区，如图 15-79 所示。在菜单栏中单击"选择"|"修改"|"扩展"命令，如图 15-80 所示。

图 15-79 创建一个选区

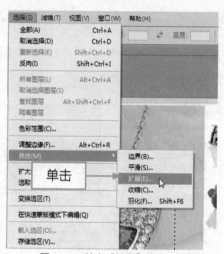
图 15-80 单击"扩展"命令

执行上述操作后，弹出"扩展选区"对话框，设置"扩展量"为 80 像素，如图 15-81 所示。单击"确定"按钮，即可扩展选区，效果如图 15-82 所示。

图 15-81 设置"扩展量"参数

图 15-82 扩展选区后的效果

15.2.6 羽化网页图像选区

羽化是通过建立选区和选区周围像素之间的转换边界来模糊边缘的，这种模糊方式将丢失选区边缘的一些图像细节。

素材文件	光盘 \ 素材 \ 第 15 章 \15.2.6.psd
效果文件	光盘 \ 效果 \ 第 15 章 \15.2.6.psd
视频文件	光盘 \ 视频 \ 第 15 章 \15.2.6 羽化网页图像选区 .mp4

步骤 01 单击"文件"|"打开"命令，打开一幅素材图像，如图 15-83 所示。

步骤 02 选择"图层 2"图层，选取工具箱中的椭圆选框工具，移动鼠标至图像编辑窗口中的合适位置，创建一个椭圆选区，如图 15-84 所示。

图 15-83 打开素材图像

图 15-84 创建椭圆选区

步骤 03 在菜单栏中单击"选择"|"修改"|"羽化"命令，即可弹出"羽化选区"对话框，设置"羽化半径"为 5 像素，如图 15-85 所示。

步骤 04 单击"确定"按钮，即可羽化选区，单击"选择"|"反向"命令，如图 15-86 所示，即可反选选区。

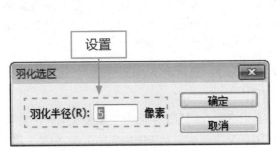

图 15-85 设置"羽化半径"为 5 像素

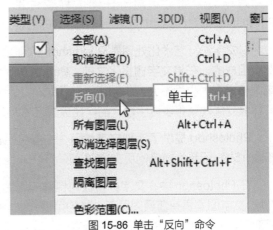

图 15-86 单击"反向"命令

步骤 05 执行上述操作后，按【Delete】键，即可删除选区内的图像，如图 15-87 所示。

步骤 06 按【Ctrl + D】组合键，取消选区，效果如图 15-88 所示。

图 15-87 删除选区内图像

图 15-88 取消选区

 专家指点

除了运用上述方法可以弹出"羽化选区"对话框外，还有以下两种方法。

* 快捷键：按【Shift + F6】组合键，弹出"羽化选区"对话框。

* 快捷菜单：创建好选区后，在图像编辑窗口中单击鼠标右键，在弹出的快捷菜单中选择"羽化"选项，弹出"羽化选区"对话框。

15.3 制作网页中的文字效果

文字是多数设计作品尤其是商业作品中不可或缺的重要元素，有时甚至在作品中起着主导作用，Photoshop 除了提供丰富的文字属性设计及版式编排功能外，还允许对文字的形状进行编辑，以便制作出更多、更丰富的文字效果。本节主要向读者介绍制作网页中文字效果的操作方法，希望读者熟练掌握本节内容。

为作品添加文字对于任何一种软件都是必备的，Photoshop 也不例外。用户可以在 Photoshop 中为作品添加水平、垂直排列的各种文字，还能够通过特别的工具创建文字的选择区域。

对文字进行艺术化处理是 Photoshop 的强项之一。Photoshop 中的文字是以数学方式定义的形状组成的，在将文字栅格化之前，Photoshop 会保留基于矢量的文字轮廓，可以任意缩放文字或调整文字大小而不会产生锯齿。除此之外，用户还可以通过处理文字的外形赋予文字质感，使其具有立体效果等表达手段，创作出极具艺术特色的艺术化文字。

Photoshop 提供了 4 种文字类型，主要包括：横排文字、直排文字、段落文字和选区文字。如图 15-89 所示为横排网页文字效果。

在 Photoshop 中，文字具有极为特殊的属性，当用户输入相应文字后，文字表现为一个文字图层，文字图层具有普通图层不一样的可操作性。例如，在文字图层中无法使用画笔工具、铅笔工具、渐变工具等工具，只能对文字进行变换、改变颜色等有限的操作，当用户对文字图层使用上述工具操作时，则需要将文字栅格化操作。

图 15-89 横排文字效果

除上述特性外，在图像中输入相应文字后，文字图层的名称将与输入的内容相同，这使用户非常容易在"图层"面板中辨认出该文字图层。

在输入相应文字之前，需要在工具属性栏或"字符"面板中设置字符的属性，包括字体、大小和文字颜色等，文字工具属性栏如图 15-90 所示。

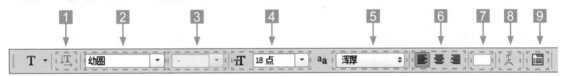

图 15-90 文字工具属性栏

在文字工具栏中，各主要选项含义如下：

1 更改文本方向：如果当前文字是横排文字，单击该按钮，可以将其转换为直排文字；如果是直排文字，可以将其转换为横排文字。

2 设置字体：在该选项列表框中可以选择字体。

3 字体样式：为字符设置样式，包括 Regular（规则的）、Ltalic（斜体）、Bold（粗体）和 Bold Ltalic（粗斜体），该选项只对部分英文字体有效。

4 字体大小：可以选择字体的大小，或者直接输入数值来进行调整。

5 消除锯齿的方法：可以为文字消除锯齿选择一种方法，Photoshop 会通过部分填充边缘像素来产生边缘平滑的文字，使文字的边缘混合到背景中而看不出锯齿。

6 文本对齐：可以设置文本的对齐方式，包括左对齐文本 ▤、居中对齐文本 ▤ 和右对齐文本 ▤ 。

7 文本颜色：单击颜色块，可以在打开的"拾色器"对话框中设置文字的颜色。

8 文本变形：单击该按钮，可以在打开的"变形文字"对话框中为文本添加变形样式，创建变形文字。

9 显示 / 隐藏字符和段落面板：单击该按钮，可以显示或隐藏"字符"面板和"段落"面板。

15.3.1 创建横排文字

在 Photoshop CC 中，输入横排文字的方法很简单，使用工具箱中的横排文字工具或横排文字蒙版工具，即可在图像编辑窗口中输入横排文字。

在工具箱中选取横排文字工具，如图 15-91 所示。在工具属性栏中设置文本的字体格式，将鼠标移至图像编辑窗口中的合适位置，单击鼠标左键，并输入相应文字，如图 15-92 所示。

图 15-91 选取横排文字工具

图 15-92 输入相应文字内容

单击工具属性栏右侧的"提交所有当前编辑"按钮，如图 15-93 所示。执行上述操作后，即可完成横排文字的输入操作，效果如图 15-94 所示。

图 15-93 单击"提交所有当前编辑"按钮

图 15-94 完成横排文字的输入

 专家指点

在 Photoshop CC 中，按【Ctrl + Enter】组合键，也可以完成横排文字的输入。

15.3.2 创建直排文字

选取工具箱中的直排文字工具或直排文字蒙版工具，将鼠标指针移动到图像编辑窗口中，单击鼠标左键确定插入点，图像中出现闪烁的光标之后，即可输入相应文字。

在工具箱中选取直排文字工具，如图 15-95 所示。在工具属性栏中设置文本的字体格式，将鼠标移动至图像编辑窗口中的合适位置，单击鼠标左键并输入相应文字，如图 15-96 所示。

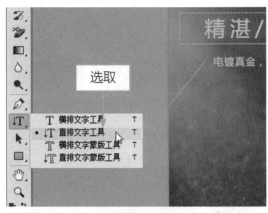

图 15-95 选取直排文字工具

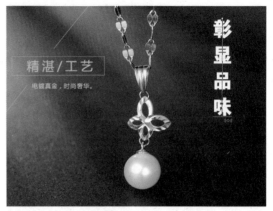

图 15-96 输入相应文字内容

 专家指点

在 Photoshop CC 中，按键盘上的【T】键，也可以快速切换至文字工具。

单击工具属性栏右侧的"提交所有当前编辑"按钮，即可完成直排文字的输入操作，效果如图 15-97 所示。

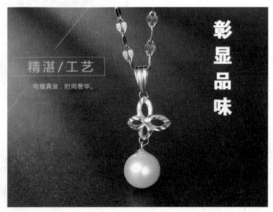

图 15-97 完成直排文字的输入效果

15.3.3 创建段落文字

段落文字是一类以段落文字定界框来确定文字的位置与换行情况的文字，当用户改变段落文字定界框时，定界框中的文字会根据定界框的位置自动换行。

素材文件	光盘 \ 素材 \ 第 15 章 \15.3.3.jpg
效果文件	光盘 \ 效果 \ 第 15 章 \15.3.3.psd
视频文件	光盘 \ 视频 \ 第 15 章 \15.3.3 创建段落文字 .mp4

步骤 01 单击"文件"|"打开"命令，打开一幅素材图像，如图 15-98 所示。

步骤 02 选取工具箱中的横排文字工具，在图像编辑窗口中创建一个文本框，如图 15-99 所示。

图 15-98 打开素材图像

图 15-99 创建文本框

步骤 03　在工具属性栏中，设置"字体"为"方正大黑简体"，设置"字体大小"为 35 点，如图 15-100 所示。

步骤 04　在图像上输入相应文字，设置文字颜色为白色，单击工具属性栏右侧的"提交所有当前编辑"按钮 ✔，即可完成段落文字的输入操作，效果如图 15-101 所示。

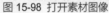

设置

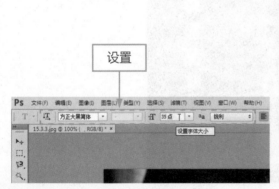

图 15-100 设置参数

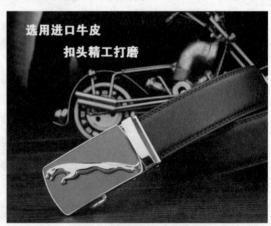

图 15-101 输入相应文字效果

15.3.4　创建横排选区文字

在一些广告上经常会看到特殊排列的文字，既新颖又体现了很好的视觉效果。在 Photoshop CC 中，用户可以根据需要，在编辑图像时输入横排选区文字。

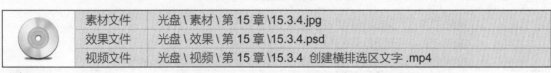

	素材文件	光盘 \ 素材 \ 第 15 章 \15.3.4.jpg
	效果文件	光盘 \ 效果 \ 第 15 章 \15.3.4.psd
	视频文件	光盘 \ 视频 \ 第 15 章 \15.3.4 创建横排选区文字 .mp4

步骤 01　单击"文件"|"打开"命令，打开一幅素材图像，如图 15-102 所示。

步骤 02　在工具箱中，选取横排文字蒙版工具，如图 15-103 所示。

图 15-102 打开素材图像

图 15-103 选取横排文字蒙版工具

步骤 03 将鼠标指针移至图像编辑窗口中的合适位置，单击鼠标左键确认文本输入点，此时，图像背景呈淡红色显示，如图 15-104 所示。

步骤 04 在工具属性栏中，设置"字体"为"华康海报体 W12"，设置"字体大小"为 60 点，如图 15-105 所示。

图 15-104 确认文本输入点

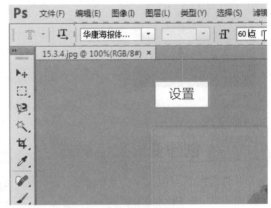

图 15-105 设置参数值

步骤 05 执行上述操作后，输入相应文本内容，此时输入的文字呈实体显示，效果如图 15-106 所示。

步骤 06 执行上述操作后，按【Ctrl + Enter】组合键确认输入，即可创建文字选区，如图 15-107 所示。

步骤 07 在工具箱底部单击前景色色块，弹出"拾色器（前景色）"对话框，设置前景色为紫色（RGB 参数值为 242、78、228），如图 15-108 所示。

步骤 08 按【Alt + Delete】组合键，为选区填充前景色，按【Ctrl + D】组合键，取消选区，效果如图 15-109 所示。

图 15-106 输入相应文字

图 15-107 创建文字选区

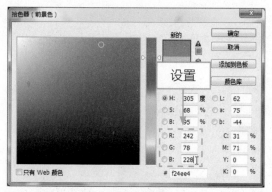

图 15-108 设置参数

图 15-109 填充文字效果

15.3.5 创建变形文字样式

　　平时看到的网页文字广告，很多都采用了变形文字的效果，因此显得更美观，很容易就引起人们的注意。在 Photoshop CC 中，通过"文字变形"对话框可以对选定的文字进行多种变形操作，使文字更加富有灵动感。对文字图层可以应用扭曲变形操作，利用这功能可以使设计作品中的文字效果更加丰富。如图 15-110 所示为网页中的变形文字效果。

图 15-110 网页中的变形文字效果

素材文件	光盘 \ 素材 \ 第 15 章 \15.3.5.jpg
效果文件	光盘 \ 效果 \ 第 15 章 \15.3.5.psd
视频文件	光盘 \ 视频 \ 第 15 章 \15.3.5 创建变形文字样式 .mp4

步骤 01 单击"文件"|"打开"命令，打开一幅素材图像，如图 15-111 所示。

步骤 02 选取工具箱中的横排文字工具，展开"字符"面板，在其中设置字体属性和相关参数，如图 15-112 所示。

图 15-111 打开素材图像

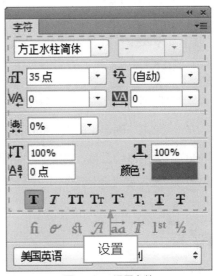

图 15-112 设置参数

步骤 03 移动鼠标指针至图像编辑窗口中的合适位置，单击鼠标左键确定插入点并输入相应文字，如图 15-113 所示。

步骤 04 执行上述操作后，单击工具属性栏右侧的"提交所有当前编辑"按钮 ✔，确认输入，效果如图 15-114 所示。

图 15-113 输入相应文字

图 15-114 确认输入

步骤 05 在菜单栏中，单击"类型"|"文字变形"命令，如图 15-115 所示。

步骤 06 执行上述操作后，即可弹出"变形文字"对话框，设置"样式"为"扇形"、"弯曲"

为 36，如图 15-116 所示。

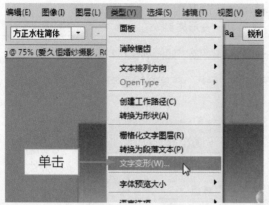

图 15-115 单击"文字变形"命令

图 15-116 设置样式

步骤 07 单击"确定"按钮，即可制作扇形文字效果，如图 15-117 所示。

步骤 08 运用移动工具，将文字移动至合适位置，效果如图 15-118 所示。

图 15-117 制作扇形效果

图 15-118 移动位置

16 制作动态网页图像与切片

学习提示

随着网络技术的飞速发展与普及，网页图像制作已经成为图像软件的一个重要应用领域。完成网页图像的制作后，必须先对这些图像进行切片，才能使用 Dreamweaver 软件进行网页的制作。本章主要向读者介绍制作动态网页图像与切片的操作方法，希望读者熟练掌握本章内容。

本章重点导航

- 制作网页动画效果
- 制作过渡网页动画
- 制作文字变形动画
- 创建用户切片
- 创建自动切片
- 选择、移动与调整切片
- 转换与锁定切片

- 组合与删除切片
- 设置切片选项
- 创建与录制动作
- 播放动作
- 存储为 Web 和设备所用格式
- 优化 JPEG 格式
- 优化 PNG-8 格式

16.1 为网页图像制作动态特效

在 Photoshop CC 中，动画是在一段时间内显示的一系列图像或帧，当每一帧和前一帧间有轻微的变化时，连续、快速地显示这些帧就会产生运动或其他变化的视觉效果，使得网页图像显得更加的生动、活泼。

16.1.1 制作网页动画效果

动画的工作原理是将一些静止的、连续动作的画面以较快的速度播放出来，利用图像在人眼中具有暂存的原理产生连续的播放效果。

	素材文件	光盘 \ 素材 \ 第 16 章 \16.1.1.psd
	效果文件	光盘 \ 效果 \ 第 16 章 \16.1.1.psd
	视频文件	光盘 \ 视频 \ 第 16 章 \16.1.1 制作网页动画效果 .mp4

步骤 **01** 单击"文件"|"打开"命令，打开一幅素材图像，如图 16-1 所示。

步骤 **02** 在"图层"面板中，隐藏"图层 1"图层，单击"时间轴"面板底部的"复制所选帧"按钮，显示"图层 1"图层，隐藏"图层 1 副本"图层，如图 16-2 所示。

图 16-1 打开素材图像

图 16-2 制作帧 2 效果

步骤 **03** 执行操作后，按住【Ctrl】键的同时，选择"帧 1"和"帧 2"，设置两个帧的延迟时间分别为 0.2 秒，如图 16-3 所示。

图 16-3 设置帧的延迟时间

步骤 04 在"时间轴"面板中单击"一次"右侧的"选择循环选项"按钮,在弹出的列表框中选择"永远"选项,如图 16-4 所示。

图 16-4 选择循环选项

16.1.2 制作过渡网页动画

除了可以逐帧地修改图像以创建动画外,也可以使用"过渡"命令让系统自动在两帧之间产生位置、不透明度或图层效果的变化动画。

素材文件	光盘 \ 素材 \ 第 16 章 \16.1.2.psd
效果文件	光盘 \ 效果 \ 第 16 章 \16.1.2.psd
视频文件	光盘 \ 视频 \ 第 16 章 \16.1.2 制作过渡网页动画 .mp4

步骤 01 单击"文件"|"打开"命令,打开一幅素材图像,如图 16-5 所示。

步骤 02 在"图层"面板中,隐藏"图层 2"图层,单击"时间轴"面板底部的"复制所选帧"按钮,隐藏"图层 1"图层,并显示"图层 2"图层,如图 16-6 所示。

图 16-5 打开素材图像

图 16-6 显示"图层 2"图层

🎓 专家指点

在 Photoshop 中,单击"窗口"菜单下的"时间轴"命令,可以打开"时间轴"面板。

步骤 03 执行操作后,按住【Ctrl】键的同时,选择"帧 1"和"帧 2",单击"时间轴"面板底部的"过渡动画帧"按钮,弹出"过渡"对话框,设置"要添加的帧数"为 3,如图 16-7 所示。

步骤 04 执行操作后,单击"确定"按钮,设置所有的帧延迟时间为 0.2 秒,如图 16-8 所示,单击"播放"按钮,即可浏览过渡动画效果。

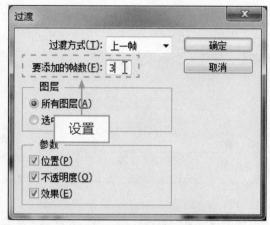

图 16-7 设置"要添加的帧数"

图 16-8 设置所有的帧延迟时间

 16.1.3 制作文字变形动画

在网页中添加各式各样的文字动画，可以为网页添加动感和趣味效果，使网页画面内容更加丰富多彩，提高网站的点击率和流量。

素材文件	光盘 \ 素材 \ 第 16 章 \16.1.3.psd
效果文件	光盘 \ 效果 \ 第 16 章 \16.1.3.psd
视频文件	光盘 \ 视频 \ 第 16 章 \16.1.3 制作文字变形动画 .mp4

步骤 **01** 单击"文件"|"打开"命令，打开一幅素材图像，如图 16-9 所示。

步骤 **02** 在"图层"面板中，复制"文字 1"图层，得到"文字 1 拷贝"图层，如图 16-10 所示。

图 16-9 打开素材图像

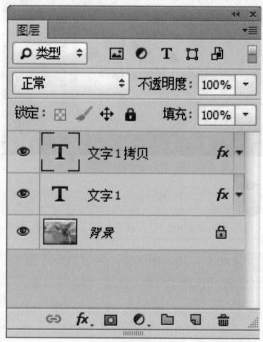

图 16-10 复制图层

步骤 03 选取横排文字工具 **T**，在工具属性栏中单击"创建文字变形"按钮 ，弹出"变形文字"对话框，设置"样式"为"旗帜"、"弯曲"为 100%，如图 16-11 所示。

步骤 04 单击"确定"按钮，即可变形文字，效果如图 16-12 所示。

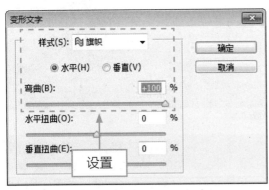

图 16-11 "变形文字"对话框

图 16-12 变形文字

步骤 05 在"图层"面板中，隐藏"文字 1 拷贝"图层，单击"时间轴"面板底部的"复制所选帧"按钮，隐藏"文字 1"图层，显示"文字 1 拷贝"图层，此时"帧 2"效果如图 16-13 所示。

步骤 06 按住【Ctrl】键的同时，选择"帧 1"和"帧 2"，单击"时间轴"面板底部的"过渡帧"按钮，弹出"过渡"对话框，设置"要添加的帧数"为 7，如图 16-14 所示。

图 16-13 设置"帧 2"效果

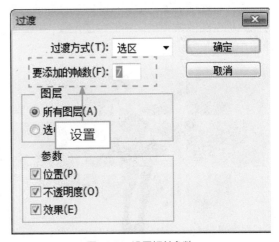

图 16-14 设置相关参数

专家指点

在"过渡"对话框中，若选中"所有图层"单选按钮，则为所有图层添加帧数；若选中"选中的图层"单选按钮，则只为当前选中的图层添加帧数。

步骤 07 单击"确定"按钮，设置所有的帧延迟时间为 0.2 秒，单击"播放"按钮，即可浏览制作的文字变形动画效他果，如图 16-15 所示。

图 16-15 播放动画

16.2 创建与编辑网页切片

切片主要用于定义一幅图像的指定区域，用户一旦定义好切片后，这些图像区域可以用于模拟动画和其他的图像效果。切片可以被分为 3 种类型，即用户切片、自动切片和子切片。本节主要向读者介绍创建与编辑网页切片的操作方法。

16.2.1 创建用户切片

用户切片是指用户使用切片工具创建的切片，从图层中创建切片时，切片区域将包含图层中的所有像素数据。如果移动该图层或编辑其内容，切片区域将自动调整以包含改变后图层的新像素。

用户在处理需要创建切片的网页画面时，如图 16-16 所示，可以先选取工具箱中的切片工具，拖曳鼠标至图像编辑窗口中的合适位置，单击鼠标左键并向右下方拖曳，即可创建一个用户切片，如图 16-17 所示。

图 16-16 处理需要创建切片的网页　　　　　图 16-17 创建一个用户切片

专家指点

在 Photoshop 和 Ready 中都可以使用切片工具定义切片或将图层转换为切片，也可以通过参考线来创建切片。此外，ImageReady 还可以将选区转化为定义精确的切片。在要创建切片的区域上按住【Shift】键并拖曳鼠标，可以将切片限制为正方形。

16.2.2 创建自动切片

当使用切片工具创建用户切片区域时，在用户切片区域之外的区域将生成自动切片。每次添加或编辑用户切片时，都重新生成自动切片。

用户在处理需要创建自动切片的网页画面时，如图 16-18 所示，可以先选取工具箱中的切片工具，拖曳鼠标至图像编辑窗口中的中间，单击鼠标左键并向右下方拖曳，创建一个用户切片，同时自动生成自动切片，如图 16-19 所示。

图 16-18 处理需要创建自动切片的网页

图 16-19 自动生成自动切片

专家指点

用户可以将两个或多个切片组合为一个单独的切片，Photoshop CC 通过连接组合切片的外边缘创建的矩形来确定所生成切片的尺寸和位置。如果组合切片不相邻，或者比例、对齐方式不同，则新组合的切片可能会与其他切片重叠。

16.2.3 选择、移动与调整切片

运用切片工具，在图像中间的任意区域拖曳出矩形边框，释放鼠标，会生成一个编号为 03 的切片（在切片左上角显示数字），在 03 号切片的左、右和下方会自动形成编号为 01、02、04 和 05 的切片，03 切片为"用户切片"，每创建一个新的用户切片，自动切片就会重新标注数字。

用户一定要确保所创建的切片之间没有间隙，因为任何间隙都会生成自动切片，可运用切片选择工具对生成的切片进行调整。

选取工具箱中的切片选择工具 ，在网页图像上创建一个用户切片，拖曳鼠标至图像编辑窗口中间的用户切片内，单击鼠标左键，即可选择切片，并调出变换控制框，如图 16-20 所示。在控制框内单击鼠标左键并向下拖曳，即可移动切片，效果如图 16-21 所示。

图 16-20 选择切片

图 16-21 移动切片

拖曳鼠标至变换控制框上方的控制柄上，此时鼠标指针呈双向箭头形状，如图 16-22 所示。单击鼠标左键并向上方拖曳，至合适位置后，释放鼠标左键，即可调整切片大小，效果如图 16-23 所示。

图 16-22 鼠标指针呈双向箭头形状

图 16-23 调整切片大小

16.2.4 转换与锁定切片

使用切片选择工具 ，选定要转换的自动切片，单击工具属性栏上的"提升"按钮，可以转换切片。在 Photoshop CC 中，运用锁定切片可阻止在编辑操作中重新调整尺寸、移动以及变更切片。

	素材文件	光盘 \ 素材 \ 第 16 章 \16.2.4.psd
	效果文件	光盘 \ 效果 \ 第 16 章 \16.2.4.psd
	视频文件	光盘 \ 视频 \ 第 16 章 \16.2.4 转换与锁定切片 .mp4

步骤 01 单击"文件"|"打开"命令，打开一幅素材图像，如图 16-24 所示。

步骤 02 选取切片工具，拖曳鼠标至图像编辑窗口中右侧的自动切片内，单击鼠标右键，在弹出的快捷菜单中选择"提升到用户切片"选项，如图 16-25 所示。

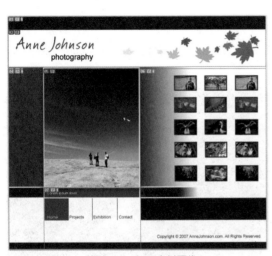

图 16-24 打开素材图像

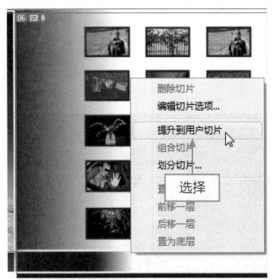

图 16-25 选择"提升到用户切片"选项

步骤 03 执行上述操作后，即可转换切片，如图 16-26 所示。

步骤 04 单击"视图"|"锁定切片"命令，如图 16-27 所示，即可锁定切片。

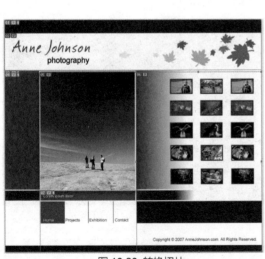

图 16-26 转换切片

图 16-27 单击"锁定切片"命令

16.2.5 组合与删除切片

在 Photoshop CC 中，可以将两个或多个切片组合为一个单独的切片。组合切片的尺寸和位置由连接组合切片的外边缘创建的矩形决定。

	素材文件	光盘 \ 素材 \ 第 16 章 \16.2.5.psd
	效果文件	光盘 \ 效果 \ 第 16 章 \16.2.5.psd
	视频文件	光盘 \ 视频 \ 第 16 章 \16.2.5 组合与删除切片 .mp4

步骤 01 单击"文件"|"打开"命令，打开一幅素材图像，如图 16-28 所示。

步骤 02 选取工具箱中的切片选择工具，拖曳鼠标至图像编辑窗口中间的用户切片内，单击鼠标左键，按住【Shift】键的同时并单击其他的用户切片，执行操作后，即可同时选择中间的两个用户切片，如图 16-29 所示。

图 16-28 打开素材图像

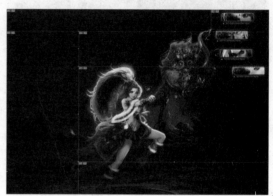

图 16-29 选择两个用户切片

步骤 03 选择切片后，单击鼠标右键，在弹出的快捷菜单中选择"组合切片"选项，如图 16-30 所示。

步骤 04 执行上述操作后，即可组合所选择的切片，如图 16-31 所示。

图 16-30 选择"组合切片"选项

图 16-31 组合所选择的切片

步骤 05 在图像编辑窗口最下方的用户切片内单击鼠标右键，在弹出的快捷菜单中选择"删除切片"选项，如图 16-32 所示。

步骤 06 执行上述操作后，即可删除用户切片，在其他不需要的切片内，单击鼠标右键，在弹出的快捷菜单中选择"删除切片"选项，即可删除不需要的切片，效果如图 16-33 所示。

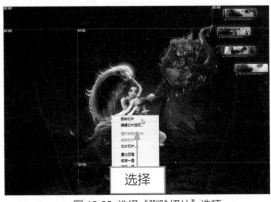

选择

图 16-32 选择"删除切片"选项

图 16-33 删除切片

16.2.6 设置切片选项

在 Photoshop CC 中，可以通过"切片选项"对话框对所创建的切片进行设置，以满足网页图像的输出要求。

选取工具箱中的切片选择工具，拖曳鼠标至图像编辑窗口中的用户切片内，双击鼠标左键，即可弹出"切片选项"对话框，如图 16-34 所示。

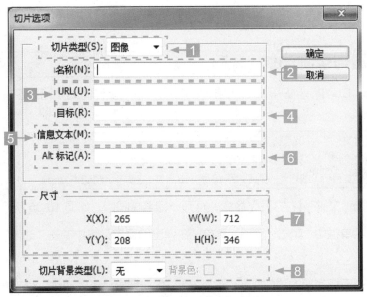

图 16-34 弹出"切片选项"对话框

在"切片选项"对话框中，各主要选项的含义如下。

1 "切片类型"选项："图像"切片包含图像数据，是默认的内容类型；"无图像"切片允许用户创建可在其中填充文本或纯色的空表单元格。

2 "名称"文本框：默认情况下，用户切片是根据"输出设置"对话框中的设置来命名的（对于"无图像"切片内容，"名称"文本框不可用）。

3 URL 文本框：为切片指定 URL 可使整个切片区域成为所生成 Web 页中的链接。当用户单击链接时，Web 浏览器会导航到指定的 URL 和目标框架（该选项只可用于"图像"切片）。

4 "目标"文本框：在"目标"文本框中可以输入目标框架的名称：_blank 在新窗口中显示链接文件，同时保持原始浏览器窗口为打开状态；_self 在原始文件的同一框架中显示链接文件；_parent 在自己的原始父框架组中显示链接文件；_top 用链接的文件替换整个浏览器窗口，移去当前所有帧。

5 "信息文本"文本框：为选定的一个或多个切片更改浏览器状态区域中的默认消息。默认情况下，将显示切片的 URL（如果有的情况下）。

6 "Alt 标记"文本框：Alt 标记文本用于取代非图形浏览器中的切片图像。

7 "尺寸"：用于设置切片的大小。

8 "切片背景类型"：可以选择一种背景色来填充图像中的透明区域（适用于"图像"切片）或整个区域（适用于"无图像"切片），必须在浏览器中预览图像才能查看选择背景色的效果。

16.3 创建与录制网页动画

动作是用于处理单个或一批文件的一系列命令，它是 Photoshop 中用于提高工作效率的专家，使用动作可以将需要重复执行的操作录制下来，然后再借助于其他的自动化命令，可以极大地提高网页设计师们的工作效率。本节主要向读者介绍创建与录制网页动画的操作方法，希望读者熟练掌握本节内容。

16.3.1 创建与录制动作

在 Photoshop CC 中，用户可以根据自己的习惯将常用操作的动作记录下来，在以后的设计工作中将更加方便。

	素材文件	光盘 \ 素材 \ 第 16 章 \16.3.1.jpg
	效果文件	光盘 \ 效果 \ 第 16 章 \16.3.1.jpg
	视频文件	光盘 \ 视频 \ 第 16 章 \16.3.1 创建与录制动作 .mp4

步骤 01 单击"文件"|"打开"命令，打开一幅素材图像，如图 16-35 所示。

步骤 02 在菜单栏中，单击"窗口"菜单，在弹出的菜单列表中单击"动作"命令，展开"动作"面板。

步骤 03 单击面板底部的"创建新动作"按钮 🔲，弹出"新建动作"对话框，设置"名称"为"动作 1"，如图 16-36 所示。

图 16-35 打开素材图像

图 16-36 设置"名称"为"动作 1"

步骤 **04** 在"动作"面板中,单击"开始记录"按钮 ●,即可新建"动作 1"动作,单击"图像"|"调整"|"亮度/对比度"命令,弹出"亮度/对比度"对话框,设置"亮度"为 50、"对比度"为 22,如图 16-37 所示。

步骤 **05** 单击"确定"按钮,单击"动作"面板底部的"停止播放/记录"按钮 ■,完成新动作的录制,效果如图 16-38 所示。

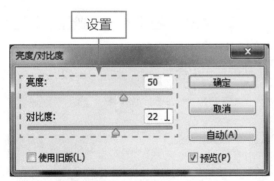

图 16-37 设置参数

图 16-38 预览录制动作后的效果

16.3.2 播放动作

在 Photoshop CC 中编辑图像时,用户可以播放"动作"面板中自带的动作,用于快速处理图像。

用户首先打开一幅需要进行动作处理的素材图像,如图 16-39 所示。在菜单栏中,单击"窗口"|"动作"命令,展开"动作"面板,在列表框中选择"渐变映射"动作,单击面板底部的"播放选定的动作"按钮,执行操作后,即可使用动作处理当前编辑的图像画面,效果如图 16-40 所示。

图 16-39 打开素材图像　　　　　　　　　　　　　图 16-40 预览效果

16.4 优化网页中图像的格式

　　当用户需要在网上发布制作的网页图像时，首先需要对图像进行优化，以减小图像的大小。在 Web 上发布图像时，较小的图像可以使 Web 服务器更加高效地存储和传输图像，同时用户也可以更快速地下载图像。本节主要向读者介绍优化网页中图像格式的操作方法。

16.4.1 存储为 Web 和设备所用格式

　　在 Photoshop CC 中，用户通过"存储为 Web 所用格式"命令可以将图像文件存储为 Web 和设备所用的格式，下面向读者介绍存储的操作方法。

素材文件	光盘 \ 素材 \ 第 16 章 \16.4.1.jpg
效果文件	光盘 \ 效果 \ 第 16 章 \16.4.1.jpg
视频文件	光盘 \ 视频 \ 第 16 章 \16.4.1 存储为 Web 和设备所用格式 .mp4

步骤 01 单击"文件"|"打开"命令，打开一幅素材图像，如图 16-41 所示。

步骤 02 在菜单栏中，单击"文件"|"存储为 Web 所用格式"命令，如图 16-42 所示。

图 16-41 打开素材图像　　　　　　　　　　　　　图 16-42 单击相应命令

步骤 03 弹出"存储为 Web 所用格式"对话框，如图 16-43 所示，可以用来选择优化选项以及预览优化的图像。

步骤 04 单击"存储"按钮，弹出"将优化结果存储为"对话框，设置路径和名称，如图 16-44 所示，单击"保存"按钮，即可完成操作。

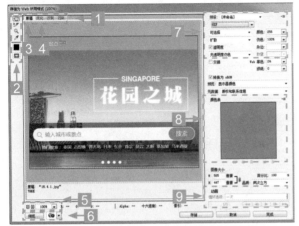

图 16-43 "存储为 Web 所用格式"对话框

图 16-44 设置路径和名称

在"存储为 Web 所用格式"对话框中，各主要选项的含义如下：

1 显示选项：单击图像区域顶部的选项卡以选择显示选项。原稿：显示没有优化的图像。优化：显示应用了当前优化设置的图像；双联：并排显示图像的两个版本；四联：并排显示图像的 4 个版本。

2 工具箱：如果在"存储为 Web 所用格式"对话框中无法看到整个图稿，用户可以使用抓手工具来查看其他区域，也可以使用缩放工具来放大或缩小视图。

3 原稿图像：显示优化前的图像，原稿图像的注释显示文件名和文件大小。

4 优化图像：显示优化后的图像，优化图像的注释显示当前优化选项、优化文件的大小以及使用选中的调制解调器速度时的估计下载时间。

5 "缩放级别"文本框：可以设置图像预览窗口的显示比例。

6 "在浏览器中预览优化的图像"菜单：单击"预览"按钮可以打开浏览器窗口，预览 Web 网页中的图片效果。

7 "优化"菜单：用于设置图像的优化格式及相应选项，可以在"预览"菜单中选取一个调制解调器速度。

8 "颜色表"菜单：用于设置 Web 安全颜色。

9 动画控件：用于控制动画的播放。

在 Photoshop CC 中，Web 图形格式可以是位图（栅格）或矢量图，下面进行简单说明。

★ 位图格式（GIF、JPEG、PNG 和 WBMP）：与分辨率有关，这意味着位图图像的尺寸随显示器分辨率的不同而发生变化，图像品质也可能会发生变化。

★ 矢量格式（SVG 和 SWF）：与分辨率无关，用户可以对图像进行放大或缩小，而不会降低图像品质。矢量格式也可以包含栅格数据。可以从"存储为 Web 和设备所用格式"中将图像导出为 SVG 和 SWF（仅限在 Adobe Illustrator 中）。

16.4.2 优化 JPEG 格式

JPEG 是用于压缩连续色调图像（如照片）的标准格式。将图像优化为 JPEG 格式的过程依赖于有损压缩，它有选择地扔掉数据。在"存储为 Web 和设备所用格式"对话框右侧的"预设"列表框中选择"JPEG 高"选项，即可显示它的优化选项，如图 16-45 所示。

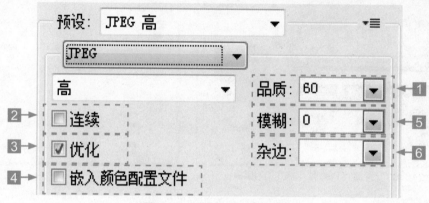

图 16-45 选择"JPEG 高"选项

在 JPEG 优化选项区域中，各主要选项含义如下。

1 "品质"选项：用于确定压缩程度。"品质"设置越高，压缩算法保留的细节越多。但是，使用高"品质"设置比使用低"品质"设置生成的文件大。

2 "连续"复选框：在 Web 浏览器中以渐进方式显示图像，图像将显示为叠加图形，从而使浏览者能够在图像完全下载前查看它的低分辨率版本。

3 "优化"复选框：创建文件大小稍小的增强 JPEG，要最大限度地压缩文件，建议使用优化的 JPEG 格式（某些旧版浏览器不支持此功能）。

4 "嵌入颜色配置文件"复选框：在优化文件中保存颜色配置文件，某些浏览器使用颜色配置文件进行颜色校正。

5 "模糊"选项：指定应用于图像的模糊量。"模糊"选项应用与"高斯模糊"滤镜相同的效果，并允许进一步压缩文件以获得更小的文件大小（建议使用 0.1 到 0.5 之间的设置）。

6 "杂边"选项：为在原始图像中透明的像素指定填充颜色。单击"杂边"色板以在拾色器中选择一种颜色，或者从"杂边"菜单中选择一个选项："吸管"（使用吸管样本框中的颜色）、"前景色"、"背景色"、"白色"、"黑色"或"其他"（使用拾色器）。

专家指点

在 Photoshop CC 中，由于以 JPEG 格式存储文件时会丢失图像数据。因此，如果准备对文件进行进一步编辑或创建额外的 JPEG 版本，最好以原始格式（例如 Photoshop .psd）存储源文件。

将图像优化为 JPEG 格式的方法很简单，用户只需单击"文件"|"存储为 Web 所用格式"命令，弹出"存储为 Web 所用格式"对话框，在其中设置"优化的文件格式"为 JPEG，如图 16-46 所

示。单击"存储"按钮，弹出"将优化结果存储为"对话框，在其中设置路径和名称，单击"保存"按钮，如图 16-47 所示，即可完成操作。

图 16-46 设置"优化的文件格式"为 JPEG　　　　图 16-47 单击"保存"按钮

16.4.3　优化 PNG-8 格式

PNG-8 格式是用于压缩具有单调颜色和清晰细节的图像（如艺术线条、徽标或带文字的插图）的标准格式。PNG-8 格式可有效地压缩纯色区域，同时保留清晰的细节。

PNG-8 和 GIF 文件支持 8 位颜色，因此它们可以显示多达 256 种颜色。确定使用哪些颜色的过程称为建立索引，因此 GIF 和 PNG-8 格式图像有时也称为索引颜色图像。为了将图像转换为索引颜色，构建颜色查找表来保存图像中的颜色，并为这些颜色建立索引。如果原始图像中的某种颜色未出现在颜色查找表中，应用程序将在该表中选取最接近的颜色，或使用可用颜色的组合模拟该颜色。减少颜色数量通常可以减小图像的文件大小，同时保持图像品质。可以在颜色表中添加和删除颜色，将所选颜色转换为 Web 安全颜色，并锁定所选颜色，以防从调板中删除它们。

在"存储为 Web 和设备所用格式"对话框右侧的列表框中选择 PNG-8 选项，即可显示它的优化选项，分别如图 16-48 所示。

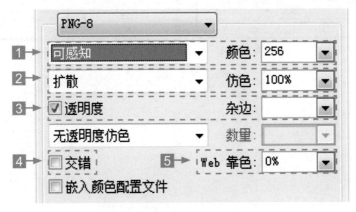

图 16-48　PNG-8 选项

在 PNG-8 优化选项区域中，各主要选项含义如下。

1 "减低颜色深度算法"选项：指定用于生成颜色查找表的方法，以及想要在颜色查找表中使用的颜色数量。

2 "指定仿色算法"选项：确定应用程序仿色的方法和数量。"仿色"是指模拟计算机的颜色显示系统中未提供的颜色的方法。较高的仿色百分比使图像中出现更多的颜色和更多的细节，但同时也会增大文件大小。

3 "透明度"和"杂边"选项：确定如何优化图像中的透明像素。要使完全透明的像素透明并将部分透明的像素与一种颜色相混合，可选择"透明度"，然后选择一种杂边颜色。

4 "交错"复选框：选中该复选框，当图像文件正在下载时，在浏览器中会显示图像的低分辨率版本，使下载时间感觉更短，但也会增加文件大小。

5 "Web 靠色"选项：指定将颜色转换为最接近的 Web 调板等效颜色的容差级别（并防止颜色在浏览器中进行仿色）。值越大，转换的颜色越多。

将图像优化为 PNG-8 格式的方法很简单，用户只需单击"文件"|"存储为 Web 所用格式"命令，弹出"存储为 Web 所用格式"对话框，在其中设置"优化的文件格式"为 PNG-8，如图 16-49 所示。单击"存储"按钮，弹出"将优化结果存储为"对话框，在其中设置路径和名称，如图 16-50 所示，单击"保存"按钮，即可完成操作。

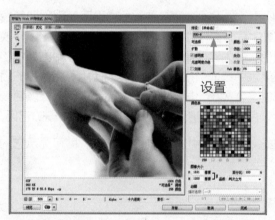

图 16-49 设置"优化的文件格式"为 PNG-8

图 16-50 设置路径和名称

17 网页设计案例实战

学习提示

　　Dreamweaver 可以用最快速的方式将 Fireworks、FreeHand 以及 Photoshop 等文档移至网页上，实现了"所见即所得"的设计功能。当用户能熟练使用网页设计软件时，就可以制作出各种不同的网页效果。本章主要向读者介绍制作网页设计案例的操作方法。

本章重点导航

● 制作网页登录页面 ● 制作专题摄影主页

大环球®教育平台

推荐课程

· 突破中考物理重难点
· 高二英语核心语法突破
· 高考数学二轮进攻复习
· 中考英语写作高效提分
· 高一数学同步提高课
· 直击高一物理失分点
· 开学必备初三数学精品课

会员登录

账　号：

密　码：

登录

飞雪摄影

在这里，
留下你，
最美的瞬间……

关于我们　　时尚写真集　　婚纱摄影集　　联系我们

时尚写真集

摄影师简介

17.1　制作网页登录页面

在浏览网页的过程中，登录页面是非常重要的，它的使用与用户息息相关。所以，登录页面的设计一定要注重用户体验度，界面的排版设计一定要大方美观，从而给用户留下深刻的印象，增加用户的访客登录量。本节主要向读者介绍网页登录页面的设计方法，希望读者熟练掌握本节内容。

本实例的最终效果如图 17-1 所示。

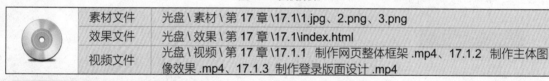

图 17-1　实例效果

	素材文件	光盘 \ 素材 \ 第 17 章 \17.1\1.jpg、2.png、3.png
	效果文件	光盘 \ 效果 \ 第 17 章 \17.1\index.html
	视频文件	光盘 \ 视频 \ 第 17 章 \17.1.1　制作网页整体框架 .mp4、17.1.2　制作主体图像效果 .mp4、17.1.3　制作登录版面设计 .mp4

17.1.1　制作网页整体框架

在制作网页之前，首先需要设计网页的整体框架以及内容布局，下面主要运用 Dreamweaver CC 的表格功能，制作网页登录页面的整体框架效果。

步骤　01　启动 Dreamweaver CC 应用程序，单击"新建"选项区中的 HTML 按钮，如图 17-2 所示。

步骤　02　执行操作后，新建一个空白网页，在"标题"文本框中输入"登录页面"，如图 17-3 所示。

步骤　03　在网页中，将光标定位于第 1 行，如图 17-4 所示。

步骤　04　在菜单栏中，单击"插入"菜单，在弹出的菜单列表中单击"表格"命令，如图 17-5 所示。

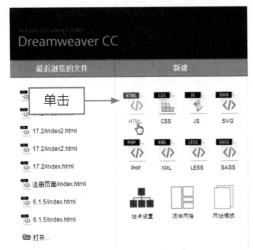

图 17-2 单击 HTML 按钮

图 17-3 输入"登录页面"

图 17-4 将光标定位于第 1 行

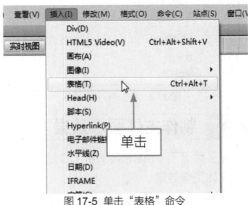

图 17-5 单击"表格"命令

步骤 05 弹出"表格"对话框，在其中设置"行数"为 9、"列"为 2，如图 17-6 所示。

步骤 06 设置完成后，单击"确定"按钮，在编辑窗口中插入表格对象，如图 17-7 所示。

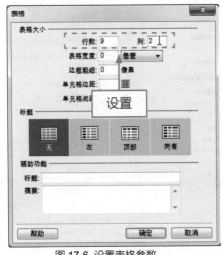

图 17-6 设置表格参数

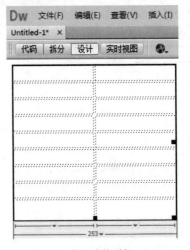

图 17-7 插入表格对象

步骤 07 在菜单栏中，单击"文件"菜单，在弹出的菜单列表中单击"保存"命令，如图 17-8 所示。

步骤 08 弹出"另存为"对话框，在其中设置相应的保存路径和文件名，如图 17-9 所示，单击"保存"按钮，即可保存网页文件。

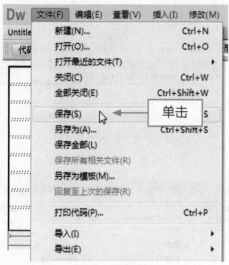

图 17-8 单击"保存"命令

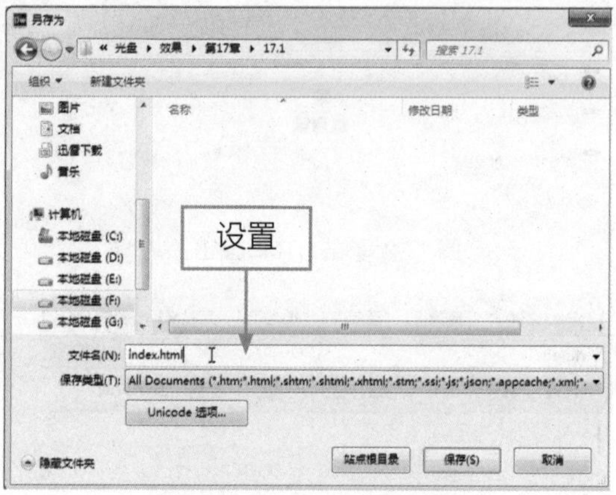

图 17-9 设置相应的保存选项

17.1.2 制作主体图像效果

下面主要运用 Dreamweaver CC 的"图像"菜单功能和"插入"面板的功能，制作网页登录页面的主体图像效果。

步骤 01 在网页编辑窗口中，选择最上方一行单元格区域，如图 17-10 所示。

步骤 02 在菜单栏中，单击"修改"|"表格"|"合并单元格"命令，如图 17-11 所示。

图 17-10 选择单元格区域

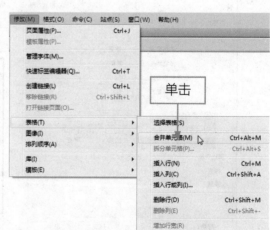

图 17-11 单击"合并单元格"命令

专家指点

在 Dreamweaver CC 中，用户选择需要合并的单元格区域后，按【Ctrl + Alt + M】组合键，也可以对单元格区域进行合并操作。

步骤 03 执行操作后，即可将所选择的单元格区域进行合并，如图 17-12 所示。

步骤 04 在网页编辑窗口中，将鼠标光标定位于表格的第一行，如图 17-13 所示。

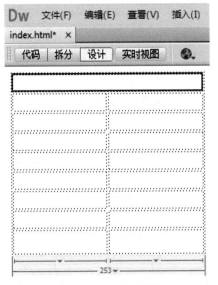

图 17-12 合并单元格区域

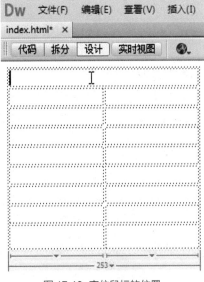

图 17-13 定位鼠标的位置

步骤 05 在菜单栏中，单击"插入"|"图像"|"图像"命令，如图 17-14 所示。

步骤 06 在弹出的"选择图像源文件"对话框中，选择需要插入的图像文件，如图 17-15 所示。

图 17-14 单击"图像"命令

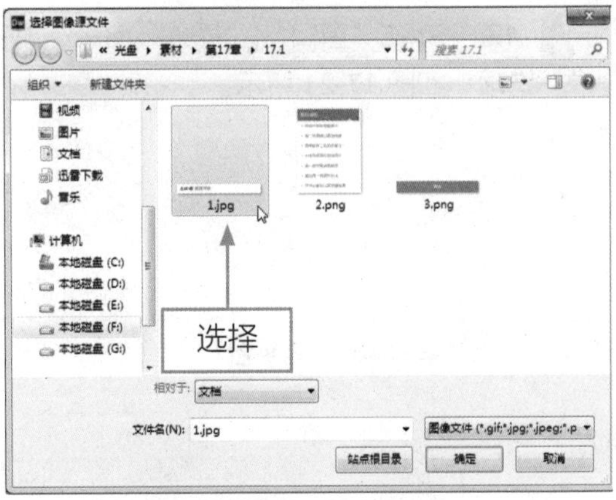

图 17-15 选择需要插入的图像

步骤 07 单击"确定"按钮，将图像插入到编辑窗口的表格中，如图 17-16 所示。

步骤 08 在网页编辑窗口中，选择最左边一列的单元格区域，如图 17-17 所示。

图 17-16 插入图像文件

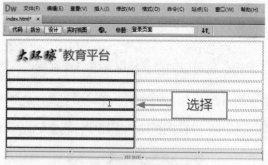

图 17-17 选择单元格区域

步骤 09 在选择的单元格区域上，单击鼠标右键，在弹出的快捷菜单中选择"表格"|"合并单元格"选项，如图 17-18 所示。

步骤 10 执行操作后，即可合并选择的单元格区域，如图 17-19 所示。

图 17-18 选择"合并单元格"选项

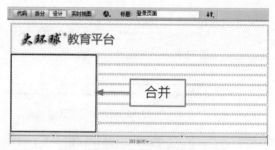

图 17-19 合并选择的单元格区域

步骤 11 在网页编辑窗口中，将鼠标定位于合并的单元格区域中，如图 17-20 所示。

步骤 12 单击"窗口"|"插入"命令，展开"插入"面板，在"常用"功能下方选择"图像：图像"选项，如图 17-21 所示。

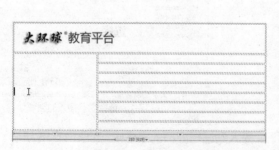

图 17-20 定位鼠标的位置

图 17-21 选择"图像：图像"选项

步骤 13 弹出"选择图像源文件"对话框，在其中选择需要插入的图像文件，如图 17-22 所示。

步骤 14 单击"确定"按钮，即可将图像插入到编辑窗口的表格中，如图 17-23 所示，操作完成。

图 17-22 选择需要插入的图像

图 17-23 将图像插入到表格中

17.1.3 制作登录版面设计

下面主要运用 Dreamweaver CC 的表单功能、文本与段落格式功能，制作网页登录页面的版面效果。

步骤 01 在网页编辑窗口中，将光标定位于表格中间的第 3 行，如图 17-24 所示。

步骤 02 选择一种合适的输入法，在表格中输入相应的文本内容，如图 17-25 所示。

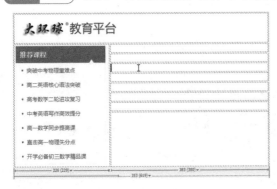

图 17-24 定位光标位置

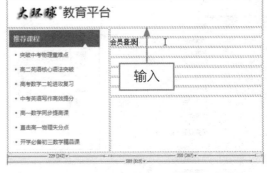

图 17-25 输入相应的文本内容

步骤 03 在单元格的"属性"面板中，设置"水平"为"居中对齐"、"垂直"为"居中"，如图 17-26 所示。

专家指点

在 Dreamweaver CC 中，用户选择需要设置对齐方式的文本后，在文本上单击鼠标右键，在弹出的快捷菜单中选择"对齐"选项，也可以在弹出的子菜单中选择文本对齐方式。

图 17-26 设置对齐方式

步骤 **04** 执行操作后，即可改变单元格中文本内容的对齐样式，效果如图 **17-27** 所示。

步骤 **05** 在单元格中，选择需要编辑的文本内容，如图 **17-28** 所示。

图 17-27 改变文本对齐样式

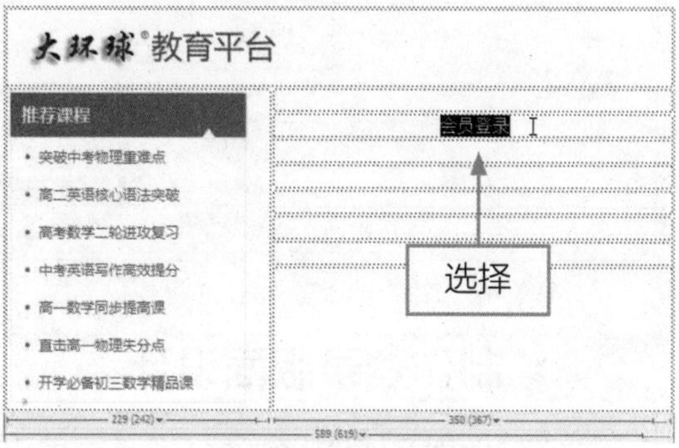

图 17-28 选择文本内容

步骤 **06** 在文本内容上，单击鼠标右键，在弹出的快捷菜单中选择"段落格式"|"标题 1" 选项，如图 **17-29** 所示。

步骤 **07** 执行操作后，即可改变文本的段落格式，效果如图 **17-30** 所示。

图 17-29 选择"标题 1"选项

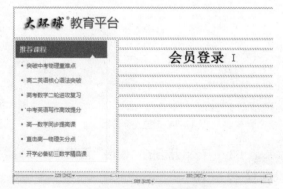

图 17-30 改变文本的段落格式

步骤 **08** 在网页编辑窗口中，将光标定位于表格中间的第 5 行，如图 **17-31** 所示。

步骤 **09** 在菜单栏中，单击"插入"菜单，在弹出的菜单列表中单击"表单"|"文本"命令， 如图 **17-32** 所示。

图 17-31 定位于表格第 5 行　　　　　　　图 17-32 单击"文本"命令

步骤 10　执行操作后，即可在文档中插入文本表单对象，如图 17-33 所示。

步骤 11　将文本表单的名称修改为"帐　　号"，如图 17-34 所示。

图 17-33 插入文本表单对象　　　　　　　图 17-34 修改文本表单内容

步骤 12　在网页编辑窗口中，将光标定位于表格中间的第 7 行，如图 17-35 所示。

步骤 13　在菜单栏中，单击"插入"菜单，在弹出的菜单列表中单击"表单"|"密码"命令，如图 17-36 所示。

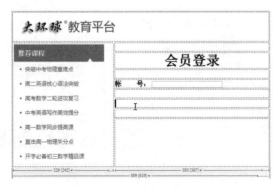

图 17-35 定位光标于第 7 行

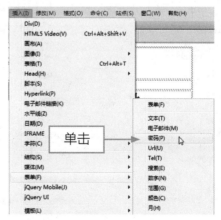

图 17-36 单击"密码"命令

步骤 **14** 执行操作后，即可在表格中插入密码表单对象，如图 **17-37** 所示。

步骤 **15** 将密码表单的名称修改为"密　　码"，如图 **17-38** 所示。

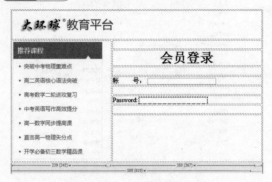

图 17-37 插入密码表单对象　　　　　　　　图 17-38 修改表单文本内容

步骤 **16** 在网页编辑窗口中，将光标定位于表格中间的第 **9** 行，如图 **17-39** 所示。

步骤 **17** 在菜单栏中，单击"插入"菜单，在弹出的菜单列表中单击"表单"|"图像按钮"命令，如图 **17-40** 所示。

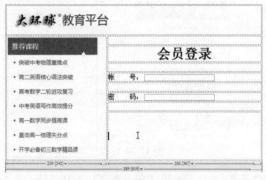

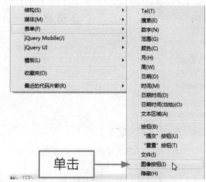

图 17-39 定位光标于第 9 行　　　　　　　　图 17-40 单击"图像按钮"命令

步骤 **18** 弹出"选择图像源文件"对话框，在其中选择相应的图像文件，如图 **17-41** 所示。

步骤 **19** 单击"确定"按钮，即可插入相应的图像按钮对象，如图 **17-42** 所示。

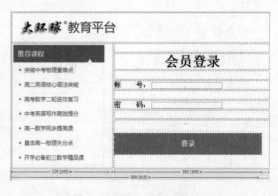

图 17-41 选择相应的图像文件　　　　　　　　图 17-42 插入相应的图像按钮

步骤 20 在网页编辑窗口中，选择最上方单元格中的图像，如图 17-43 所示。

步骤 21 在"插入"面板的"常用"功能下方，选择"水平线"选项，如图 17-44 所示。

图 17-43 选择最上方单元格中的图像

图 17-44 选择"水平线"选项

步骤 22 执行操作后，即可在图像下方插入一条水平线，如图 17-45 所示。

步骤 23 在菜单栏中，单击"文件"|"保存"命令，如图 17-46 所示，对网页内容进行保存操作。

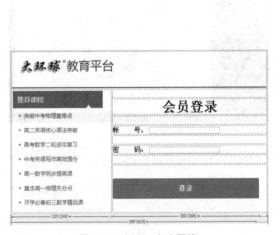

图 17-45 插入一条水平线

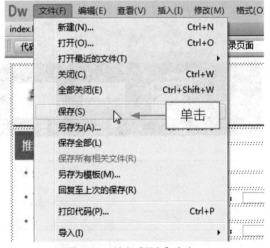

图 17-46 单击"保存"命令

专家指点

如果用户需要将当前网页文档另存为，此时可以按【Ctrl + Shift + S】组合键。

步骤 24 在工作界面的上方，单击"在浏览器中预览 / 调试"按钮 🌐，在弹出的列表框中选择相应的浏览器选项，如图 17-47 所示。

步骤 **25** 执行操作后，在弹出的 IE 浏览器中可以预览网页，效果如图 17-48 所示。

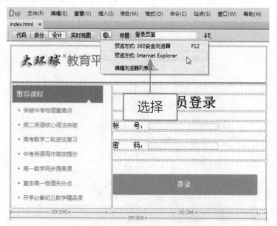

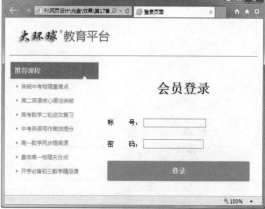

图 17-47 选择相应的浏览器选项　　　　　　　　图 17-48 预览网页最终效果

17.2　制作专题摄影主页

摄影是把日常生活中稍纵即逝的平凡事物转化为不朽的视觉图像。建立一个摄影网站，可以将这些精美的图像收藏起来，还可以分享给其他浏览者欣赏。

本实例效果如图 17-49 所示。

图 17-49 摄影网站主页

素材文件	光盘 \ 素材 \ 第 17 章 \17.2\images\feixuesheying_01.jpg ～ feixuesheying_09 等
效果文件	光盘 \ 效果 \ 第 17 章 \17.2\index.html
视频文件	光盘 \ 视频 \ 第 17 章 \17.2.1　制作网页图像效果 .mp4、17.2.2　制作网页导航特效 .mp4、17.2.3　制作子页链接效果 .mp4

17.2.1　制作网页图像效果

下面主要运用 Dreamweaver CC 的表格功能和图像功能，制作网页图像效果。

步骤 **01** 启动 Dreamweaver CC 应用程序，单击"新建"选项区中的 HTML 按钮，如图 17-50 所示。

步骤 **02** 执行操作后，新建一个空白网页，在菜单栏中单击"插入"菜单，在弹出的菜单列表中单击"表格"命令，如图 **17-51** 所示。

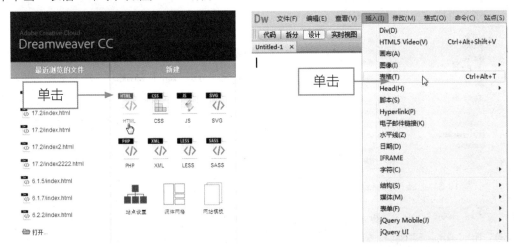

图 17-50 单击 HTML 按钮　　　　图 17-51 单击"表格"命令

步骤 03 弹出"表格"对话框，在其中设置"行数"为 5、"列"为 4，如图 17-52 所示。

步骤 04 设置完成后，单击"确定"按钮，在编辑窗口中插入表格对象，选择最上方的一行单元格区域，如图 17-53 所示。

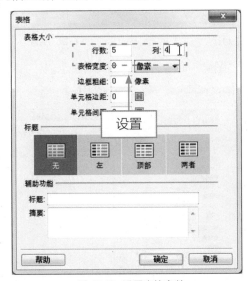

图 17-52 设置表格参数

图 17-53 选择单元格区域

步骤 05 在选择的单元格区域上，单击鼠标右键，在弹出的快捷菜单中选择"表格"|"合并单元格"选项，如图 17-54 所示。

步骤 06 执行操作后，即可将选择的单元格区域进行合并，效果如图 17-55 所示。

步骤 07 在网页编辑窗口中，选择最下方一行单元格区域，如图 17-56 所示。

步骤 08 在选择的单元格区域上，单击鼠标右键，在弹出的快捷菜单中选择"表格"|"合并单元格"选项，对单元格区域进行合并操作，如图 17-57 所示。

图 17-54 选择"合并单元格"选项

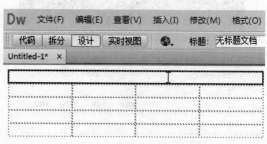

图 17-55 对单元格区域进行合并

图 17-56 选择单元格区域

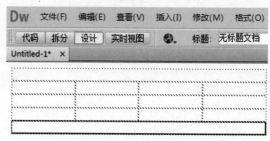

图 17-57 对单元格区域进行合并

步骤 09 在网页编辑窗口中，将光标定位于最上方的一行单元格中，如图 17-58 所示。

步骤 10 在菜单栏中，单击"插入"|"图像"|"图像"命令，如图 17-59 所示。

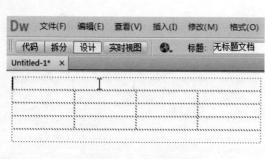

图 17-58 定位光标的位置

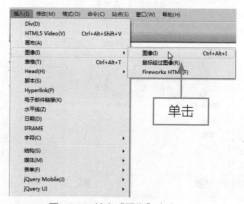

图 17-59 单击"图像"命令

步骤 11 执行操作后，弹出"选择图像源文件"对话框，在其中选择需要插入的图像文件，如图 17-60 所示。

步骤 12 单击"确定"按钮，即可将图像文件插入到表格中，如图 17-61 所示。

步骤 13 在网页编辑窗口中，将光标定位于第 2 行第 1 个单元格中，如图 17-62 所示。

步骤 14 单击"插入"|"图像"|"图像"命令，弹出"选择图像源文件"对话框，在其中选择需要插入的图像文件，如图 17-63 所示。

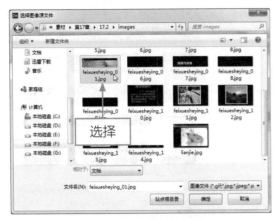

图 17-60 选择需要插入的图像

图 17-61 将图像文件插入到表格中

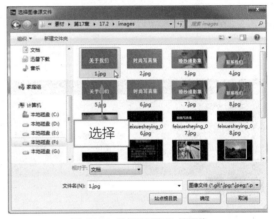

图 17-63 选择需要插入的图像

图 17-62 定位光标的位置

步骤 15 单击"确定"按钮,即可将图像文件插入到表格中,如图 17-64 所示。

步骤 16 用与上同样的操作方法,将相关图像文件插入到表格的第 2 行单元格中,效果如图 17-65 所示。

图 17-64 将图像文件插入到表格中

图 17-65 插入其他图像文件

步骤 17 在网页编辑窗口中,将光标定位于第 3 行第 1 个单元格中,如图 17-66 所示。

步骤 18 单击"插入"|"图像"|"图像"命令,弹出"选择图像源文件"对话框,在其中选择需要插入的图像文件,如图 17-67 所示。

步骤 19 单击"确定"按钮,即可将图像文件插入到表格中,如图 17-68 所示。

图 17-66 定位光标的位置

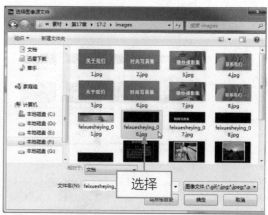

图 17-67 选择需要插入的图像

步骤 20 用与上同样的操作方法，在表格中插入其他的图像文件，效果如图 17-69 所示。

图 17-68 将图像文件插入到表格中

图 17-69 在表格中插入其他的图像

步骤 21 在菜单栏中，单击"文件"|"保存"命令，如图 17-70 所示。

步骤 22 弹出"另存为"对话框，在其中设置相应的保存路径和文件名，如图 17-71 所示，单击"保存"按钮，即可保存网页文件。

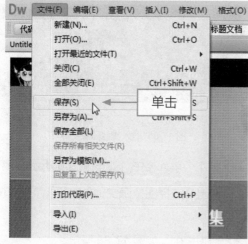

图 17-70 单击"保存"命令

图 17-71 设置保存选项

17.2.2 制作网页导航特效

下面主要运用 Dreamweaver CC 的行为功能和交换图像功能，制作网页导航特效。

步骤 01 在网页编辑窗口中，选择相应的导航图片，如图 17-72 所示。

步骤 02 在菜单栏中，单击"窗口"菜单，在弹出的菜单列表中单击"行为"命令，如图 17-73 所示。

图 17-72 选择相应的导航图片

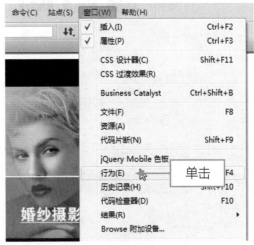

图 17-73 单击"行为"命令

步骤 03 展开"行为"面板，单击该面板中的"添加行为"按钮，在弹出的列表框中选择"交换图像"选项，如图 17-74 所示。

步骤 04 执行操作后，弹出"交换图像"对话框，单击"浏览"按钮，如图 17-75 所示。

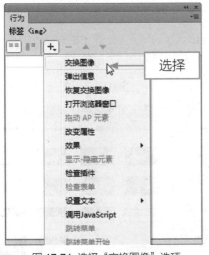

图 17-74 选择"交换图像"选项

图 17-75 单击"浏览"按钮

步骤 05 弹出"选择图像源文件"对话框，在其中选择相应的图像文件，如图 17-76 所示。

步骤 06 单击"确定"按钮，即可添加交换图像，如图 17-77 所示。

图 17-76 选择相应的图像文件

图 17-77 添加交换图像

步骤 07 单击"确定"按钮，即可添加"交换图像"行为，并自动添加了"恢复交换图像"的行为，如图 17-78 所示。

步骤 08 在网页编辑窗口中，选择需要添加特效的其他导航图片，如图 17-79 所示。

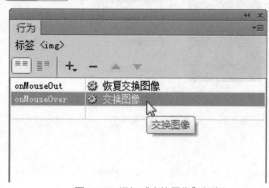

图 17-78 添加"交换图像"行为

图 17-79 选择其他导航图片

步骤 09 展开"行为"面板，单击该面板中的"添加行为"按钮，在弹出的列表框中选择"交换图像"选项，弹出"交换图像"对话框，单击"浏览"按钮，如图 17-80 所示。

步骤 10 弹出"选择图像源文件"对话框，在其中选择相应的图像文件，如图 17-81 所示。

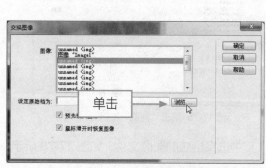

图 17-80 单击"浏览"按钮

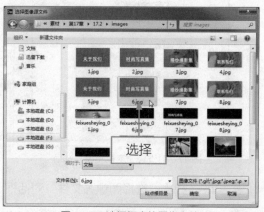

图 17-81 选择相应的图像文件

步骤 **11** 单击"确定"按钮，即可添加交换图像，如图 **17-82** 所示。

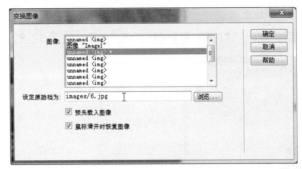

图 17-82 添加交换图像

步骤 **12** 用与上同样的方法，为其他的导航图像添加动作，效果如图 **17-83** 所示。

图 17-83 为其他的导航图像添加动作

17.2.3 制作子页链接效果

下面主要运用 Dreamweaver CC 的行为功能，制作网页子页链接效果。

步骤 **01** 在"标题"文本框中输入"飞雪摄影"，在网页编辑窗口中，单击网页编辑窗口左下角的 <body> 标签，如图 **17-84** 所示。

步骤 **02** 执行操作后，即可选择整个页面，如图 **17-85** 所示。

图 17-84 单击左下角的 <body> 标签

图 17-85 选择整个页面

步骤 03 展开"行为"面板，单击"添加行为"按钮，在弹出的列表框中选择"打开浏览器窗口"选项，如图 17-86 所示。

步骤 04 执行操作后，弹出"打开浏览器窗口"对话框，如图 17-87 所示。

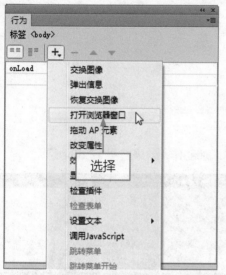

图 17-86 选择"打开浏览器窗口"选项

图 17-87 弹出"打开浏览器窗口"对话框

步骤 05 在"要显示的 URL"文本框后单击"浏览"按钮，弹出"选择文件"对话框，选择需要显示的网页文件，如图 17-88 所示。

步骤 06 单击"确定"按钮，即可看到所添加的 URL 文件，如图 17-89 所示。

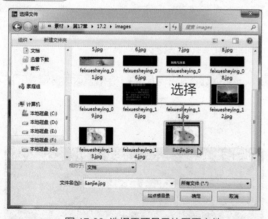

图 17-88 选择需要显示的网页文件

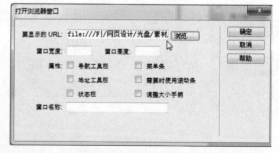

图 17-89 看到所添加的 URL 文件

专家指点

在"选择文件"对话框中选择相应的图像文件后，在图像上双击鼠标左键，也可以返回"打开浏览器窗口"对话框。

步骤 07 单击"确定"按钮，即可添加行为，如图 17-90 所示。

步骤 08 单击"文件"|"保存"命令，保存网页文档，打开 IE 浏览器，预览网页效果，如图 17-91 所示。

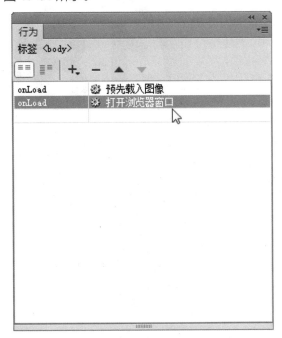

图 17-90 添加行为

图 17-91 预览网页效果

步骤 09 在网页文档的任意位置单击鼠标左键，即可弹出链接的网页窗口，效果如图 17-92 所示。

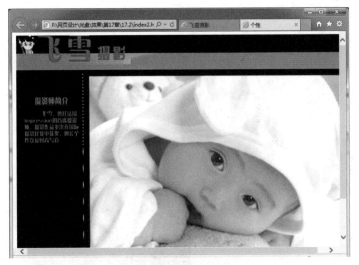

图 17-92 弹出链接的网页窗口

网页动画案例实战 ⑱

学习提示

　　网络商业广告作为一种全新的广告形式，之所以受到各企业的重视，是因为它与电视、报纸、杂志等媒体广告相比，具有交互性、快捷性、多样性以及可重复性强等优点，并且不受时间限制，传播范围很广。本章主要向读者介绍网页中动画特效的制作方法，希望读者熟练掌握。

本章重点导航

- 制作店内公告动画
- 制作商业广告动画

18.1　制作店内公告动画

在购物网站上，用户一般都可以看见滚屏式的文字动画，主要用来宣传商业产品，或者用来公告店内打折活动等信息。本节主要向读者介绍制作滚屏式动画——店内公告实例的方法，希望读者熟练掌握本节内容。

本实例的最终效果如图 18-1 所示。

图 18-1　实例效果

素材文件	光盘 \ 素材 \ 第 18 章 \18.1.gif	
效果文件	光盘 \ 效果 \ 第 18 章 \18.1.fla、18.1.swf	
视频文件	光盘 \ 视频 \ 第 18 章 \18.1.1　制作彩色动画背景 .mp4、18.1.2　制作文字广告效果 .mp4、18.1.3 制作动画合成特效 .mp4	

18.1.1　制作彩色动画背景

在店内公告实例动画中，运用"颜色"面板中的"线性渐变"功能，可以制作彩色的矩形画面。下面向读者介绍制作彩色画面的操作方法。

步骤　01　按【Ctrl + N】组合键，新建一个 Flash 文档，如图 18-2 所示。

步骤 02 在菜单栏中，单击"文件"菜单，在弹出的菜单列表中单击"保存"命令，如图 18-3 所示。

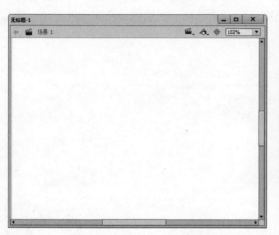

图 18-2 新建一个 Flash 文档

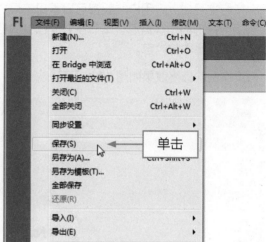

图 18-3 单击"保存"命令

步骤 03 弹出"另存为"对话框，在其中设置文件的保存名称与保存位置，如图 18-4 所示，单击"保存"按钮，即可保存网页文档。

步骤 04 在文档中的空白位置上，单击鼠标右键，在弹出的快捷菜单中选择"文档"选项，如图 18-5 所示。

图 18-4 设置保存选项

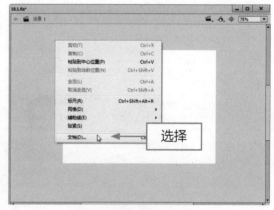

图 18-5 选择"文档"选项

步骤 05 弹出"文档属性"对话框，在"尺寸"选项区中，设置"宽"为 560 像素、"高"为 460 像素、"背景颜色"为白色、"帧频"为 8，如图 18-6 所示。

步骤 06 单击"确定"按钮，返回舞台编辑区，即可调整舞台的尺寸大小，如图 18-7 所示。

步骤 07 在菜单栏中，单击"插入"|"新建元件"命令，如图 18-8 所示。

步骤 08 弹出"创建新元件"对话框，在"名称"文本框中输入"渐变条"，在"类型"列表中，选择"图形"选项，如图 18-9 所示。

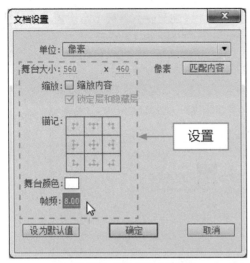

图 18-6 设置文档尺寸参数

图 18-7 调整舞台的尺寸大小

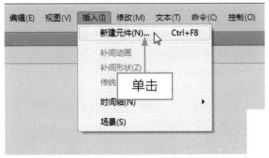

图 18-8 单击"新建元件"命令

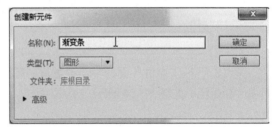

图 18-9 弹出"创建新元件"对话框

步骤 09 单击"确定"按钮，进入图形编辑模式，如图 **18-10** 所示。

步骤 10 在菜单栏中，单击"窗口"菜单，在弹出的菜单列表中单击"颜色"命令，如图 18-11 所示。

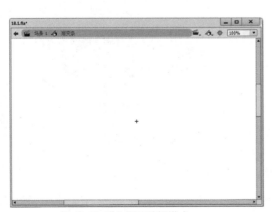

图 18-10 进入图形编辑模式

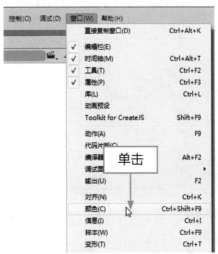

图 18-11 单击"颜色"命令

步骤 11 弹出"颜色"面板，在其中设置"类型"为"线性渐变"，在下方设置填充颜色为由 #FF0000、#FFFF00、#FF00FF 到 #0000FF 的线性渐变，如图 18-12 所示。

步骤 12 在工具箱中，选取矩形工具，如图 18-13 所示。

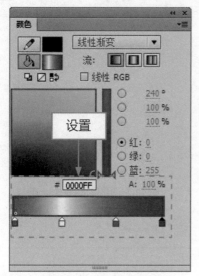

图 18-12 设置线性渐变

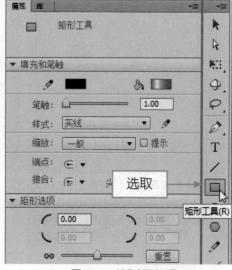

图 18-13 选取矩形工具

步骤 13 在"属性"面板中，设置其"笔触颜色"为"无"，设置"填充颜色"为刚才设置的线性渐变色，如图 18-14 所示。

步骤 14 在舞台中，绘制一个"宽度"为 327.6、"高度"为 299.7 的矩形，如图 18-15 所示。

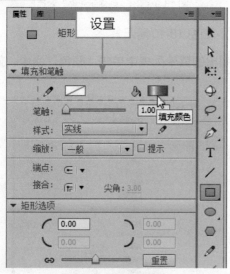

图 18-14 设置工具属性

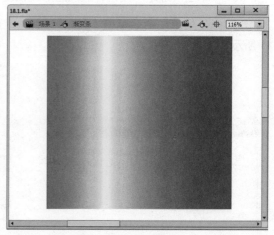

图 18-15 绘制一个矩形

步骤 15 运用选择工具，选择绘制的矩形，如图 18-16 所示。

步骤 16 在菜单栏中，单击"修改"菜单，在弹出的菜单列表中单击"变形"|"顺时针旋转90度"命令，如图 18-17 所示。

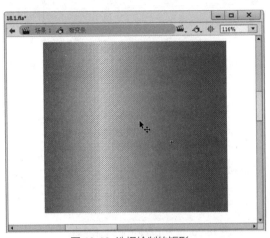

图 18-16 选择绘制的矩形

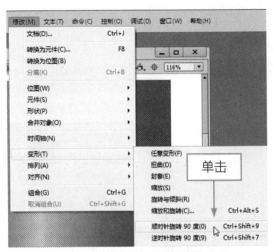

图 18-17 单击"顺时针旋转 90 度"命令

步骤 **17** 执行操作后，即可将选择的矩形顺时针旋转 90 度，彩色背景效果如图 18-18 所示。

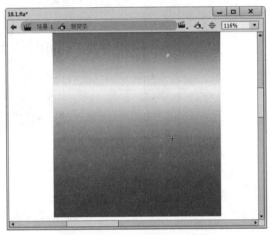

图 18-18 顺时针旋转矩形的效果

18.1.2 制作文字广告效果

在店内公告实例动画中，用户首先需要创建一个图形元件类的文本对象，这样才方便在舞台中制作文本的滚屏效果。下面向读者介绍制作文本内容的操作方法。

步骤 **01** 在"场景 1"中，单击"插入"|"新建元件"命令，创建一个名称为"文字"的图形元件，如图 18-19 所示，单击"确定"按钮。

步骤 **02** 进入图形元件编辑模式，选取工具箱中的文本工具，如图 18-20 所示。

步骤 **03** 在编辑区中，单击鼠标左键，确认文字的输入点，在"属性"面板中设置相应选项，如图 18-21 所示。

步骤 **04** 在舞台中，输入"店内公告"等文本，如图 18-22 所示。

步骤 **05** 在舞台中，选择标题"店内公告"文本，如图 18-23 所示。

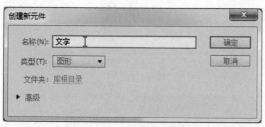

图 18-19 创建"文字"图形元件

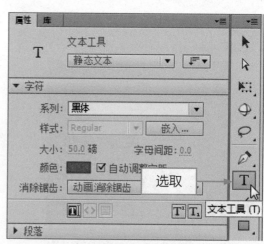

图 18-20 选取工具箱中的文本工具

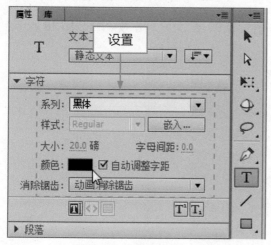

图 18-21 设置相应选项

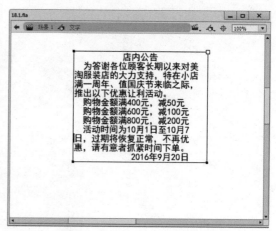

图 18-22 输入"店内公告"等文本

步骤 06 在"属性"面板中，更改"字体大小"为 30，如图 18-24 所示。

图 18-23 选择"店内公告"文本

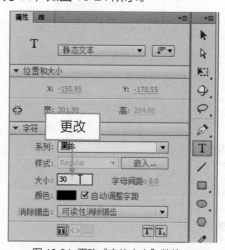

图 18-24 更改"字体大小"数值

步骤 07 在舞台中，可以查看更改字体大小后的文本效果，如图 18-25 所示。

步骤 08 在舞台中，选择所有文本内容，如图 18-26 所示。

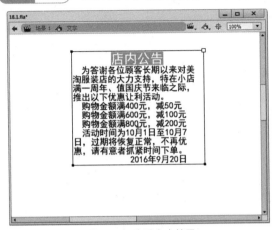

图 18-25 查看文本效果

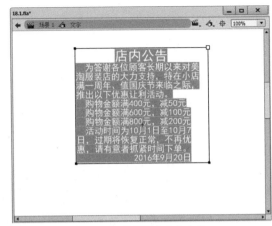

图 18-26 选择所有文本内容

步骤 09 在"属性"面板中，设置"行距"为 8.0 点，如图 18-27 所示。

步骤 10 在舞台中，可以查看更改文本行距后的效果，如图 18-28 所示。

图 18-27 设置"行距"为 8

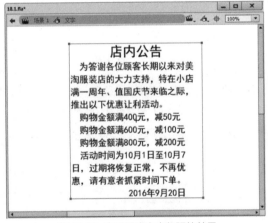

图 18-28 查看更改文本行距的效果

18.1.3 制作动画合成特效

在《店内公告》实例动画中，用户通过在两个关键帧之间创建传统补间动画的方式，可以制作出文字元件的合成滚屏效果。

步骤 01 在舞台的上方，单击"场景 1"超链接，如图 18-29 所示。

步骤 02 返回"场景 1"编辑模式，在"时间轴"面板中，选择"图层 1"图层，如图 18-30 所示。

图 18-29 单击"场景 1"超链接

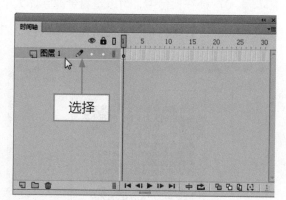

图 18-30 选择"图层 1"图层

步骤 03 在"图层"面板中，将"图层 1"重命名为"背景"图层，如图 18-31 所示。

步骤 04 在菜单栏中，单击"文件"|"导入"|"导入到舞台"命令，如图 18-32 所示。

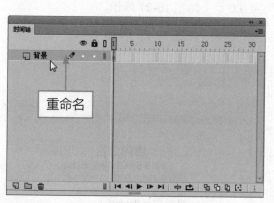

图 18-31 重命名为"背景"图层

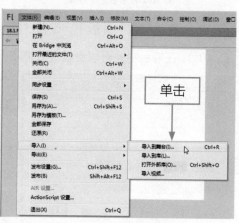

图 18-32 单击"导入到舞台"命令

步骤 05 弹出"导入"对话框，在其中选择相应的素材文件，如图 18-33 所示。

步骤 06 单击"打开"按钮，即可将选中的素材文件导入至舞台中，如图 18-34 所示。

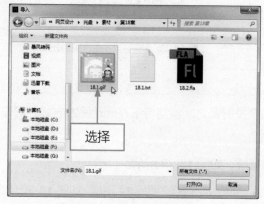

图 18-33 选择相应的素材文件

图 18-34 将素材导入至舞台中

步骤 07 在"时间轴"面板中，选择"背景"图层的第 100 帧，如图 18-35 所示。

步骤 08 在该帧上，单击鼠标右键，在弹出的快捷菜单中选择"插入帧"选项，如图 18-36 所示。

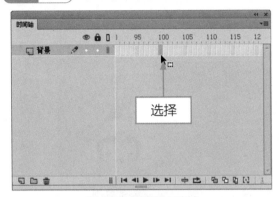

图 18-35 选择第 100 帧 图 18-36 选择"插入帧"选项

步骤 09 执行操作后，即可插入帧，如图 18-37 所示。

步骤 10 在"时间轴"面板中，单击面板底部的"新建图层"按钮，如图 18-38 所示。

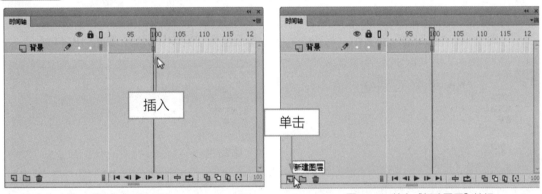

图 18-37 插入帧 图 18-38 单击"新建图层"按钮

步骤 11 执行操作后，即可新建"图层 2"图层，如图 18-39 所示。

步骤 12 将鼠标移至"图层 2"图层名称位置，双击鼠标左键，更改图层名称为"渐变条"，如图 18-40 所示。

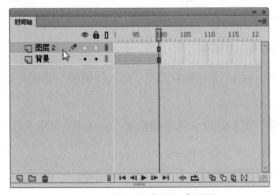

图 18-39 新建"图层 2"图层 图 18-40 更改图层名称

步骤 13　在"库"面板中，选择"渐变条"图形元件，如图 18-41 所示。

步骤 14　将选中的图形元件拖曳到舞台中，并调整至合适的位置，如图 18-42 所示。

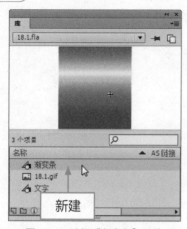

图 18-41　选择"渐变条"元件

图 18-42　拖曳图形元件到舞台中

步骤 15　在"时间轴"面板中，单击面板底部的"新建图层"按钮，新建一个图层，如图 18-43 所示。

步骤 16　在"时间轴"面板中，将新建的图层重命名为"文字"图层，如图 18-44 所示。

图 18-43　新建一个图层

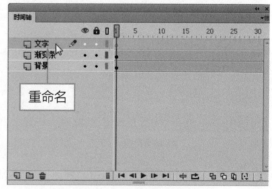

图 18-44　对图层重命名

步骤 17　在"库"面板中，选择"文字"图形元件，如图 18-45 所示。

步骤 18　将"文字"图形元件拖曳至舞台中的合适位置，如图 18-46 所示。

步骤 19　选择"文字"图层的第 100 帧，如图 18-47 所示。

步骤 20　在选择的帧上，单击鼠标右键，在弹出的快捷菜单中选择"插入关键帧"选项，如图 18-48 所示，插入关键帧。

步骤 21　选择"文字"图层第 100 帧中的对象，按【Shift + ↑】组合键，快速向上移动文本，将其移至渐变条顶部以外的区域，如图 18-49 所示。

步骤 22　选择"文字"图层上的任意一帧，单击鼠标右键，在弹出的快捷菜单中，选择"创建传统补间"选项，如图 18-50 所示。

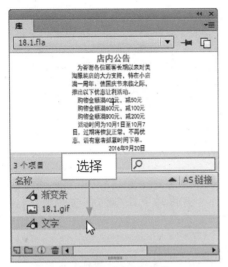

图 18-45 选择"文字"元件

图 18-46 拖曳至舞台中

图 18-47 选择第 100 帧

图 18-48 选择"插入关键帧"选项

图 18-49 移动文本的位置

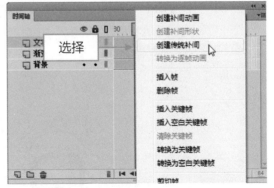

图 18-50 选择"创建传统补间"选项

步骤 23 执行操作后，即可创建传统补间动画，如图 18-51 所示。

步骤 24 在"时间轴"面板中，选择"文字"图层，并在"文字"图层上，单击鼠标右键，在弹出的快捷菜单中，选择"遮罩层"选项，如图 18-52 所示。

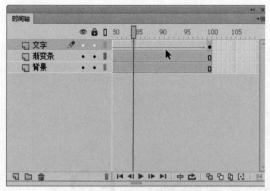

图 18-51 创建传统补间动画

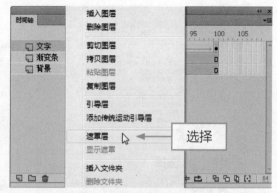

图 18-52 选择"遮罩层"选项

步骤 **25** 执行操作后，即可添加遮罩层，如图 18-53 所示。

图 18-53 添加遮罩层

步骤 **26** 按【Ctrl + Enter】组合键，测试动画，效果如图 18-54 所示。

图 18-54 测试动画效果

18.2 制作商业广告动画

用户制作 Flash 商业广告时，在画面中添加多样式的文字动画，可以增强影片的画面感，使广告内容更具有冲击性，吸引客户的眼球。本节主要向读者介绍制作多样式动画——天舟电脑实例的方法，希望读者学完以后可以制作出更多的商业广告动画效果。

本实例的最终效果如图 18-55 所示。

图 18-55 实例效果

素材文件	光盘 \ 素材 \ 第 18 章 \18.2.fla
效果文件	光盘 \ 效果 \ 第 18 章 \18.2.fla、18.2.swf
视频文件	光盘 \ 视频 \ 第 18 章 \18.2.1 制作广告背景动画 .mp4、18.2.2 制作静态文本特效 .mp4、18.2.3 制作逐帧动态特效 .mp4

18.2.1 制作广告背景动画

制作商业广告动画前，用户首先需要设置好舞台背景的尺寸大小，这样可以为制作广告动画做好准备工作。另外，实例的背景文件是用来衬托舞台中主体文件的显示，一个漂亮的广告背景画面可以为整个动画增色不少，更能吸引观众的眼球。本节主要向读者介绍制作广告背景动画的操作方法。

步骤 01 在菜单栏中，单击"文件"菜单，在弹出的菜单列表中单击"打开"命令，如图 18-56 所示。

步骤 02 执行操作后，弹出"打开"对话框，在其中选择需要打开的 Flash 素材文件，如图 18-57 所示，单击"打开"按钮。

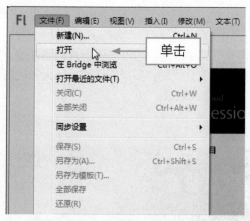

图 18-56 单击"打开"命令

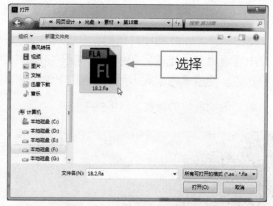

图 18-57 选择需要打开的素材文件

步骤 **03** 打开选择的素材文件，此时舞台中没有任何内容，在"库"面板中可以查看各类素材文件、图形元件以及影片剪辑元件等，如图 18-58 所示。

图 18-58 查看各类素材文件

步骤 **04** 在舞台中的空白位置上，单击鼠标右键，在弹出的快捷菜单中选择"文档"选项，如图 18-59 所示。

步骤 **05** 执行操作后，弹出"文档设置"对话框，在其中设置"舞台大小"为 350×212 像素，如图 18-60 所示。

步骤 **06** 单击"确定"按钮，即可更改舞台的尺寸大小，效果如图 18-61 所示。

步骤 **07** 在"库"面板中，选择"背景"素材文件，如图 18-62 所示。

步骤 **08** 将选择的素材文件拖曳至舞台中的适当位置，制作背景画面，如图 18-63 所示。

步骤 **09** 在"时间轴"面板中，单击面板底部的"新建图层"按钮，如图 18-64 所示。

图 18-59 选择"文档"选项

图 18-60 设置"舞台大小"

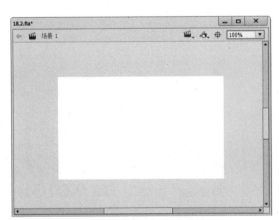

图 18-61 更改舞台的尺寸大小

图 18-62 选择"背景"素材

图 18-63 制作背景画面

图 18-64 单击"新建图层"按钮

步骤 10 执行操作后，即可新建"图层 2"图层，如图 18-65 所示。

步骤 11 在"库"面板中，选择"整机"素材文件，如图 18-66 所示。

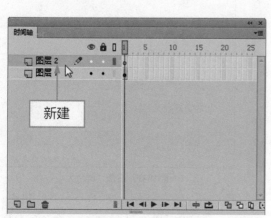

图 18-65 新建"图层 2"图层

图 18-66 选择"整机"素材文件

步骤 12 将选择的"整机"素材文件拖曳至舞台中的适当位置，如图 18-67 所示。

步骤 13 在"库"面板中，选择"标志"素材文件，如图 18-68 所示。

图 18-67 拖曳至舞台中

图 18-68 选择"标志"素材文件

专家指点

用户可以先在 Photoshop CC 软件中，将商业广告动画的平面图像制作出来，然后再调入 Flash CC 软件中制作图像的动态效果。

步骤 14 将选择的"标志"素材文件拖曳至舞台中的适当位置，如图 18-69 所示，即可完成商业广告动画背景的制作。

图 18-69 拖曳至舞台中的适当位置

18.2.2 制作静态文本特效

在商业广告动画的实例制作中，静态文本是指舞台中没有运动效果的文本，用户可以为静态文本添加各种滤镜效果，使文本更加美观。下面向读者介绍制作静态文本的操作方法。

步骤 01 在"时间轴"面板中，选择"图层 2"的第 1 帧，如图 18-70 所示。

步骤 02 在"库"面板中，选择"文本"元件，如图 18-71 所示。

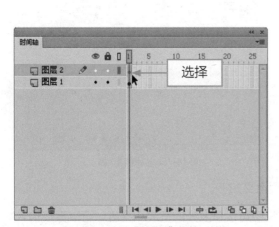

图 18-70 选择"图层 2"的第 1 帧

图 18-71 选择"文本"元件

步骤 03 将"文本"元件拖曳到舞台中的适当位置，并选择舞台中的"文本"元件，如图 18-72 所示。

步骤 04 在"属性"面板中，单击"滤镜"选项区中的"添加滤镜"按钮 ➕ ，在弹出的列表框中选择"发光"选项，如图 18-73 所示。

步骤 05 在"属性"面板的下方，设置"颜色"为白色（ # FFFFFF ）、"强度"为 500%，如图 18-74 所示。

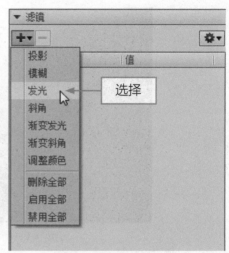

图 18-72 选择"文本"元件　　　　　　　　图 18-73 选择"发光"选项

步骤 06 在"图层"面板中，按住【Ctrl】键的同时，分别选择"图层 1"和"图层 2"的第 40 帧，如图 18-75 所示。

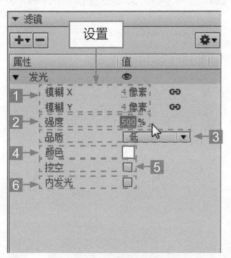

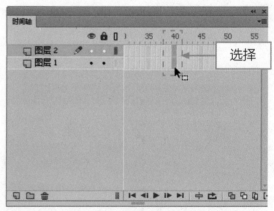

图 18-74 设置相应参数　　　　　　　　图 18-75 选择第 40 帧

在"发光"滤镜效果面板中，各主要选项含义如下。

1 "模糊 X"和"模糊 Y"数值框：在其中可设置发光的宽度和高度，可以直接输入数值，也可以拖动"模糊 X"和"模糊 Y"滑块进行设置。

2 "强度"数值框：在其中可设置发光的不透明度，可以直接输入数值，也可以拖动"强度"滑块进行设置。

3 "品质"列表框：在其中可选择发光的质量级别。质量设置为"高"时，近似于"高斯模糊"，质量设置为"低"时可以实现最佳的回放性能。

4 "颜色"按钮：在其中可以设置阴影颜色。

5 "挖空"复选框：在其中可以从视觉上隐藏对象，并在挖空图像上只显示发光。

6 "内发光"复选框：可以在对象边界内应用发光。

步骤 07 在选择的帧上，单击鼠标右键，弹出快捷菜单，选择"插入帧"选项，如图 18-76 所示。

步骤 08 执行操作后，即可在第 40 帧的位置，插入普通帧，效果如图 18-77 所示。

图 18-76 选择"插入帧"选项

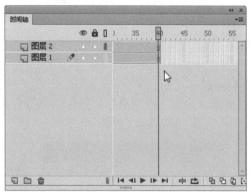

图 18-77 插入普通帧

步骤 09 在舞台中，用户可以查看添加了"发光"滤镜的静态文本效果，如图 18-78 所示。

图 18-78 查看"发光"滤镜静态文本效果

18.2.3 制作逐帧动态特效

在 Flash CC 中，通过在文本元件的各关键帧之间，创建传统补间动画，可以制作动态的文本效果。下面向读者介绍制作逐帧文本动态效果的操作方法。

步骤 01 在"时间轴"面板中，单击"新建图层"按钮 ，如图 18-79 所示。

步骤 02 执行操作后，即可新建"图层 3"图层，如图 18-80 所示。

步骤 03 选择"图层 3"图层的第 1 帧，在"库"面板中选择"文字 1"图像素材，如图 18-81 所示。

步骤 04 将选择的"文字 1"图像拖曳至舞台中的适当位置，如图 18-82 所示。

步骤 05 选择"文字 1"图像，在菜单栏中单击"修改"|"转换为元件"命令，如图 18-83 所示。

步骤 06 弹出"转换为元件"对话框，在其中设置"名称"为"标语 1"、"类型"为"影片剪辑"，如图 18-84 所示。

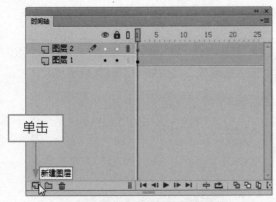

图 18-79 单击"新建图层"按钮

图 18-80 新建"图层 3"图层

图 18-81 选择"文字 1"图像

图 18-82 将图像拖曳至舞台中

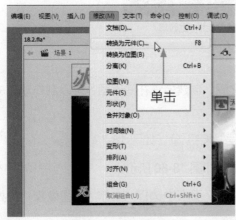

图 18-83 单击"转换为元件"命令

图 18-84 设置相应选项

步骤 07　单击"确定"按钮，即可完成元件的转换操作，在"时间轴"面板中选择"图层 3"的第 5 帧，如图 18-85 所示。

步骤 08　在选择的帧上，单击鼠标右键，弹出快捷菜单，选择"插入关键帧"选项，如图 18-86 所示。

图 18-85 选择"图层 3"的第 5 帧

图 18-86 选择"插入关键帧"选项

步骤 09 执行操作后，即可插入关键帧，如图 18-87 所示。

步骤 10 插入关键帧后，将该帧舞台中相应的元件移至适当的位置，如图 18-88 所示。

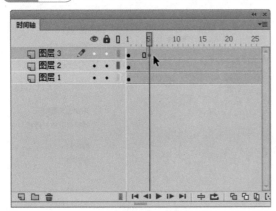

图 18-87 插入关键帧

图 18-88 移动元件的位置

步骤 11 选择"图层 3"的第 1 帧至第 5 帧之间的任意一帧，单击鼠标右键，弹出快捷菜单，选择"创建传统补间"选项，如图 18-89 所示。

步骤 12 执行操作后，即可创建补间动画，如图 18-90 所示。

图 18-89 选择"创建传统补间"选项

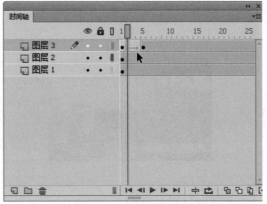

图 18-90 创建补间动画

步骤 13 在舞台中，可以查看制作的图像动态特效，如图 18-91 所示。

图 18-91 查看制作的图像动态特效

步骤 14 单击"新建图层"按钮 ，新建"图层 4"图层，如图 18-92 所示。

步骤 15 选择该图层的第 8 帧，单击鼠标右键，弹出快捷菜单，选择"插入空白关键帧"选项，如图 18-93 所示。

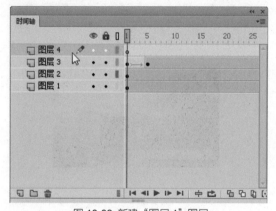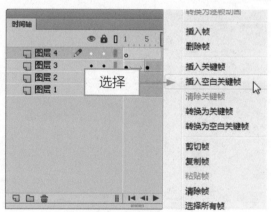

图 18-92 新建"图层 4"图层　　　　图 18-93 选择"插入空白关键帧"选项

步骤 16 即可插入空白关键帧，然后将"库"面板中的"文字 2"图像拖曳至舞台中的适当位置，如图 18-94 所示。

步骤 17 用与上同样的方法，将"文字 2"转换为"标语 2"影片剪辑，如图 18-95 所示。

图 18-94 添加"文字 2"图像　　　　图 18-95 转换为影片剪辑

步骤 18 在"时间轴"面板中，选择"图层4"的第14帧，如图18-96所示。

步骤 19 在选择的帧上，单击鼠标右键，弹出快捷菜单，选择"插入关键帧"选项，如图18-97所示，插入关键帧。

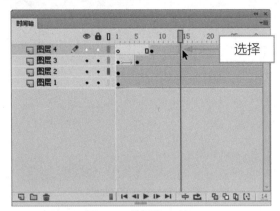

图 18-96 选择第 14 帧

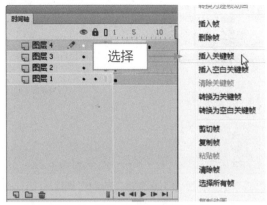

图 18-97 选择"插入关键帧"选项

步骤 20 将该帧对应的"标语2"元件移动至舞台的适当位置，如图18-98所示。

步骤 21 选择"图层4"的第8帧至第14帧之间的任意一帧，单击鼠标右键，弹出快捷菜单，选择"创建传统补间"选项，即可创建补间动画，如图18-99所示。

图 18-98 移动元件的位置

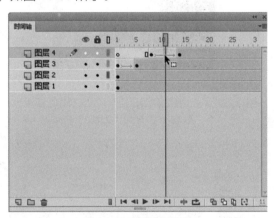

图 18-99 创建补间动画

步骤 22 在"时间轴"面板中，单击"新建图层"按钮 ，新建"图层5"图层，如图18-100所示。

步骤 23 选择该图层的第15帧，单击鼠标右键，弹出快捷菜单，选择"插入空白关键帧"选项，即可插入空白关键帧，如图18-101所示。

步骤 24 将"库"面板中的"文本2"元件拖曳至舞台中的适当位置，如图18-102所示。

步骤 25 选择"图层5"的第20帧，单击鼠标右键，弹出快捷菜单，选择"插入关键帧"选项，将"文本2"元件移动至舞台中的适当位置，如图18-103所示。

步骤 26 选择"图层5"的第15帧至第20帧之间的任意一帧，单击鼠标右键，弹出快捷菜单，选择"创建传统补间"选项，如图18-104所示。

步骤 27 执行操作后，即可创建补间动画，如图18-105所示。

图18-100 新建"图层5"图层

图18-101 插入空白关键帧

图18-102 添加"文本2"元件

图18-103 移动元件的位置

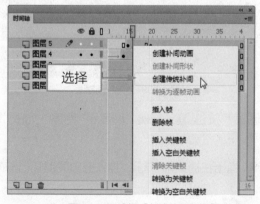

图18-104 选择"创建传统补间"选项

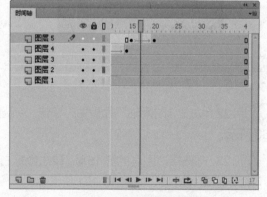

图18-105 创建补间动画

步骤 28 在"时间轴"面板中单击"新建图层"按钮，新建"图层6"图层，如图18-106所示。

步骤 29 选择该图层的第20帧，单击鼠标右键，弹出快捷菜单，选择"插入空白关键帧"选项，将"库"面板中的"文本3"元件拖曳至舞台中的适当位置，如图18-107所示。

步骤 30 选择"图层6"的第24帧，单击鼠标右键，弹出快捷菜单，选择"插入关键帧"选项，将"文本3"元件移动至舞台中的适当位置，如图18-108所示。

步骤 31 选择"图层6"的第20帧至第24帧之间的任意一帧，单击鼠标右键，弹出快捷菜单，选择"创建传统补间"选项，即可创建补间动画，如图18-109所示。

图 18-106 新建"图层6"图层

图 18-107 添加"文本3"元件

图 18-108 移动"文本3"元件

图 18-109 创建补间动画

步骤 32 在舞台中，可以查看制作的图像逐帧动态效果，如图18-110所示。

图 18-110 查看制作的图像逐帧动态效果

步骤 33 选择"图层6"的第28帧，单击鼠标右键，弹出快捷菜单，选择"插入关键帧"选项，如图 18-111 所示，插入关键帧。

步骤 34 选取工具箱中的任意变形工具 ▦，将变形中心点移至左侧的控制点上，更改中心点位置，并对该元件进行适当的缩放，效果如图 18-112 所示。

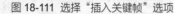

图 18-111 选择"插入关键帧"选项　　　　　图 18-112 对元件进行适当的缩放

步骤 35 选择"图层 6"的第 24 帧，单击鼠标右键，在弹出的快捷菜单中选择"复制帧"选项，如图 18-113 所示。

步骤 36 选择"图层 6"图层的第 30 帧，单击鼠标右键，弹出快捷菜单，选择"粘贴帧"选项，如图 18-114 所示。

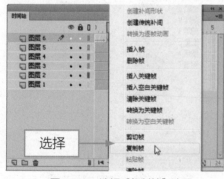

图 18-113 选择"复制帧"选项　　　　　图 18-114 选择"粘贴帧"选项

步骤 37 执行操作后，即可复制粘贴帧对象，如图 18-115 所示。

步骤 38 复制"图层 6"图层的第 28 帧，并粘贴到第 31 帧，如图 18-116 所示。

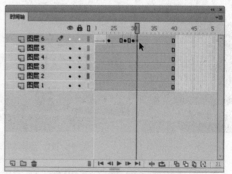

图 18-115 复制粘贴帧对象　　　　　图 18-116 粘贴到第 31 帧

步骤 39　复制"图层 6"图层的第 24 帧，并粘贴到第 32 帧，如图 18-117 所示。

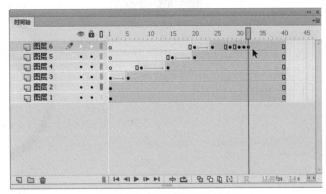

图 18-117　复制粘贴到第 32 帧

步骤 40　至此，多样式文字动画制作完成，按【 Ctrl ＋ Enter 】组合键，测试动画，效果如图 18-118 所示。

图 18-118　测试动画效果

网页图像案例实战

学习提示

Photoshop 的应用领域很广泛，在图像、图形、文字、视频以及出版等方面都有涉及。本章通过制作图片导航条和网站 Logo 来讲解有关网页图像的设计技巧，希望读者学完本章以后，可以制作出更多漂亮的图片导航特效与企业 Logo 标志。

本章重点导航

- 制作网页图片导航条

- 制作网站 Logo 标志

19.1　制作网页图片导航条

导航条在网页设计中非常重要，是网页中不可或缺的部分，它可以将网页中需要展示的内容有条理地进行区分，方便人们快速浏览到需要的网页内容。本实例主要向读者介绍运用 Photoshop 制作网页图片导航条的操作方法。

本实例的最终效果如图 19-1 所示。

图 19-1 实例效果

	素材文件	光盘 \ 素材 \ 第 19 章 \19.1.3.jpg
	效果文件	光盘 \ 效果 \ 第 19 章 \19.1.psd、19.1.jpg、19.1.3.psd、19.1.3.jpg
	视频文件	光盘 \ 视频 \ 第 19 章 \19.1.1　制作导航条背景效果 .mp4、19.1.2　制作导航条主体效果 .mp4、19.1.3　应用画面合成特效 .mp4

19.1.1　制作导航条背景效果

在本实例中，主要通过 Photoshop CC 的绘图工具与渐变填充样式，制作图片导航条的背景效果。

步骤 **01**　在菜单栏中，单击"文件"菜单，在弹出的菜单列表中单击"新建"命令，如图 19-2 所示。

步骤 **02**　弹出"新建"对话框，设置"名称"为"19.1"、"宽度"为 4 厘米、"高度"为 1.35 厘米、"分辨率"为 300 像素 / 英寸、"背景内容"为"白色"、"颜色模式"为"RGB 颜色"，如图 19-3 所示。

步骤 **03**　单击"确定"按钮，新建一个空白文档，如图 19-4 所示。

步骤 **04**　在工具箱中，单击"设置前景色"色块，如图 19-5 所示。

步骤 **05**　在弹出的"拾色器（前景色）"对话框中，设置 RGB 参数值分别为 255、51、170，如图 19-6 所示。

步骤 **06**　单击"确定"按钮，即可设置前景色，在工具箱中单击"设置背景色"色块，如图 19-7 所示。

网页设计（DW/FL/PS）从新手到高手

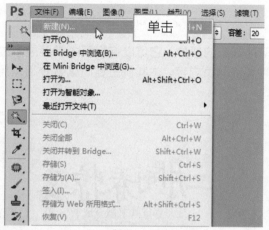

图 19-2 单击"新建"命令

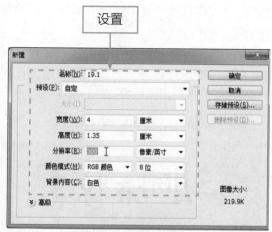

图 19-3 设置文件选项

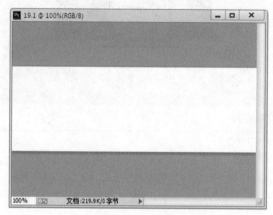

图 19-4 新建一个空白文档

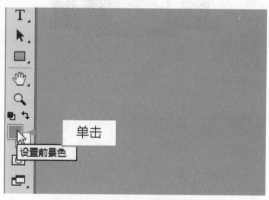

图 19-5 单击"设置前景色"色块

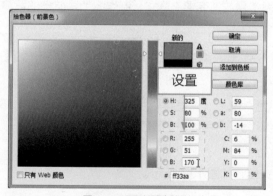

图 19-6 设置前景色参数

图 19-7 单击"设置背景色"色块

步骤 07 在弹出的"拾色器（背景色）"对话框中，设置颜色为紫色（RGB 参数值分别为 255、47、210），如图 19-8 所示，单击"确定"按钮。

步骤 08 在菜单栏中，单击"窗口"|"图层"命令，如图 19-9 所示。

图 19-8 设置背景色参数　　　　　　图 19-9 单击"图层"命令

步骤 09 展开"图层"面板，在"图层"面板中，单击面板下方的"创建新图层"按钮，如图 19-10 所示。

步骤 10 执行操作后，即可新建"图层 1"图层，如图 19-11 所示。

图 19-10 单击"创建新图层"按钮　　　　图 19-11 新建"图层 1"图层

步骤 11 在工具箱中，选取椭圆选框工具，如图 19-12 所示。

步骤 12 在工具属性栏中，设置"羽化"为 1 像素，如图 19-13 所示。

步骤 13 在图像编辑窗口中，单击鼠标左键并拖曳，创建一个圆形选区，如图 19-14 所示。

步骤 14 在工具箱中，选取渐变工具，如图 19-15 所示。

步骤 15 在工具属性栏中，单击"点按可编辑渐变"按钮，如图 19-16 所示。

步骤 16 弹出"渐变编辑器"对话框，在"预设"选项区中单击"前景色到背景色渐变"色块，如图 19-17 所示。

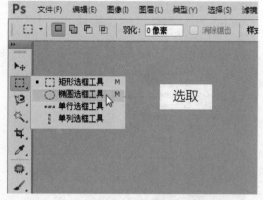

图 19-12 选取椭圆选框工具

图 19-13 设置"羽化"参数

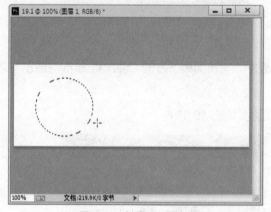

图 19-14 创建一个圆形选区

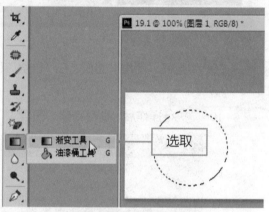

图 19-15 选取渐变工具

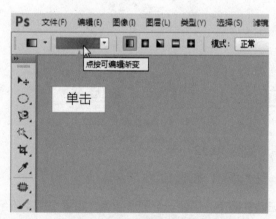

图 19-16 单击"点按可编辑渐变"按钮

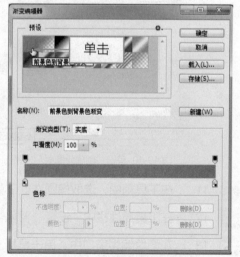

图 19-17 单击相应颜色色块

步骤 17 单击"确定"按钮，返回图像编辑窗口，将鼠标移至绘制的圆形选区内，单击鼠标左键从选区的上方向下方进行拖曳，如图 19-18 所示。

步骤 18 执行操作后，即可为选区填充渐变颜色，效果如图 19-19 所示。

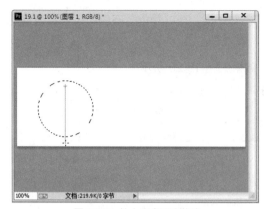

图 19-18 从上方向下方拖曳

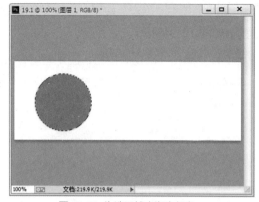

图 19-19 为选区填充渐变颜色

步骤 19 按【Ctrl + D】组合键，取消选区，查看选区填充效果，如图 19-20 所示。

步骤 20 在菜单栏中，单击"图层"|"图层样式"|"描边"命令，如图 19-21 所示。

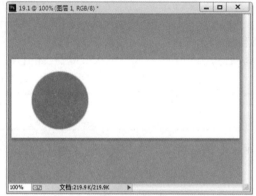

图 19-20 查看选区填充效果

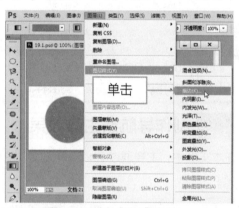

图 19-21 单击"描边"命令

步骤 21 执行操作后，弹出"图层样式"对话框，设置"大小"为 13 像素，单击"颜色"右侧的色块，如图 19-22 所示。

步骤 22 弹出"拾色器（描边颜色）"对话框，在其中设置颜色为灰色（RGB 参数值均为 238），如图 19-23 所示。

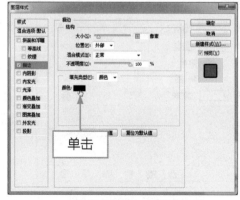

图 19-22 单击"颜色"色块

图 19-23 设置颜色为灰色

步骤 23 单击"确定"按钮，返回"图层样式"对话框，在"颜色"右侧可以查看设置的颜色属性，如图 19-24 所示。

步骤 24 单击"确定"按钮，应用图层样式，效果如图 19-25 所示。

图 19-24 查看设置的颜色属性

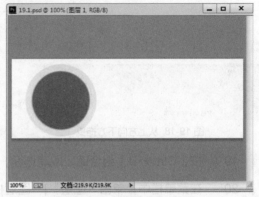

图 19-25 应用图层样式效果

专家指点

在 Photoshop CC 中，用户单击"图层"菜单，在弹出的菜单列表中依次按键盘上的【Y】、【K】键，也可以添加"描边"图层样式。

19.1.2 制作导航条主体效果

在本实例中，主要通过 Photoshop CC 的自定义形状工具和文字工具，制作图片导航条的主体效果。

步骤 01 在"图层"面板中，单击面板底部的"创建新图层"按钮，如图 19-26 所示。

步骤 02 执行操作后，即可新建"图层 2"图层，如图 19-27 所示。

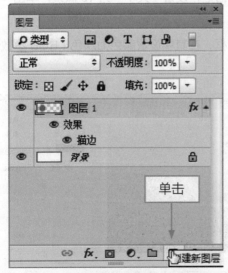

图 19-26 单击"创建新图层"按钮

图 19-27 新建"图层 2"图层

步骤 03 在工具箱中，单击"设置前景色"色块，弹出"拾色器（前景色）"对话框，设置颜色为白色（RGB 参数值均为 255），如图 19-28 所示，单击"确定"按钮。

步骤 04 在工具箱中，选取自定义形状工具 ，如图 19-29 所示。

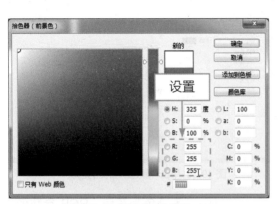

图 19-28 设置颜色为白色

图 19-29 选取自定形状工具

步骤 05 在工具属性栏中，设置"模式"为"像素"，在"形状"下拉列表框中选择"雄性符号"形状，如图 19-30 所示。

步骤 06 在图像编辑窗口中单击鼠标左键并拖曳，绘制一个"雄性符号"图形，效果如图 19-31 所示。

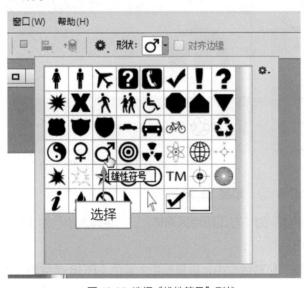

图 19-30 选择"雄性符号"形状

图 19-31 绘制一个雄性符号

步骤 07 在菜单栏中，单击"图层"|"图层样式"|"描边"命令，如图 19-32 所示。

步骤 08 弹出"图层样式"对话框，设置"大小"为 3 像素，单击"颜色"右侧的色块，如图 19-33 所示。

图 19-32 单击"描边"命令

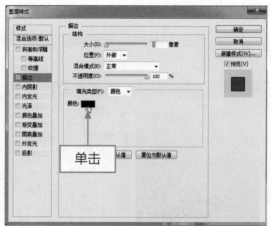

图 19-33 单击"颜色"右侧的色块

步骤 09 弹出"拾色器（描边颜色）"对话框，在其中设置颜色为黄色（RGB 参数值为 231、237、0），如图 19-34 所示。

步骤 10 单击"确定"按钮，应用图层样式，效果如图 19-35 所示。

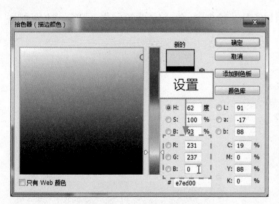

图 19-34 设置颜色为黄色

图 19-35 应用图层样式效果

步骤 11 在工具箱中，选取横排文字工具 T，如图 19-36 所示。

步骤 12 展开"字符"面板，设置"字体"为"方正超粗黑简体"、"字体大小"为 17.5 点，单击"颜色"右侧的色块，如图 19-37 所示。

步骤 13 在弹出的"拾色器（文本颜色）"对话框中，设置颜色为紫色（RGB 参数值分别为 163、21、195），如图 19-38 所示。

步骤 14 单击"确定"按钮，返回"字符"面板，在其中可以查看设置的字体颜色，如图 19-39 所示。

步骤 15 在图像编辑窗口中，输入文字"产品介绍"，如图 19-40 所示。

步骤 16 在菜单栏中，单击"图层"|"图层样式"|"投影"命令，如图 19-41 所示。

图 19-36 选取横排文字工具

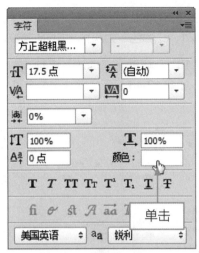

图 19-37 "字符"面板

图 19-38 设置颜色为紫色

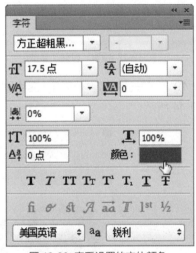

图 19-39 查看设置的字体颜色

图 19-40 输入文字"产品介绍"

图 19-41 单击"投影"命令

步骤 17 弹出"图层样式"对话框，并设置"混合模式"为"正片叠底"、"距离"为 0、"大小"为 21、"颜色"为灰色（RGB 参数值为 150、145、145），如图 19-42 所示。

步骤 18 切换至"描边"选项卡，设置"大小"为 2、"颜色"为白色（RGB 参数值均为 250），如图 19-43 所示。

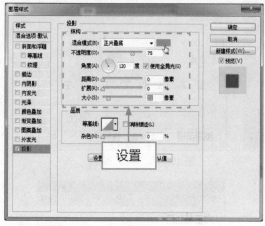

图 19-42 设置"投影"参数

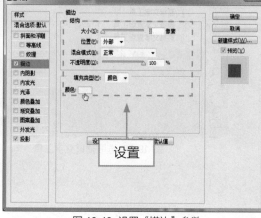

图 19-43 设置"描边"参数

步骤 19 单击"确定"按钮，应用图层样式，在图像编辑窗口中可以预览制作的导航条效果，如图 19-44 所示。

图 19-44 应用图层样式效果

19.1.3 应用画面合成特效

在本实例中，主要通过 Photoshop CC 的"画布大小"命令、移动工具和魔棒工具，应用图片导航条到网页图像中。

步骤 01 单击"文件"|"打开"命令，打开一幅素材图像，如图 19-45 所示。

步骤 02 在菜单栏中，单击"图像"菜单，在弹出的菜单列表中单击"画布大小"命令，如图 19-46 所示。

图 19-45 打开一幅素材图像

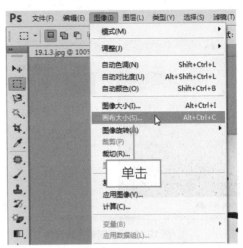

图 19-46 单击"画布大小"命令

步骤 03 弹出"画布大小"对话框,设置"高度"为 5.16 厘米、"画布扩展颜色"为背景,单击"定位"选项区中的 ↑ 图标,设置画布的定位,如图 19-47 所示。

步骤 04 单击"确定"按钮,调整画布大小,效果如图 19-48 所示。

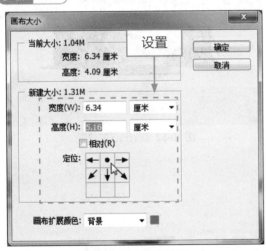

图 19-47 设置各选项

图 19-48 调整画布大小效果

步骤 05 在工具箱中设置前景色为蓝色(RGB 参数值为 57、144、215),如图 19-49 所示。

步骤 06 运用魔棒工具 ,在图像中的下方红色区域创建一个选区,如图 19-50 所示。

步骤 07 按【Alt + Delete】组合键,填充前景色,效果如图 19-51 所示。

步骤 08 按【Ctrl + D】组合键,取消选区,效果如图 19-52 所示。

步骤 09 切换至"19.1"图像编辑窗口,在"图层"面板中选择除"背景"图层外的所有图层,如图 19-53 所示。

步骤 10 在菜单栏中,单击"图层"菜单,在弹出的菜单列表中单击"合并图层"命令,如图 19-54 所示。

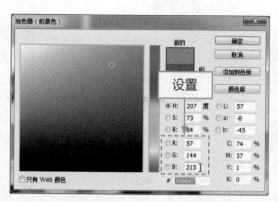

图 19-49 设置前景色为蓝色

图 19-50 创建一个选区

图 19-51 填充前景色

图 19-52 取消选区的效果

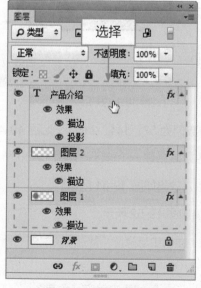

图 19-53 选择相应图层

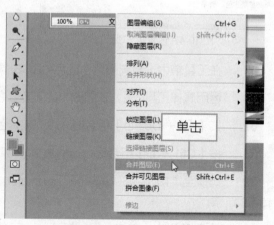

图 19-54 单击"合并图层"命令

步骤 11 执行操作后，即可合并图层，如图 19-55 所示。

步骤 12 运用移动工具 ▶⊕ 将该图层中的图像拖曳至"19.1.3"图像编辑窗口中的合适位置，并调整图像在画面中的摆放位置，至此网页图片导航条制作完成，效果如图 19-56 所示。

图 19-55 合并图层

图 19-56 网页图片导航条效果

19.2 制作网站 Logo 标志

Logo 是一种商标素材，可以应用在商品、企业、网站等主题活动中，是企业的一种徽标。因此，Logo 的设计非常重要，它的形象可以让消费者快速地记住公司主体和品牌文化。在网页中，Logo 徽标主要是各个网站用来与其他网站链接的图形标志，一个 Logo 代表一个网站。本章主要向读者介绍制作网站 Logo 标志的操作方法。

本实例的最终效果如图 19-57 所示。

图 19-57 实例效果

素材文件	光盘 \ 素材 \ 第 19 章 \19.2.3.jpg
效果文件	光盘 \ 效果 \ 第 19 章 \19.2.psd、19.2.jpg、19.2.3.psd、19.2.3.jpg
视频文件	光盘 \ 视频 \ 第 19 章 \19.2.1 制作企业 Logo 标志 .mp4、19.2.2 制作 Logo 文字特效 .mp4、19.2.3 制作图像合成特效 .mp4

19.2.1 制作企业 Logo 标志

在本实例中，主要通过 Photoshop CC 的钢笔工具制作企业 Logo 标志的图形效果。

步骤 01 在菜单栏中，单击"文件"菜单，在弹出的菜单列表中单击"新建"命令，如图 19-58 所示。

步骤 02 弹出"新建"对话框，设置"名称"为"19.2"、"宽度"为 6 厘米、"高度"为 7 厘米、"分辨率"为 300 像素 / 英寸、"背景内容"为"白色"、"颜色模式"为"RGB 颜色"，如图 19-59 所示。

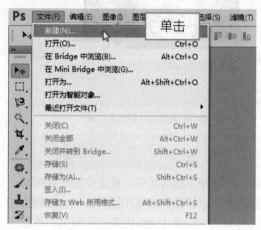

图 19-58 单击"新建"命令

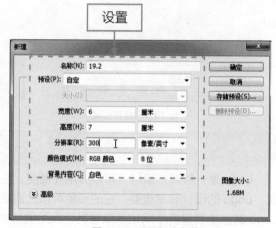

图 19-59 设置新建参数

步骤 03 设置完成后，单击"确定"按钮，即可在 Photoshop 中新建一幅空白文档，如图 19-60 所示。

步骤 04 在工具箱中，单击"设置前景色"色块，如图 19-61 所示。

图 19-60 新建一幅空白文档

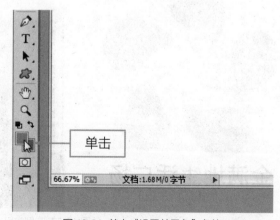

图 19-61 单击"设置前景色"色块

步骤 05 在弹出的"拾色器（前景色）"对话框中，设置颜色为红色（RGB 参数值分别为 230、0、39），如图 19-62 所示。

步骤 06 单击"确定"按钮，即可设置前景色，展开"图层"面板，单击面板下方的"创建新图层"按钮 ▣，如图 19-63 所示。

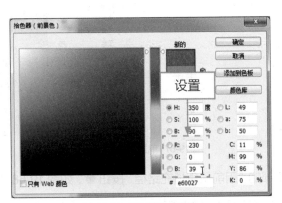

图 19-62 设置颜色为红色

图 19-63 单击"创建新图层"按钮

步骤 07 执行操作后，即可新建"图层 1"图层，如图 19-64 所示。

步骤 08 在工具箱中，选取钢笔工具 ✍，如图 19-65 所示。

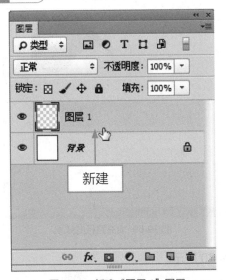

图 19-64 新建"图层 1"图层

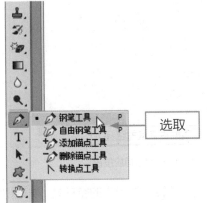

图 19-65 选取钢笔工具

步骤 09 在图像编辑窗口中的合适位置，绘制一个闭合路径，如图 19-66 所示。

步骤 10 在菜单栏中，单击"窗口"菜单，在弹出的菜单列表中单击"路径"命令，如图 19-67 所示。

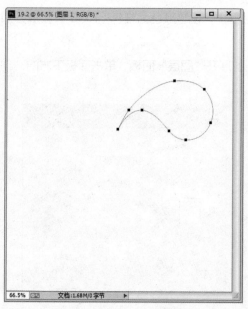

图 19-66 绘制一个闭合路径

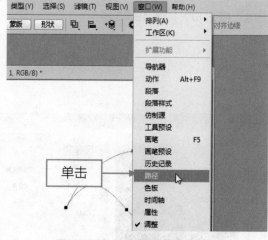

图 19-67 单击"路径"命令

步骤 11 展开"路径"面板，单击面板底部的"用前景色填充路径"按钮 ●，如图 19-68 所示。

步骤 12 执行操作后，即可填充路径，效果如图 19-69 所示。

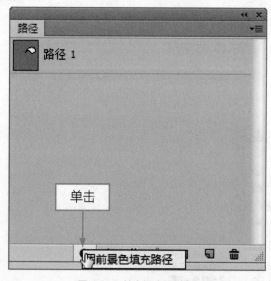

图 19-68 单击相应按钮

图 19-69 填充路径的效果

步骤 13 单击"路径"面板中的空白处，如图 19-70 所示。

步骤 14 执行操作后，即可在图像中隐藏路径，效果如图 19-71 所示。

步骤 15 在菜单栏中，单击"图层"菜单，在弹出的菜单列表中单击"复制图层"命令，如图 19-72 所示。

步骤 16 执行操作后，弹出"复制图层"对话框，各选项保持默认设置即可，如图 19-73 所示。

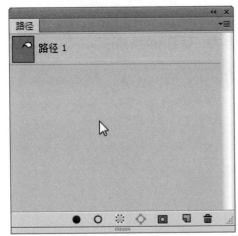

图 19-70 单击面板中的空白处

图 19-71 在图像中隐藏路径

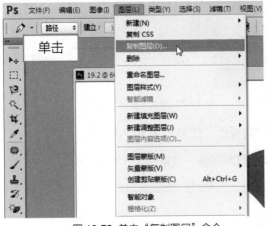

图 19-72 单击"复制图层"命令

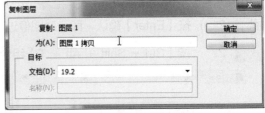

图 19-73 各选项保持默认设置

步骤 **17** 单击"确定"按钮，即可复制"图层1"图层，得到"图层1拷贝"图层，如图 19-74 所示。

步骤 **18** 在菜单栏中，单击"编辑"|"自由变换"命令，如图 **19-75** 所示。

图 19-74 复制"图层1"图层

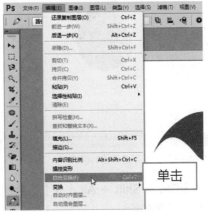

图 19-75 单击"自由变换"命令

步骤 19　调出变换控制框，向左下角拖曳变换中心点，如图 19-76 所示。

步骤 20　在工具属性栏中，设置"旋转"为 72，如图 19-77 所示。

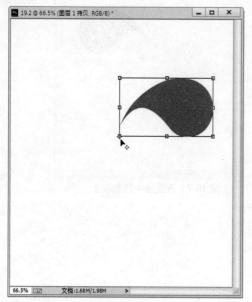

设置

图 19-76 拖曳变换中心点　　　　　　　　图 19-77 设置"旋转"为 72

步骤 21　按【Enter】确认，即可对图像进行旋转操作，效果如图 19-78 所示。

步骤 22　按【Ctrl + Shift + Alt + T】组合键，复制图像，效果如图 19-79 所示。

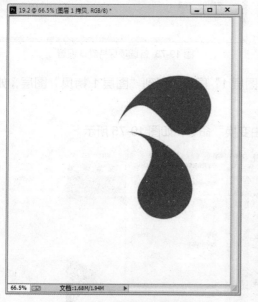

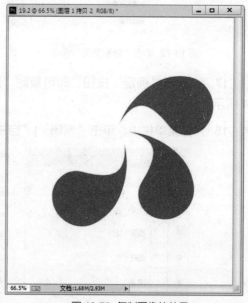

图 19-78 对图像进行旋转操作　　　　　　图 19-79 复制图像的效果

步骤 23　按【Ctrl + Shift + Alt + T】组合键 2 次，继续复制图像，效果如图 19-80 所示，完成企业 Logo 标志图形的设计。

图 19-80 复制图像的效果

制作 Logo 文字特效

　　一个完整的企业 Logo 标志不仅包含图形，还包含文字内容，文字内容一般以企业的名称或活动主题为主。本节主要向读者介绍制作 Logo 文字特效的操作方法。

步骤 01 在工具箱中，选取横排文字工具，如图 19-81 所示。

步骤 02 在图像编辑窗口中的适当位置，输入相应文本内容，如图 19-82 所示。

图 19-81 选取横排文字工具

图 19-82 输入相应文本内容

步骤 03 通过拖曳的方式，选择输入的文本内容，如图 19-83 所示。

步骤 04 单击"窗口"|"字符"命令，展开"字符"面板，在其中设置"字体系列"为"方正黑体简体"、"字体大小"为 19.5 点、"颜色"为黑色，如图 19-84 所示。

图 19-83 选择输入的文本内容

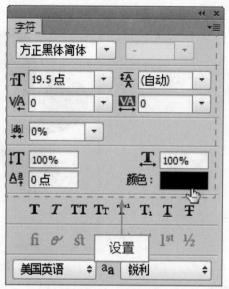

图 19-84 设置字体属性

步骤 **05** 执行操作后，即可更改图像编辑窗口中的文字字体属性，如图 **19-85** 所示。

步骤 **06** 按【 Ctrl + Enter 】组合键，确认文字效果，退出文字输入状态，效果如图 **19-86** 所示。

图 19-85 更改文字字体属性

图 19-86 退出文字输入状态

步骤 **07** 运用横排文字工具，继续在图像编辑窗口中输入相应文本内容，如图 **19-87** 所示。

步骤 **08** 选择输入的文本内容，单击"窗口"|"字符"命令，展开"字符"面板，在其中设置"字体系列"为 Candara、"字体大小"为 9.62 点、"颜色"为黑色，如图 **19-88** 所示。

步骤 **09** 执行操作后，即可更改文本字体属性，效果如图 **19-89** 所示。

步骤 **10** 按【 Ctrl + Enter 】组合键，确认文字效果，退出文字输入状态，效果如图 **19-90** 所示。

图 19-87 输入相应文本内容

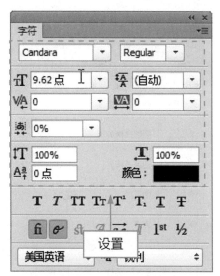

图 19-88 设置文本字体属性

图 19-89 更改文本字体属性

图 19-90 退出文字输入状态

步骤 **11** 在"图层"面板中，选择"图层 1"图层，如图 19-91 所示。

步骤 **12** 在菜单栏中，单击"图层"菜单，在弹出的菜单列表中单击"复制图层"命令，得到"图层 1 拷贝 5"图层，如图 19-92 所示。

步骤 **13** 在菜单栏中，单击"编辑"菜单，在弹出的菜单列表中单击"变换"|"水平翻转"命令，如图 19-93 所示。

步骤 **14** 执行操作后，即可水平翻转图像，效果如图 19-94 所示。

步骤 **15** 在菜单栏中，单击"图层"菜单，在弹出的菜单列表中单击"排列"|"置为顶层"命令，如图 19-95 所示。

步骤 **16** 执行操作后，即可将"图层 1 拷贝 5"图层置为最顶层，如图 19-96 所示。

图 19-91 选择"图层 1"图层

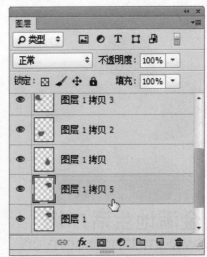

图 19-92 得到"图层 1 拷贝 5"图层

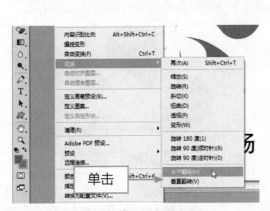

图 19-93 单击"水平翻转"命令

图 19-94 水平翻转图像

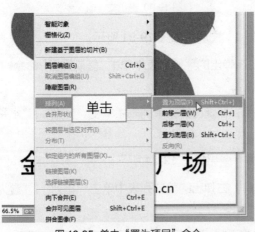

图 19-95 单击"置为顶层"命令

图 19-96 将图层置为最顶层

步骤 17 在图像编辑窗口中，按【Ctrl + T】组合键，调出变换控制框，适当调整图像的大小和位置，效果如图 19-97 所示。

步骤 18 用同样的方法，复制得到"图层 1 拷贝 6"图层，并调整图像的大小和位置，效果如图 19-98 所示。

图 19-97 适当调整大小和位置

图 19-98 调整图像的大小和位置

步骤 19 用同样的方法，复制得到"图层 1 拷贝 7"图层，并调整图像的大小和位置，效果如图 19-99 所示。

步骤 20 在"图层"面板中，选择"金满地生活广场"文字图层，确认该图层为当前工作图层，如图 19-100 所示。

图 19-99 调整图像的大小和位置

图 19-100 确认当前工作图层

步骤 21 在菜单栏中，单击"图层"菜单，在弹出的菜单列表中单击"栅格化"|"文字"命令，如图 19-101 所示。

步骤 22 执行操作后，即可栅格化文字图层，如图 19-102 所示。

图 19-101 单击"文字"命令

图 19-102 栅格化文字图层

专家指点

在 Photoshop CC 中，当用户在"图层"面板中选择需要栅格化处理的文字图层后，在菜单栏中单击"图层"菜单，在弹出的菜单列表中依次按键盘上的【Z】、【T】键，也可以对文字图层进行栅格化处理。被栅格化后的文字图层，将转变为普通图层。

步骤 23 运用橡皮擦工具 ，在"生"和"场"文字上涂抹，擦除部分图像，至此 Logo 文字特效制作完成，效果如图 19-103 所示。

图 19-103 擦除部分图像预览效果

19.2.3 制作图像合成特效

在本实例中，主要向读者介绍如何将制作完成的企业 Logo 应用于网页图像中，并制作出极具商业色彩的广告效果，吸引顾客的眼球。

步骤 01 单击"文件"|"打开"命令，打开一幅素材图像，如图 19-104 所示。

步骤 02 切换至"19.2"图像编辑窗口，在"图层"面板中选择除"背景"图层外的所有图层，如图 19-105 所示。

图 19-104 打开一幅素材图像

图 19-105 选择相应图层

步骤 03 单击"图层"面板右上角的面板菜单按钮 ，在弹出的面板菜单中选择"合并图层"选项，如图 19-106 所示。

步骤 04 执行操作后，即可合并选择的图层，如图 19-107 所示。

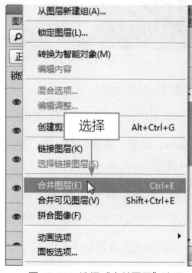

图 19-106 选择"合并图层"选项

图 19-107 合并选择的图层

步骤 **05** 运用移动工具 ▶✛ 将该图层中的图像拖曳至"19.2.3"图像编辑窗口中的合适位置，如图 19-108 所示。

步骤 **06** 按【Ctrl + T】组合键，调出变换控制框，将鼠标移至右上角的控制柄处，如图 19-109 所示。

图 19-108 拖曳至合适位置 　　　　　　　　　　图 19-109 移至右上角的控制柄处

步骤 **07** 单击鼠标左键并拖曳，缩小图像，并将缩小后的图像移至窗口中的适当位置，如图 19-110 所示。

步骤 **08** 按【Enter】键，确认图像变换操作，效果如图 19-111 所示。

图 19-110 缩小并移动图像位置 　　　　　　　　图 19-111 确认图像变换操作

步骤 **09** 在工具箱中，选取横排文字工具，如图 19-112 所示。

步骤 **10** 在图像编辑窗口的上方，单击鼠标左键，输入相应文本内容，如图 19-113 所示。

步骤 **11** 选择输入的文本内容，展开"字符"面板，设置"字体系列"为"方正超粗黑简体"、"字体大小"为 50、"颜色"为黑色，如图 19-114 所示。

步骤 **12** 执行操作后，即可更改文本的字体属性，效果如图 19-115 所示。

步骤 **13** 按【Ctrl + Enter】组合键，确认文字效果，退出文字输入状态，效果如图 19-116 所示。

步骤 **14** 用与上同样的方法，在图像编辑窗口中的其他位置输入相应文本内容，效果如图 19-117 所示。至此，网站 Logo 标志制作完成。

图 19-112 选取横排文字工具

图 19-113 输入相应文本内容

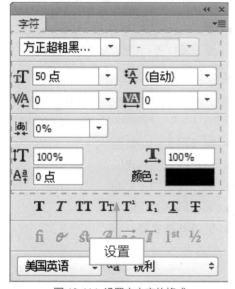

图 19-114 设置文本字体格式

图 19-115 更改文本的字体属性

图 19-116 退出文字输入状态

图 19-117 预览最终效果

综合案例：
美食美味网
20

学习提示

本章以美食美味网站为例，讲解运用 Photoshop CC、Flash CC 与 Dreamweaver CC 制作网页相关元素的方法，介绍这 3 款软件的相互协作功能，通过发挥各自的优势，制作出精美、大气、富有内涵的网页效果，希望读者熟练掌握本章案例的制作方法。

本章重点导航

- 制作网站 Logo 标志
- 制作首页导航按钮
- 制作文字动画特效
- 制作图像切换动画
- 制作网页的页眉区

- 制作网页的导航区
- 制作网页的内容区
- 制作网站的子页面
- 制作网站的超链接
- 验证当前文档

20.1 设计网站的图像

在制作一个完整的网站前，首先需要制作和设计网站的 Logo 和网站导航按钮，这是网站必不可少的内容。本节主要介绍使用 Photoshop CC 来设计网站 Logo 以及导航栏图片的方法，希望读者熟练掌握本节内容。

20.1.1 制作网站 Logo 标志

在本实例中，主要介绍运用 Photoshop CC 的圆角矩形工具与文字工具，制作网站 Logo 效果。

	素材文件	无
	效果文件	光盘 \ 效果 \ 第 20 章 \20.1.1.psd、20.1.1.jpg
	视频文件	光盘 \ 视频 \ 第 20 章 \20.1.1 制作网站 Logo 标志 .mp4

步骤 01 启动 Photoshop CC 应用程序，单击"文件"|"新建"命令，如图 20-1 所示。

步骤 02 弹出"新建"对话框，在其中设置"名称"为"20.1.1"、"宽度"为 495 像素、"高度"为 60 像素、"分辨率"为 300 像素 / 英寸、"背景内容"为"白色"、"颜色模式"为"RGB颜色"，如图 20-2 所示。

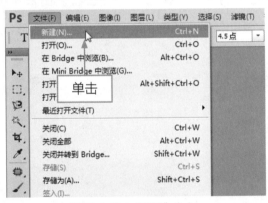

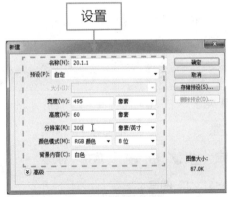

图 20-1 单击"新建"命令　　　　　　　　图 20-2 设置新建选项

步骤 03 单击"确定"按钮，新建一个空白图像文件，进入图像编辑窗口，如图 20-3 所示。

步骤 04 在工具箱中，单击"设置前景色"色块，如图 20-4 所示。

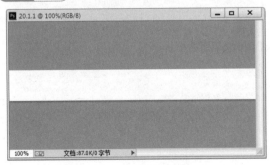

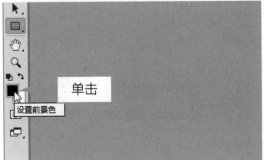

图 20-3 进入图像编辑窗口　　　　　　　　图 20-4 单击"设置前景色"色块

步骤 05 弹出"拾色器（前景色）"对话框，在其中设置颜色为红色（RGB 参数值分别为 232、58、57），如图 20-5 所示。

步骤 06 单击"确定"按钮，即可设置前景色，在工具箱中选取圆角矩形工具，如图 20-6 所示。

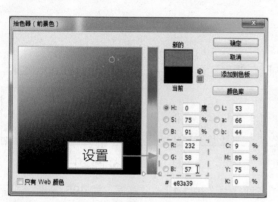

图 20-5 设置 RGB 参数值

图 20-6 选取圆角矩形工具

步骤 07 在"图层"面板中，单击"创建新图层"按钮，新建"图层 1"图层，如图 20-7 所示。

步骤 08 将鼠标移至图像编辑窗口的左侧，单击鼠标左键并拖曳，绘制一个圆形矩形，如图 20-8 所示。

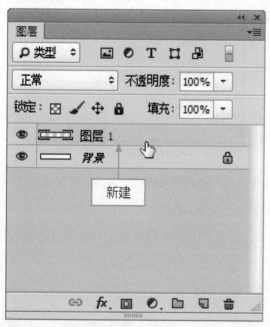

图 20-7 新建"图层 1"图层

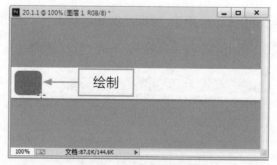

图 20-8 绘制一个圆形矩形

步骤 09 在工具箱中，选取横排文字工具，如图 20-9 所示。

步骤 10 在工具属性栏中，单击"设置文本颜色"色块，弹出"拾色器（文本颜色）"对话框，在其中设置颜色为黄色（RGB 参数值分别为 255、234、0），如图 20-10 所示。

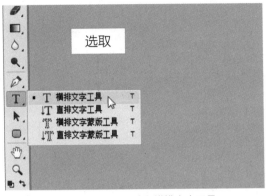

图 20-9 选取横排文字工具

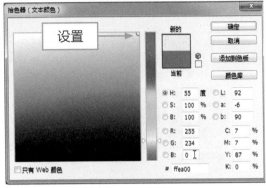

图 20-10 设置颜色为黄色

步骤 11 单击"确定"按钮，即可设置文本颜色，在图像编辑窗口的左侧，单击鼠标左键，输入文字"M"，如图 20-11 所示。

步骤 12 选择输入的文字"M"，展开"字符"面板，在其中设置"字体系列"为"方正古隶简体"、"字体大小"为 10 点、"字距"为 36，单击"仿粗体"按钮，如图 20-12 所示。

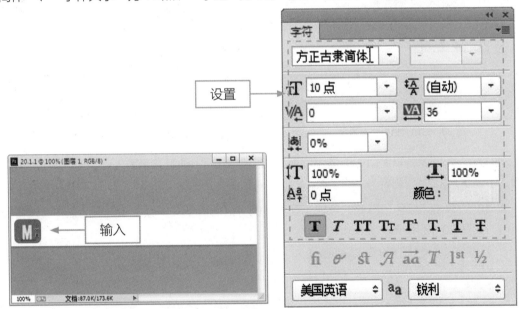

图 20-11 输入文字"M"

图 20-12 设置字体格式

步骤 13 执行操作后，即可更改文本字体属性，按【Ctrl + Enter】组合键，确认文本效果，如图 20-13 所示。

步骤 14 在图像编辑窗口中的适当位置，单击鼠标左键，确定文字输入点，在"字符"面板中，设置"字体系列"为"方正粗宋简体"、"字体大小"为 8 点、"字距"为 36、"文本颜色"为红色（RGB 参数值分别为 255、0、0），如图 20-14 所示。

步骤 15 在图像编辑窗口中，输入相应文本内容，如图 20-15 所示。

步骤 16 按【Ctrl + Enter】组合键，退出文本输入状态，效果如图 20-16 所示。

網頁設計（DW/FL/PS）从新手到高手

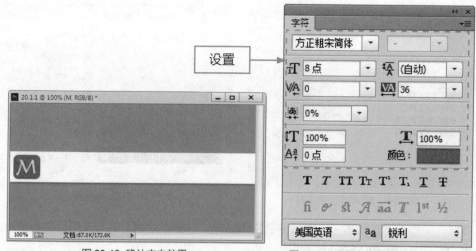

设置

图 20-13 确认文本效果

图 20-14 设置字体属性

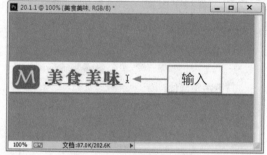

输入

图 20-15 输入相应文本内容

图 20-16 退出文本输入状态

步骤 17　在图像编辑窗口中的适当位置，单击鼠标左键，确定文字输入点，在"字符"面板中，设置"字体系列"为"黑体"、"字体大小"为 4.5 点、"字距"为 36，如图 20-17 所示。

步骤 18　单击"颜色"右侧的色块，在弹出的"拾色器（文本颜色）"对话框中，设置颜色为黑色，如图 20-18 所示。

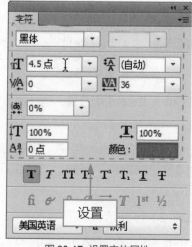

设置

图 20-17 设置字体属性

图 20-18 设置颜色为黑色

步骤 19 单击"确定"按钮，在图像编辑窗口中，输入相应文本内容，如图 20-19 所示。

步骤 20 按【Ctrl + Enter】组合键，退出文本输入状态，效果如图 20-20 所示。

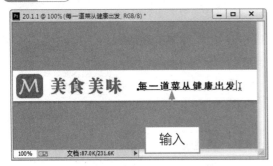

图 20-19 输入相应文本内容

图 20-20 退出文本输入状态

步骤 21 在菜单栏中，单击"文件"|"存储为"命令，如图 20-21 所示。

步骤 22 弹出"另存为"对话框，在其中设置网页 Logo 标志的文件名与保存位置，如图 20-22 所示，单击"保存"按钮，即可保存图像文件，然后通过"存储为"命令将其重新导出为一幅 jpg 格式的图像文件。

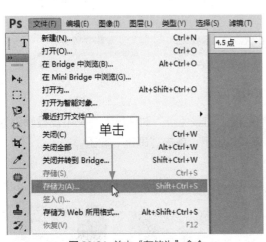

图 20-21 单击"存储为"命令

图 20-22 设置文件名与保存位置

20.1.2 制作首页导航按钮

在本实例中，主要运用 Photoshop CC 的矩形工具与文字工具，制作网站的导航按钮效果。在填充按钮的颜色时，注意与整个网页的色调协调、统一。

	素材文件	无
	效果文件	光盘 \ 效果 \ 第 20 章 \20.1.2.psd、20.1.2(1).jpg ～ 20.1.2(6).jpg
	视频文件	光盘 \ 视频 \ 第 20 章 \20.1.2 制作首页导航按钮 .mp4

步骤 01 启动 Photoshop CC 应用程序，单击"文件"|"新建"命令，如图 20-23 所示。

步骤 02 弹出"新建"对话框，在其中设置"名称"为"20.1.2"、"宽度"为 991 像素、"高度"为 69 像素、"分辨率"为 300 像素 / 英寸、"背景内容"为"白色"、"颜色模式"为"RGB 颜色"，如图 20-24 所示。

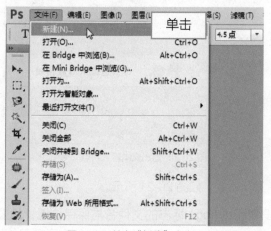

图 20-23 单击"新建"命令 　　　　　　　　图 20-24 设置"新建"选项

步骤 03 单击"确定"按钮，即可新建一个空白图像文件，如图 20-25 所示。

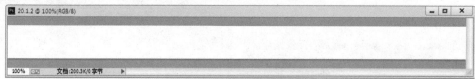

图 20-25 新建一个空白图像文件

步骤 04 在工具箱中，选取矩形工具，如图 20-26 所示。

步骤 05 单击"设置前景色"色块，弹出"拾色器（前景色）"对话框，在其中设置颜色为红色（RGB 参数值分别为 186、32、32），如图 20-27 所示，单击"确定"按钮。

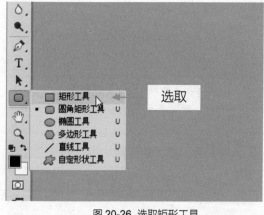

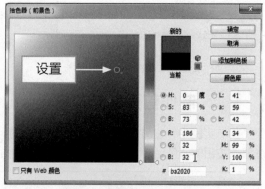

图 20-26 选取矩形工具 　　　　　　　　图 20-27 设置颜色为红色

步骤 06 在"图层"面板中，单击面板底部的"创建新图层"按钮，如图 20-28 所示。

步骤 07 将执行操作后，即可新建"图层 1"图层，如图 20-29 所示。

图 20-28 单击"创建新图层"按钮

图 20-29 新建"图层 1"图层

步骤 08 在图像编辑窗口中的适当位置，单击鼠标左键并拖曳，绘制一个矩形图形，效果如图 20-30 所示。

图 20-30 绘制一个矩形图形

步骤 09 在菜单栏中，单击"视图"|"标尺"命令，如图 20-31 所示。

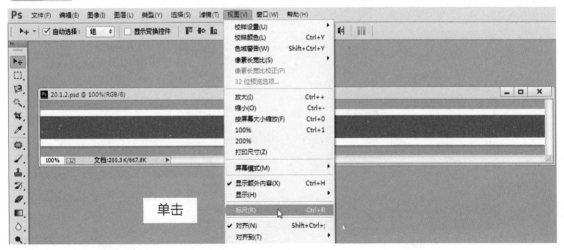

图 20-31 单击"标尺"命令

步骤 10 执行操作后，即可在图像编辑窗口的上方和左侧，显示标尺，如图 20-32 所示。

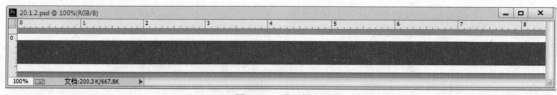

图 20-32　显示标尺

步骤 11　将鼠标移至最左侧的标尺处，单击鼠标左键并向右拖曳，至合适位置后释放鼠标，创建一条垂直参考线，如图 20-33 所示。

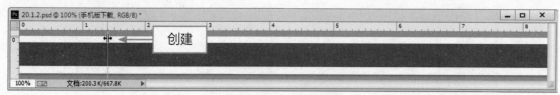

图 20-33　创建一条垂直参考线

步骤 12　用与上同样的方法，在图像编辑窗口中创建其他的参考线，效果如图 20-34 所示。

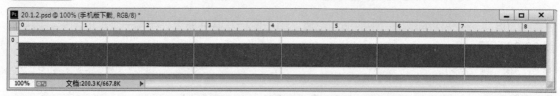

图 20-34　创建其他的参考线

步骤 13　按【Ctrl + R】组合键，隐藏标尺对象，在工具箱中选取横排文字工具，如图 20-35 所示。

步骤 14　展开"字符"面板，在其中设置"字体系列"为"华康海报体 W12"、"字体大小"为 6 点、"字距"为 150、"颜色"为白色，如图 20-36 所示。

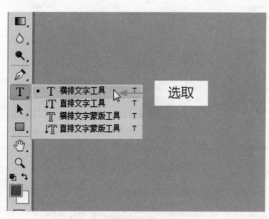

图 20-35　选取横排文字工具

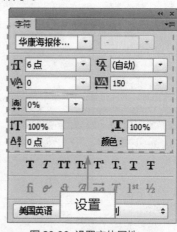

图 20-36　设置字体属性

步骤 15　在图像编辑窗口中的适当位置，输入相应文本内容，如图 20-37 所示。

步骤 16　用与上同样的方法，在右侧输入文字"饮食健康"，效果如图 20-38 所示。

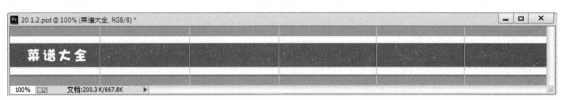

图 20-37 输入相应文本内容

图 20-38 输入文字"饮食健康"

步骤 17　用与上同样的方法，在其他位置输入相应文本内容，效果如图 20-39 所示。

图 20-39 输入相应文本内容

步骤 18　选取工具箱中的裁剪工具，在图像编辑窗口中绘制裁剪区域，如图 20-40 所示。

图 20-40 绘制裁剪区域

步骤 19　在裁剪区域内，双击鼠标左键，裁剪图像，效果如图 20-41 所示。

步骤 20　单击"文件"|"存储为"命令，弹出"另存为"对话框，在其中设置文件保存的名称，并设置"保存类型"为 JPEG 格式，如图 20-42 所示。

图 20-41 裁剪图像

图 20-42 设置保存类型

步骤 21 单击"保存"按钮，弹出"JPEG选项"对话框，单击"确定"按钮，如图20-43所示，即可输出为 JPEG 格式的图像文件。

步骤 22 按【Ctrl + Alt + Z】组合键，返回上一步操作，用与上同样的方法，再次裁剪相应的导航区域，效果如图20-44所示。

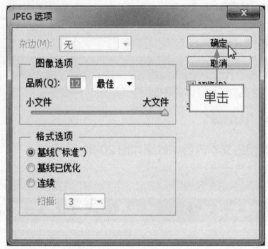

图 20-43 单击"确定"按钮

图 20-44 裁剪相应导航区域

步骤 23 用与上同样的方法，对图像进行另存为操作，继续裁剪相应图像进行保存，最终成品图像效果如图20-45所示。

图 20-45 输出的成品图像文件

20.2　制作网站的动画

本节主要介绍使用 Flash CC 制作网页中的图片动画与文字动画，如今的动画广告已经越来越盛行，浏览者在浏览各种网页时，都可以看到不同类型的动画广告，在给企业带来更多利益的同时也使浏览者得到了更多的产品信息。

20.2.1 制作文字动画特效

文字动画是 Flash 动画制作中必不可少的、也是最基本的一种动画制作方式，文字动画包含流畅、简洁的语言和独具风格的动态效果，在动画制作的过程中，适当的运用文字动画特效，能为动画增色不少。

素材文件	光盘 \ 素材 \ 第 20 章 \Flash\20.2.1.fla
效果文件	光盘 \ 效果 \ 第 20 章 \20.2.1.fla、20.2.1.swf
视频文件	光盘 \ 视频 \ 第 20 章 \20.2.1 制作文字动画特效 .mp4

步骤 **01** 单击"文件"|"打开"命令，打开一个素材文件，如图 20-46 所示。

步骤 **02** 单击"插入"|"时间轴"|"图层"命令，新建一个图层，并命名为"文字"，选择该图层的第 15 帧，按【F6】键插入关键帧，从"库"面板中拖曳"文字"元件至舞台中，如图 20-47 所示。

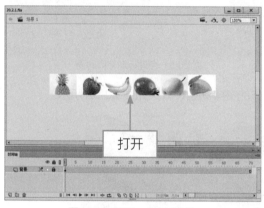

图 20-46 打开一个素材文件

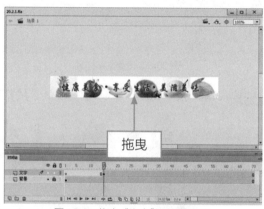

图 20-47 拖曳"文字"元件至舞台

步骤 **03** 分别选择"文字"图层的第 20 帧、第 40 帧、第 60 帧、第 70 帧，单击"插入"|"时间轴"|"关键帧"命令，插入关键帧。选择第 40 帧，在舞台上向左移动文字的位置，如图 20-48 所示。

步骤 **04** 选择第 60 帧，在舞台上向右移动文字的位置，如图 20-49 所示。

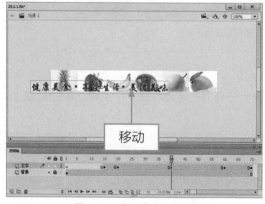

图 20-48 向左移动文字的位置

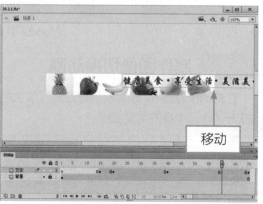

图 20-49 向右移动文字的位置

步骤 05 选择第 70 帧，在舞台上向左移动文字的位置，并在"属性"面板中设置"样式"为 Alpha，Alpha 为 0%，如图 20-50 所示。

步骤 06 按住【Ctrl】键的同时，依次选择第 20 帧到第 40 帧、第 40 帧到第 60 帧、第 60 帧到第 70 帧中间的任意一帧，单击鼠标右键，在弹出的快捷菜单中选择"创建传统补间"选项，创建运动补间动画，如图 20-51 所示。

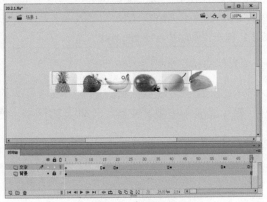

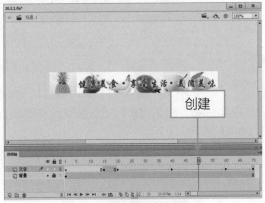

图 20-50 设置文字样式 　　　　图 20-51 创建运动补间动画

步骤 07 按【Ctrl + Enter】键确认，预览制作的文字动画，效果如图 20-52 所示。

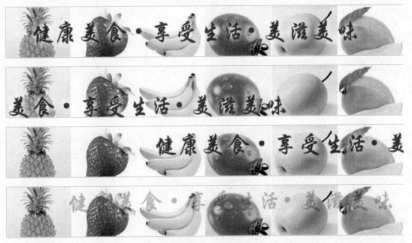

图 20-52 预览制作的文字动画

20.2.2 制作图像切换动画

在 Flash 动画中，出彩的图像动画特效也是一种十分有力的表现手法，在实现动画的基础上，也提升了动画本身的可观赏性。

	素材文件	光盘 \ 素材 \ 第 20 章 \Flash\20.2.2.fla
	效果文件	光盘 \ 效果 \ 第 20 章 \20.2.2.fla、20.2.2.swf
	视频文件	光盘 \ 视频 \ 第 20 章 \20.2.2 制作图像切换动画 .mp4

步骤 01 单击"文件"|"打开"命令，打开一个素材文件，如图 20-53 所示。

步骤 02　单击"插入"|"新建元件"命令，弹出"创建新元件"对话框，在其中设置"名称"为"图像动画"、"类型"为"影片剪辑"，如图 20-54 所示。

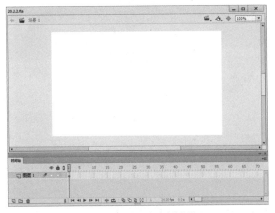

图 20-53　打开一个素材文件　　　　　　　　　　　图 20-54　创建新元件

步骤 03　单击"确定"按钮，进入元件编辑模式，将"库"面板中的"图片 1"图像拖曳至舞台中的适当位置，如图 20-55 所示。

步骤 04　新建"图层 2"图层，将"库"面板中的"图片 2"拖曳至舞台中的适当位置，使其覆盖"图片 1"图像。按住【Ctrl】键的同时，分别选择"图层 1"图层和"图层 2"图层的第 30 帧，单击鼠标右键，在弹出的快捷菜单中选择"插入帧"选项，插入普通帧，如图 20-56 所示。

图 20-55　添加"图片 1"图像　　　　　　　　　　　图 20-56　插入普通帧

步骤 05　新建"图层 3"图层，运用矩形工具在舞台中适当位置绘制一个"笔触颜色"为无、"填充颜色"为任意色的矩形，如图 20-57 所示。

步骤 06　运用任意变形工具对其进行适当的旋转，使其完全覆盖图像，如图 20-58 所示。

步骤 07　在"图层 3"图层的第 15 帧插入关键帧，选择该图层的第 1 帧，将该帧中的对象拖曳至舞台的右下侧，如图 20-59 所示。

步骤 08　选择"图层 3"图层的第 1 帧至第 15 帧之间的任意一帧，单击鼠标右键，在弹出的快捷菜单中选择"创建补间形状"选项，创建补间动画，如图 20-60 所示。

图 20-57 绘制一个矩形

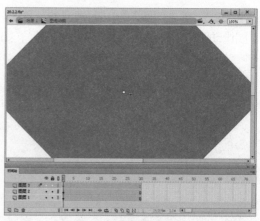

图 20-58 旋转矩形图像

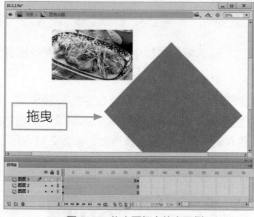

图 20-59 拖曳至舞台的右下侧

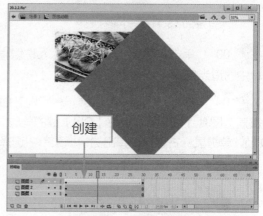

图 20-60 创建补间动画

步骤 09 选择"图层 3"图层，单击鼠标右键，在弹出的快捷菜单中选择"遮罩层"选项，将该图层设置为遮罩层，如图 20-61 所示。

步骤 10 新建"图层 4"图层，在该图层的第 31 帧插入空白关键帧，将"库"面板中的"图片 3"图像拖曳至舞台中的适当位置，如图 20-62 所示。

图 20-61 将图层设置为遮罩层

图 20-62 拖曳至舞台中的适当位置

步骤 11 选择该图像，按【F8】键，弹出"转换为元件"对话框，在其中设置"名称"为"图片 3"、"类型"为"影片剪辑"，如图 20-63 所示，单击"确定"按钮，即可完成元件的转换。

步骤 12 在"图层 4"的第 60 帧插入关键帧，选择该图层的第 31 帧中的对象，在"属性"面板中设置样式为 Alpha，Alpha 为 0%，舞台效果如图 20-64 所示。

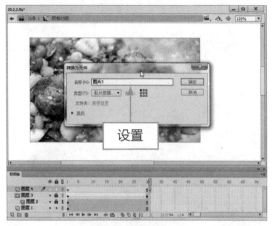

图 20-63 转换为元件

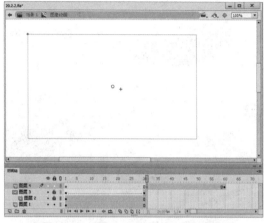

图 20-64 设置 Alpha 参数值的舞台效果

专家指点

在动画文档中，当用户选择需要转换为元件的图像后，单击鼠标右键，在弹出的快捷菜单中选择"转换为元件"选项，也可以将选择的图像转换为元件。

步骤 13 在"图层 4"的第 31 帧至第 60 帧之间创建补间动画，并在该图层的第 70 帧插入帧，如图 20-65 所示。

步骤 14 单击"编辑"|"编辑文档"命令，返回主场景，将"图像动画"元件拖曳至舞台的适当位置，如图 20-66 所示。

图 20-65 在第 70 帧插入帧

图 20-66 拖曳至舞台的适当位置

步骤 15 按【Ctrl + Enter】组合键，预览动画效果，如图 20-67 所示。

图 20-67 预览动画效果

20.3 制作网站的页面

本节介绍使用 Dreamweaver CC 制作网页效果的方法，在 Dreamweaver 中运用 Photoshop、Flash 制作好的网站元素，可以制作出动态网站或交互式网站，更好地实现网站的互动性。

20.3.1 制作网页的页眉区

在 Dreamweaver CC 中，网页的页眉区域通常用来放置网站的标志（Logo），下面介绍具体的制作方法。

素材文件	光盘 \ 素材 \ 第 20 章 \Photoshop\ 标志 .jpg 等
效果文件	无
视频文件	光盘 \ 视频 \ 第 20 章 \20.3.1 制作网页的页眉区 .mp4

步骤 01 启动 Dreamweaver CC，新建一个 HTML 网页文档并保存，保存名称为 index，并将"标题"命名为"美食美味网"，如图 20-68 所示。

命名

图 20-68 将"标题"命名为"美食美味网"

步骤 02 单击"属性"面板中的"页面属性"按钮，弹出"页面属性"对话框，设置"左边距"为 216 px、"上边距"为 2 px，如图 20-69 所示。

步骤 03 单击"确定"按钮，更改页面设置，单击"查看"|"标尺"|"显示"命令，显示标尺，如图 20-70 所示。

图 20-69 设置页面属性

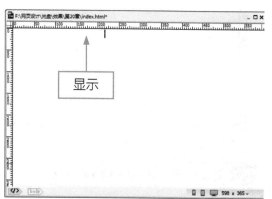

图 20-70 显示标尺效果

步骤 04 在菜单栏中，单击"插入"|"表格"命令，在编辑窗口中插入一个 6 行 1 列的表格，如图 20-71 所示。

步骤 05 将光标定位于表格的第 1 行中，单击"修改"|"表格"|"拆分单元格"命令，弹出"拆分单元格"对话框，选中"列"单选按钮，在"列数"文本框中输入 2，如图 20-72 所示。

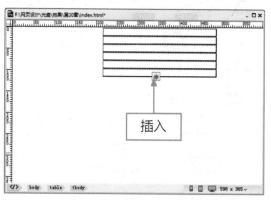

图 20-71 插入一个 6 行 1 列的表格

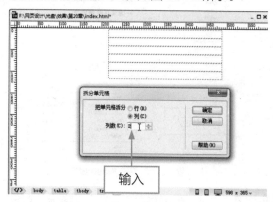

图 20-72 "拆分单元格"对话框

步骤 06 单击"确定"按钮，拆分单元格，如图 20-73 所示。

步骤 07 将光标定位于第 1 个单元格，单击"插入"|"图像"|"图像"命令，弹出"选择图像源文件"对话框，选择需要的 Logo 标志图片，如图 20-74 所示。

步骤 08 单击"确定"按钮，即可在第 1 个单元格中插入网站的 Logo，适当调整表格的宽度，隐藏标尺，如图 20-75 所示。

步骤 09 将光标定位到第 1 行第 2 个单元格中，如图 20-76 所示。

步骤 10 在菜单栏中，单击"插入"|"媒体" | Flash SWF 命令，如图 20-77 所示。

步骤 11 弹出"选择 SWF"对话框，在其中选择需要插入的 Flash 素材，如图 20-78 所示。

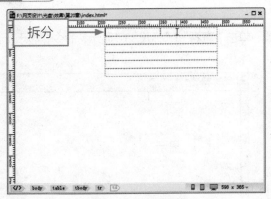

图 20-73 拆分单元格

图 20-74 选择标志图片

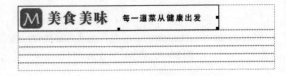

图 20-75 隐藏标尺

图 20-76 定位光标的位置

图 20-77 单击 Flash SWF 命令

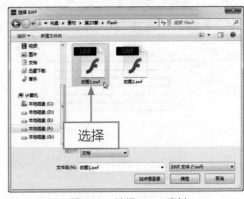

图 20-78 选择 Flash 素材

步骤 12 单击"确定"按钮，弹出"对象标签辅助功能属性"对话框，在"标题"右侧输入相应内容，如图 20-79 所示。

图 20-79 在"标题"右侧输入相应内容

步骤 13 单击"确定"按钮，即可在网页文档中插入 Flash 动画素材，如图 20-80 所示。

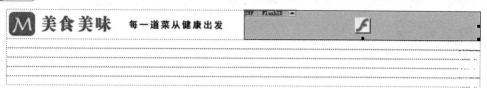

图 20-80 插入 Flash 动画素材

20.3.2 制作网页的导航区

在 Dreamweaver CC 中，网页的导航区域通常用来放置网站的导航条或 Banner 动画等内容，下面介绍具体的制作方法。

素材文件	光盘 \ 素材 \ 第 20 章 \Photoshop\ 导航 1.jpg ～导航 6.jpg
效果文件	无
视频文件	光盘 \ 视频 \ 第 20 章 \20.3.2 制作网页的导航区 .mp4

步骤 01 将鼠标定位于表格的第二行中，如图 20-81 所示。

图 20-81 定位鼠标的位置

步骤 02 在菜单栏中，单击"插入"|"图像"|"图像"命令，如图 20-82 所示。

步骤 03 弹出"选择图像源文件"对话框，在其中选择需要插入的导航素材，如图 20-83 所示。

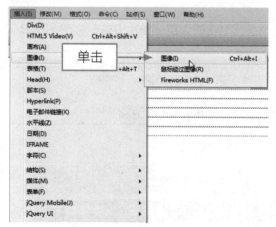

图 20-82 单击"图像"命令

图 20-83 选择需要插入的导航素材

步骤 04 单击"确定"按钮，即可将选择的素材插入到网页文档的表格中，效果如图 20-84 所示。

图 20-84 将素材插入到网页文档的表格中

步骤 05 用与上同样的方法，在右侧插入另外一个导航素材文件，效果如图 20-85 所示。

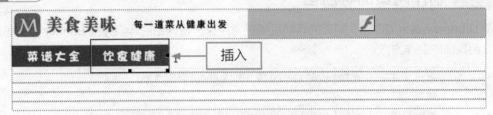

图 20-85 在右侧插入其他素材

步骤 06 用与上同样的方法，在表格的第 2 行插入其他的导航素材，效果如图 20-86 所示。

图 20-86 插入其他的导航素材

20.3.3 制作网页的内容区

在 Dreamweaver CC 中，网页的内容区域通常是网站中的大部分图片和文本内容所在区域，下面介绍具体的制作方法。

素材文件	光盘 \ 素材 \ 第 20 章 \images\1.jpg、2.jpg、3.jpg、4.png 等
效果文件	无
视频文件	光盘 \ 视频 \ 第 20 章 \20.3.3 制作网页的内容区 .mp4

步骤 01 将鼠标定位于表格的第 3 行中，如图 20-87 所示。

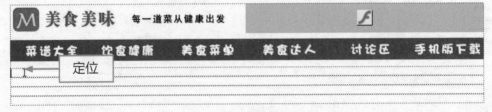

图 20-87 定位鼠标的位置

步骤 02 在菜单栏中，单击"插入"|"图像"|"图像"命令，如图 20-88 所示。

步骤 03 弹出"选择图像源文件"对话框，在其中选择需要插入的图像素材，如图20-89所示。

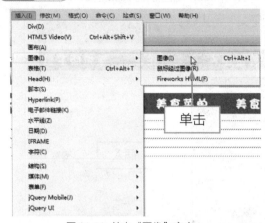

图 20-88 单击"图像"命令

图 20-89 选择图像素材

步骤 04 单击"确定"按钮，即可将图像素材插入到网页文档中，效果如图20-90所示。

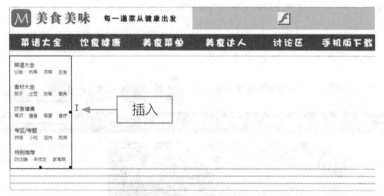

图 20-90 插入图像素材

步骤 05 在菜单栏中，单击"插入"|"媒体"| Flash SWF 命令，弹出"选择 SWF"对话框，在其中选择需要插入的 Flash 素材，如图 20-91 所示。

步骤 06 单击"确定"按钮，弹出"对象标签辅助功能属性"对话框，在"标题"右侧输入相应内容，如图 20-92 所示。

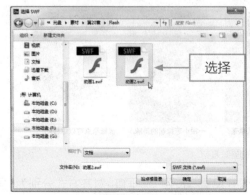

图 20-91 选择需要插入的素材文件

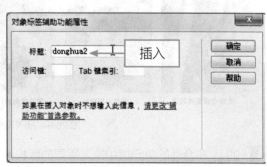

图 20-92 输入相应内容

步骤 07 单击"确定"按钮，即可在网页文档中插入 Flash 动画素材，如图 20-93 所示。

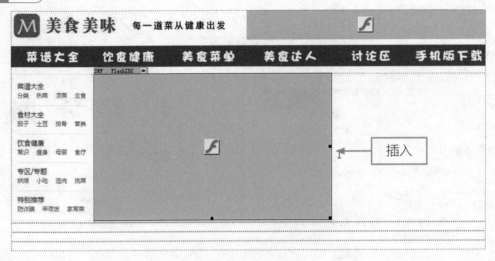

图 20-93 在网页文档中插入 Flash 动画素材

步骤 08 用与上同样的方法，在表格中的其他位置插入相应的图像素材，输出到相应的网页中，查看制作的网页效果，如图 20-94 所示。

图 20-94 插入其他的图像素材

步骤 09 在合适的单元格中输入需要的版权信息，并设置"水平"、"垂直"对齐方式分别为"居中对齐"和"居中"，效果如图 20-95 所示。

图 20-95 输入相应版权信息

20.3.4 制作网站的子页面

由 A 页面弹出 B 页面，B 页面就是 A 页面的子页面，子页的做法和主页的做法类似，下面介绍具体的制作方法。

素材文件	光盘 \ 素材 \ 第 20 章 \images\6.jpg、7.jpg、8.jpg、9.jpg
效果文件	光盘 \ 效果 \ 第 20 章 \index1.html
视频文件	光盘 \ 视频 \ 第 20 章 \20.3.4 制作网站的子页面 .mp4

步骤 01 选择编辑窗口中的整个表格，单击"编辑"|"拷贝"命令，拷贝表格及表格中所有内容，然后新建一个"标题"为"美食美味子页"的网页文档并另行保存，保存名称为 index1，设置其页面属性与 index 网页文档相同，如图 20-96 所示。

步骤 02 单击"编辑"|"粘贴"命令，即可将拷贝的内容粘贴到当前网页文档中，如图 20-97 所示。

图 20-96 新建一个网页文档

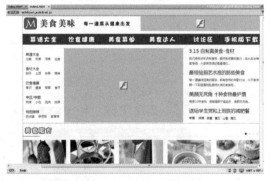

图 20-97 将内容粘贴到当前文档

步骤 03 选中内容区中的图像与动画，按【Delete】键将其删除，如图 20-98 所示。

步骤 04 在内容区的单元格中插入一个 5 行 2 列的表格，设置该表格中的单元格的"水平"、"垂直"对齐方式分别为"居中对齐"和"居中"，效果如图 20-99 所示。

步骤 05 在插入表格的第 1 个单元格中插入一幅素材图像，效果如图 20-100 所示。

图 20-98 删除内容区中的图像与动画

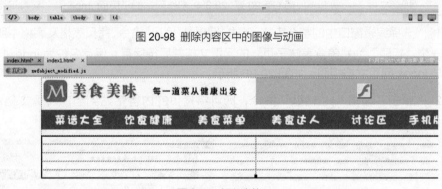

图 20-99 插入表格

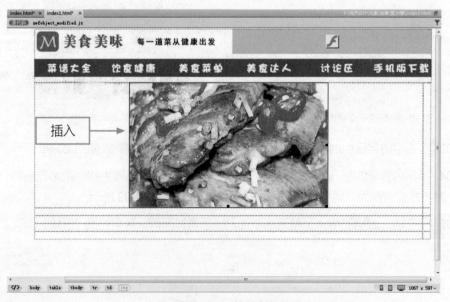

图 20-100 插入一幅素材图像

步骤 06 用同样的方法，在其他单元格中插入相应图像，效果如图 20-101 所示。

图 20-101 在其他单元格中插入相应图像

步骤 07 在相应的单元格中，输入需要的文本内容，如图 20-102 所示。

图 20-102 输入需要的文本内容

步骤 08 对最后一行表格进行合并操作，并将制作的第一个网页文档中的版权信息复制与粘贴到该表格中，效果如图 20-103 所示。

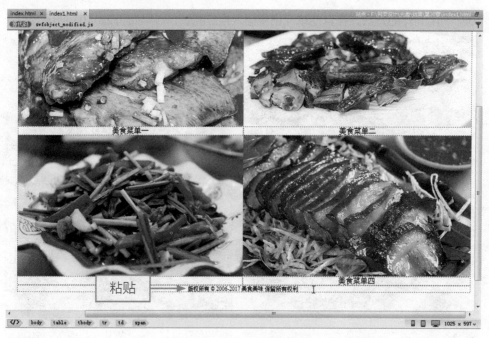

图 20-103 复制与粘贴版权信息

步骤 09 在菜单栏中，单击"文件"|"在浏览器中预览"｜Internet Explorer 命令，预览制作的子页效果，如图 20-104 所示。

图 20-104 预览制作的子页效果

20.3.5 制作网站的超链接

网站的主页和子页做好后，用户可以在主页上添加超链接，以方便别人访问你所有的网页，下面介绍具体的制作方法。

素材文件	上一例效果文件
效果文件	光盘 \ 效果 \ 第 20 章 \index.html
视频文件	光盘 \ 视频 \ 第 20 章 \20.3.5 制作网站的超链接 .mp4

步骤 01 返回到 index 网页文档，选中导航区的"美食菜单"图片，如图 20-105 所示。

步骤 02 单击"属性"面板下的"矩形热点工具"按钮 □，如图 20-106 所示。

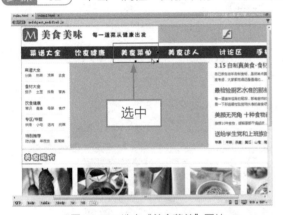

图 20-105 选中"美食菜单"图片

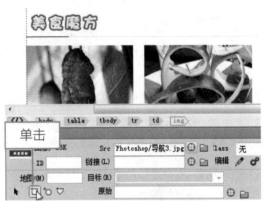

图 20-106 单击"矩形热点工具"按钮

步骤 03 在导航区的"美食菜单"图片上单击鼠标左键拖曳出一个矩形热点区域，如图 20-107 所示。

步骤 04 在"属性"面板中，单击"链接"文本框右侧的"浏览文件"按钮 ，如图 20-108 所示。

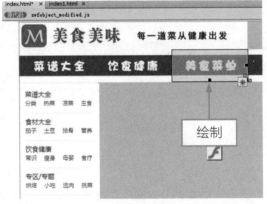

图 20-107 拖曳出一个矩形热点区域

图 20-108 单击"浏览文件"按钮

步骤 05 弹出"选择文件"对话框，选中需要链接的网页文件，如图 20-109 所示。

步骤 06 单击"确定"按钮，完成超链接设置，如图 20-110 所示。

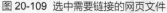

图 20-109 选中需要链接的网页文件

图 20-110 完成超链接设置

步骤 07 单击"文件"|"在浏览器中预览"| Internet Explorer 命令，预览网页效果，如图 20-111 所示。

步骤 08 单击"美食菜单"按钮，即可链接到其子页，如图 20-112 所示。

图 20-111 预览网页效果

图 20-112 链接到其子页

20.4 测试网站的兼容性

　　网页制作完成后，需要进行相应的测试，特别是网页各元素之间的兼容性与超链接，如果发现问题，可以进行完善，以保证网页上传后能被正常地浏览。

20.4.1 验证当前文档

　　对于前端开发工程师来说，确保代码在各种主流浏览器的各个版本中都能正常工作是件很费时的事情，幸运的是，通过 Dreamweaver CC 的"验证当前文档（W3C）"功能即可帮助测试浏览器的兼容性。

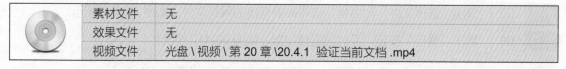

	素材文件	无
	效果文件	无
	视频文件	光盘 \ 视频 \ 第 20 章 \20.4.1 验证当前文档 .mp4

步骤 01 在菜单栏中，单击"窗口"|"结果"|"验证"命令，如图 20-113 所示。

步骤 02 打开"验证"面板，单击面板左上角的三角形按钮，在弹出的快捷菜单中选择"验证当前文档（W3C）"选项，如图 20-114 所示。

图 20-113 单击"验证"命令

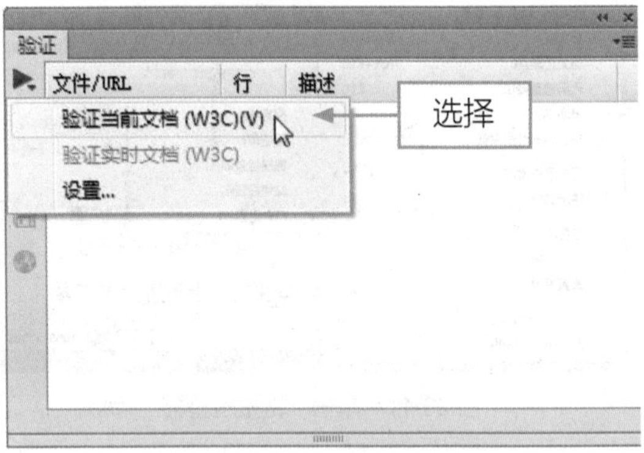

图 20-114 选择相应选项

步骤 03 弹出"W3C 验证器通知"对话框，单击"确定"按钮，如图 20-115 所示。

步骤 04 执行操作后，即可验证文档中存在的兼容性问题，如图 20-116 所示。

图 20-115 单击"确定"按钮

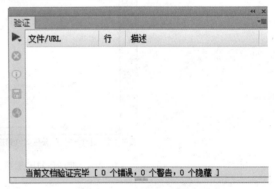

图 20-116 验证兼容性问题

20.4.2 测试网站的超链接

站点测试是一项复杂且枯燥的工作，但却又是一项非常重要的工作，它是网站能正常运行的前提，因此必须做好网站的测试工作。

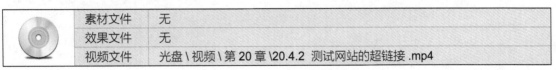

	素材文件	无
	效果文件	无
	视频文件	光盘 \ 视频 \ 第 20 章 \20.4.2 测试网站的超链接 .mp4

步骤 01 在菜单栏中，单击"窗口"|"结果"|"链接检查器"命令，如图 20-117 所示。

步骤 **02** 打开"链接检查器"面板，单击面板左上角的三角形按钮，在弹出的快捷菜单中选择"检查当前文档中的链接"选项，如图 20-118 所示。

图 20-117 单击"链接检查器"命令

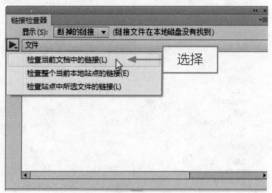

图 20-118 选择相应的选项

步骤 **03** 执行操作后，即可检查当前文档中的链接，其结果如图 20-119 所示。

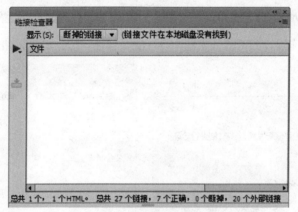

图 20-119 检查当前文档中的链接